Daniel Pies

Reifenungleichförmigkeitserregter Schwingungskomfort – Quantifizierung und Bewertung komfortrelevanter Fahrzeugschwingungen

Karlsruher Schriftenreihe Fahrzeugsystemtechnik
Band 12

Herausgeber
FAST Institut für Fahrzeugsystemtechnik
Prof. Dr. rer. nat. Frank Gauterin
Prof. Dr.-Ing. Marcus Geimer
Prof. Dr.-Ing. Peter Gratzfeld
Prof. Dr.-Ing. Frank Henning

Das Institut für Fahrzeugsystemtechnik besteht aus den eigenständigen Lehrstühlen für Bahnsystemtechnik, Fahrzeugtechnik, Leichtbautechnologie und Mobile Arbeitsmaschinen

Eine Übersicht über alle bisher in dieser Schriftenreihe erschienenen Bände finden Sie am Ende des Buchs.

Reifenungleichförmigkeitserregter Schwingungskomfort – Quantifizierung und Bewertung komfortrelevanter Fahrzeugschwingungen

von
Daniel Pies

Dissertation, Karlsruher Institut für Technologie
Fakultät für Maschinenbau, 2011

Impressum

Karlsruher Institut für Technologie (KIT)
KIT Scientific Publishing
Straße am Forum 2
D-76131 Karlsruhe
www.ksp.kit.edu

KIT – Universität des Landes Baden-Württemberg und nationales
Forschungszentrum in der Helmholtz-Gemeinschaft

KIT Scientific Publishing 2012
Print on Demand

ISSN 1869-6058
ISBN 978-3-86644-825-4

Vorwort des Herausgebers

Die Fahrzeugtechnik ist gegenwärtig großen Veränderungen unterworfen. Klimawandel, die Verknappung einiger für Fahrzeugbau und -betrieb benötigter Rohstoffe, globaler Wettbewerb und das rapide Wachstum großer Städte erfordern neue Mobilitätslösungen, die vielfach eine Neudefinition des Fahrzeugs erforderlich machen. Die Forderungen nach Steigerung der Energieeffizienz, Emissionsreduktion, erhöhter Fahr- und Arbeitssicherheit, Benutzerfreundlichkeit und angemessenen Kosten finden ihre Antworten nicht aus der singulären Verbesserung einzelner technischer Elemente, sondern benötigen Systemverständnis und eine domänenübergreifende Optimierung der Lösungen.

Hierzu will die Karlsruher Schriftenreihe für Fahrzeugsystemtechnik einen Beitrag leisten. Für die Fahrzeuggattungen Pkw, Nfz, Mobile Arbeitsmaschinen und Bahnfahrzeuge werden Forschungsarbeiten vorgestellt, die Fahrzeugsystemtechnik auf vier Ebenen beleuchten: das Fahrzeug als komplexes mechatronisches System, die Fahrer-Fahrzeug-Interaktion, das Fahrzeug in Verkehr und Infrastruktur sowie das Fahrzeug in Gesellschaft und Umwelt.

Der vorliegende Band widmet sich dem Schwingungskomfort im Pkw. Betrachtet werden durch Rad und Reifen erregte Schwingungen im Frequenzbereich bis 30 Hz hinsichtlich Ihrer Entstehungsursachen und ihrer Wirkung auf den Fahrer. Ungleichförmigkeiten der Geometrie, der Steifigkeits- und der Massenverteilung über den Umfang von Rad und Reifen erzeugen beim Abrollen resultierende Wechselkräfte und Momente an den Radträgern des Fahrzeugs. Fahrzeuge müssen darauf robust reagieren, um keine unakzeptablen Schwingungsniveaus an den Schnittstellen zwischen Fahrzeug und Fahrer zu erhalten. Die Arbeit untersucht einerseits Ursachen, Ausprägungen, Einflussparameter sowie, für die experimentelle Fahrzeuguntersuchung, Mess- und Synthesemöglichkeiten der Wechselkräfte und -momente als Anregung des Schwingungssystems Fahrzeug. Andererseits beleuchtet sie die Schwingungen am Ausgang des Schwingungssystems Fahrzeug, also an den Schnittstellen zwischen Fahrzeug und Fahrer, speziell an Lenkrad und Sitz. Diese werden durch die mechanischen Eigenschaften des Fahrers, seiner Größe, Gewicht, Körperhaltung und Muskeltonus beeinflusst. Es wird ein Verfahren vorgeschlagen, das eine objektive, fahrerunabhängig Erfassung diskomfortrelevanter Schwingungen erlaubt. Zusammen mit den ebenfalls vorgeschlagenen Verfahren für die Synthese von Wechselkräften und -momenten an den Radträgern sowie für die Messung des Fahrzeugs auf einem Laborprüfstand wird eine gut reproduzierbare Vorgehensweise erarbeitet, die gegenüber bisherigen Methoden einen deutlichen Effizienz- und Qualitätsvorteil liefert.

Karlsruhe im Dezember 2011   Frank Gauterin

**Reifenungleichförmigkeitserregter
Schwingungskomfort**

–

**Quantifizierung und Bewertung
komfortrelevanter Fahrzeugschwingungen**

Zur Erlangung des akademischen Grades
**Doktor der Ingenieurwissenschaften
(Dr.-Ing.)**

der Fakultät für Maschinenbau des
Karlsruher Instituts für Technologie (KIT)

genehmigte
Dissertation

von
Dipl.-Ing. Daniel Pies
aus Neuwied

Tag der mündlichen Prüfung: 20.10.2011

Hauptreferent: Prof. Dr. rer. nat. Frank Gauterin
Korreferent: o. Prof. Dr.-Ing. Dr. h.c. Albert Albers

Vorwort und Danksagung

Die vorliegende Dissertation zu Thema

Reifenungleichförmigkeitserregter
Schwingungskomfort

–

Quantifizierung und Bewertung
komfortrelevanter Fahrzeugschwingungen

entstand während meiner dreijährigen Tätigkeit als Doktorand bei der Daimler AG in Sindelfingen. Während meiner Zeit als Mitarbeiter der Entwicklungsabteilung „NVH Gesamtversuchsanalyse & -synthese", welche im Mercedes-Benz Technology Center in Sindelfingen die Verantwortung für komfortrelevante Fahrzeugschwingungen trägt, konnte diese Promotion in Zusammenarbeit mit dem Institut für Fahrzeugsystemtechnik des Karlsruher Instituts für Technologie (KIT) erarbeitet werden.

Meinem Doktorvater, Herrn Prof. Dr. rer.nat. Frank Gauterin – Leiter des Instituts für Fahrzeugsystemtechnik, möchte ich für die Übernahme der Betreuung sowie für das Interesse, welches er dieser Arbeit entgegengebracht hat, meinen besonderen Dank aussprechen. Die konstruktiven Diskussionen und wertvollen Anregungen haben wesentlich zum Gelingen dieser Arbeit beigetragen.

Für die Übernahme des Koreferats und somit für sein Interesse an dieser wissenschaftlichen Arbeit bin ich Herrn o. Prof. Dr.-Ing. Dr. h.c. Albert Albers, Leiter des Instituts für Produktentwicklung, sehr dankbar.

Ganz besonders danken möchte ich auch meinem Teamleiter Herrn Dr.-Ing. Christian Olfens sowie meinem Abteilungsleiter Herrn Wolfgang

I

Kauke, die mir die Durchführung dieser Arbeit erst ermöglichten und mir Rückendeckung in schwierigen Zeiten gaben.

Für die außerordentliche Unterstützung und die wertvolle enge Zusammenarbeit möchte ich mich bei dem gesamten Team „Gesamtfahrzeug Versuch" bedanken. Stellvertretend für viele andere seien an dieser Stelle die Herren Dipl.-Ing. Karl-Heinz Kolb, Karlheinz Grimm sowie Dipl.-Ing. Matthäus Zauner hervorgehoben.

Mein Dank gilt ebenfalls allen Diplomanden, Praktikanten und Werkstudenten, die durch ihre Unterstützung und ihren Einsatz bei der Umsetzung dieser Arbeit einen wesentlichen Beitrag geliefert haben.

Abschließend möchte ich mich ganz herzlich bei meiner Frau und meiner Familie bedanken. Ohne Ihre Unterstützung, ihre Geduld und ihre Rücksichtnahme wäre diese Arbeit so nicht möglich gewesen.

Sindelfingen im September 2011   Daniel Pies

Kurzfassung

Dem Schwingungskomfort ist in der heutigen Fahrzeugentwicklung ein hoher Stellenwert zugeordnet. Der Anspruch an ein komfortables Kraftfahrzeug beeinflusst die Kaufentscheidung des Kunden unter Umständen entscheidend. Eine Objektivierung der im Fahrzeug auftretenden Schwingungszustände, speziell im Bereich der Fahrer-Fahrzeug-Schnittstellen, ist zur Analyse und Bewertung im Entwicklungsprozess zwingend erforderlich um unerwünschte Schwingungen zu detektieren und in einem weiteren Schritt zu eliminieren.

Die vorliegende Promotionsschrift beschreibt den durchgängigen Ansatz zur Quantifizierung und Bewertung komfortrelevanter Fahrzeugschwingungen welche auf Reifenungleichförmigkeiten zurückzuführen sind. Der Fokus liegt hierbei zum einen auf der reproduzierbaren Nachstellung kundenrelevanter Anregungszustände, sowie zum anderen auf der Definition objektiver Kennwerte, welche den Schwingungszustand im Kraftfahrzeug repräsentieren. Im Umfang der Reproduzierbarkeitsanalyse wird die Möglichkeit, einen zur Quantifizierung und Bewertung von Schwingungsphänomenen geeigneten Prüfstand heranzuziehen, validiert.

Unter Einsatz neu entwickelter Werkzeuge, werden im Rahmen dieser Arbeit verschiedene Probandenstudien durchgeführt. Diese dienen der Analyse des menschlichen Einflusses auf reifenungleichförmigkeitserregte Fahrzeugschwingungen sowie der Quantifizierung wesentlicher Kennwerte, welche zur Beschreibung des Subjektiveindrucks geeignet sind.

Die zentrale Hypothese der angefertigten Arbeit lautet dabei, dass es möglich ist subjektive Urteile über reifenungleichförmigkeitserregte Fahrzeugschwingungen durch Einzahlkennwerte zu beschreiben, welche aus am Fahrzeug erfassten Schwingungsgrößen abgeleitet werden.

Abstract

In these days the riding comfort has a significant value. The requirement for comfort in a passenger car could be perhaps a rather important purchase decision. An objectification of the existing vibrations, especially in the human-machine-interfaces, is obligatory for analysis and evaluation in the car development process.

This doctoral thesis describes the approach of the quantification and evaluation of vibrations in the car caused by tire-non-uniformity. A method for the synthesis of customer relevant tire excitation is proposed, as well as the definition of characteristic objectiv quantities which represent the vehicle vibrations. A rig test method suitable for vibration evaluation is validated which can be used instead of a road test.

Several test person surveys are conducted with new developed tools. These surveys allow, on the one hand an analysis of human influence on vibrations caused by tire-non-uniformity, on the other hand the definition of characteristic quantities describing the subjective impression. For the evaluation of the usability of several characteristic values, the correlation between subjective and objective data is irreplaceable.

Within this thesis the main hypothesis says, that it is possible to predict the subjective evaluation result concerning tire-non-uniformity caused vehicle vibration using characteristic objective quantities acquired at the car.

Inhaltsverzeichnis

Abbildungsverzeichnis

XVIII

Tabellenverzeichnis

Formelzeichen und Indizes

$*$	-	Einheit beliebiger physikalischer Größe (hier meist Beschleunigung)
A	m	Abstand zwischen vorderem und hinterem Fahrersitzkonsolensensor
a	m/s^2	Beschleunigung
a_0	m/s^2	Ermittelte Fühlschwelle
$A_{Fahr.}$	m^2	Wirksame Luftwiderstandsfläche
$a_{FS-Kons.\_Gieren}$	rad/s^2	Rotatorische Konsolenbeschleunigung um die Vertikalachse (Gieren)
$a_{FS-Kons.\_Nicken}$	rad/s^2	Rotatorische Konsolenbeschleunigung um die Querachse (Nicken)
$a_{FS-Kons.\_Torsion}$	rad/s^2	torsionsäquivalente Beschleunigung der Fahrersitzkonsole
$a_{FS-Kons.\_Wanken}$	rad/s^2	Rotatorische Konsolenbeschleunigung um die Längsachse (Wanken)
$a_{FS-Kons.\_HL_x}$	m/s^2	Längsbeschleunigung an Fahrersitzkonsole (hinten links)

$a_{FS-Kons.\_HL_y}$ m/s^2 Querbeschleunigung an Fahrersitzkonsole (hinten links)

$a_{FS-Kons.\_HL_z}$ m/s^2 Vertikalbeschleunigung an Fahrersitzkonsole (hinten links)

$a_{FS-Kons.\_HR_x}$ m/s^2 Längsbeschleunigung an Fahrersitzkonsole (hinten rechts)

$a_{FS-Kons.\_HR_y}$ m/s^2 Querbeschleunigung an Fahrersitzkonsole (hinten rechts)

$a_{FS-Kons.\_HR_z}$ m/s^2 Vertikalbeschleunigung an Fahrersitzkonsole (hinten rechts)

$a_{FS-Kons.\_Mitte_x}$ m/s^2 Längsbeschleunigung im Konsolenmittelpunkt

$a_{FS-Kons.\_Mitte_y}$ m/s^2 Querbeschleunigung im Konsolenmittelpunkt

$a_{FS-Kons.\_Mitte_z}$ m/s^2 Vertikalbeschleunigung im Konsolenmittelpunkt

$a_{FS-Kons.\_Punkt\ i-X}$ m/s^2 transformierte Konsolenlängsbeschleunigung an beliebigem Punkt

$a_{FS-Kons.\_Punkt\ i-Y}$ m/s^2 transformierte Konsolenquerbeschleunigung an beliebigem Punkt

$a_{FS-Kons.\_Punkt\ i-Z}$ m/s^2 transformierte Konsolenvertikalbeschleunigung an beliebigem Punkt

$a_{FS-Kons._{-}VL_x}$	m/s^2	Längsbeschleunigung an Fahrersitzkonsole (vorne links)
$a_{FS-Kons._{-}VL_y}$	m/s^2	Querbeschleunigung an Fahrersitzkonsole (vorne links)
$a_{FS-Kons._{-}VL_z}$	m/s^2	Vertikalbeschleunigung an Fahrersitzkonsole (vorne links)
$a_{FS-Kons._{-}VR_x}$	m/s^2	Längsbeschleunigung an Fahrersitzkonsole (vorne rechts)
$a_{FS-Kons._{-}VR_y}$	m/s^2	Querbeschleunigung an Fahrersitzkonsole (vorne rechts)
$a_{FS-Kons._{-}VR_z}$	m/s^2	Vertikalbeschleunigung an Fahrersitzkonsole (vorne rechts)
$a_{gewichtet}$	m/s^2	Gewichtete Beschleunigung
$a_{HA\_GS_x}$	m/s^2	gleichseitige Längsbeschleunigung der Hinterachse
$a_{HA\_WS_x}$	m/s^2	wechselseitige Längsbeschleunigung der Hinterachse
α	°	Schrägstellungswinkel des Rades (Winkel zur Beschreibung der Radlage zur Radnabe)
α_F	°	Neigungswinkel der Fahrbahn

$a_{LRD\_li\_z}$	m/s^2	Vertikalbeschleunigung am linken Lenkradsegment (9 Uhr)
$a_{LRD\_re\_z}$	m/s^2	Vertikalbeschleunigung am rechten Lenkradsegment (3 Uhr)
a_{LRD_rot}	rad/s^2	Lenkradrotationsbeschleunigung
a_{LRD_transZ}	m/s^2	Lenkradtranslationsbeschleunigung
a_R	*	Parameter in Regressionsgleichung
$a_{Rad\_HL_x}$	m/s^2	Radträgerlängsbeschleunigung (hinten links)
$a_{Rad\_HR_x}$	m/s^2	Radträgerlängsbeschleunigung (hinten rechts)
$a_{Rad\_VL_x}$	m/s^2	Radträgerlängsbeschleunigung (vorne links)
$a_{Rad\_VR_x}$	m/s^2	Radträgerlängsbeschleunigung (vorne rechts)
a_{ref}	m/s^2	Bezugsbeschleunigungswert
a_{ref_LRD}	m/s^2	Bezugsbeschleunigung am Lenkrad
a_{ref_Sitz}	m/s^2	Bezugsbeschleunigung am Sitz

$a_{VA\_GS_x}$	m/s^2	gleichseitige Längsbeschleunigung der Vorderachse
$a_{VA\_WS_x}$	m/s^2	wechselseitige Längsbeschleunigung der Vorderachse
a_x	m/s^2	Längsbeschleunigung
a_y	m/s^2	Querbeschleunigung
a_z	m/s^2	Vertikalbeschleunigung
B	m	Abstand zwischen linkem und rechtem Fahrersitzkonsolensensor
b	m	Abstand des Wirkungspunktes der Kraft zum Radflansch
b_R	*	Parameter in Regressionsgleichung
c	N/mm^2	Steifigkeit
$c_{dyn.}$	N/mm^2	Dynamische Federsteifigkeit des Reifen im Reifenlatsch
COV	-	Kovarianz
c_w	-	Luftwiderstandsbeiwert

d_{li-re}	m	Abstand zwischen linkem und rechtem Lenkradsensor
ΔM_{LRD}	Nm	Drehmomentänderung
$\Delta \ddot{\varphi}$	rad/s^2	Drehbeschleunigungsänderung
ΔX_i	m	beliebiges Maß in Fahrzeuglängsrichtung
ΔY_i	m	beliebiges Maß in Fahrzeugquerrichtung
ΔZ_i	m	beliebiges Maß in Fahrzeugvertikalrichtung
$D(Felge)$	m	Innendurchmesser der Felge
$d(Radnabe)$	m	Außendurchmesser der Radnabe
E	-	Empfindungsgröße in der Psychophysik
e	-	Eulersche Zahl
$e_{Versatz}$	m	Exzentrizität infolge von Montagefehlern
$e_{Zus.}$	m	Exzentrizität infolge auftretender Zusatzmassen
f	Hz	Frequenz

F_0	N	Vorgabewert der Haltekraft
F_{Cx}	N	Corioliskraft
F_F	N	Fahrzeughaltekraft
F_{HA}	N	resultierende Kraft an der Hinterachse
$F_{krit.}$	-	Testkriterium zur Absicherung der Normalverteilung
F_L	N	Luftkraft
f_{NV}	-	Funktion der Normalverteilung
F_t	N	Tangentialkraft
F_{VA}	N	resultierende Kraft an der Vorderachse
$F_{Vortr.}$	N	Vortriebskraft
F_X	N	Längskraft
F_Y	N	Querkraft
F_Z	N	Vertikalkraft

F_{ZK}	N	Zentrifugalkraft
g	m/s^2	Erdbeschleunigung
i	-	Laufindex
$J_{Lenksystem}$	$kg \cdot m^2$	Massenträgheitsmoment des Lenksystems
$k_{Pot.}$	-	Proportionalitätskonstante im Stevens-Gesetz
k_G	-	Koeffizient der Gewichtungsfunktion
l	m	Verbindungsstrecke zwischen Drehpunkt und Masse bei Betrachtung eines schief sitzenden Rades
M	Nm	Moment
m	kg	Masse
$m_{Fahr.}$	kg	Fahrzeugmasse
M_{LRD}	Nm	Vorliegendes Drehmoment am Lenkrad im Fahrbetrieb
m_{Rad}	kg	Radmasse
M_x	Nm	Momentenschwankung um die Längsachse

M_z	Nm	Momentenschwankung um die Vertikalachse
$M_{Zus.}$	Nm	Moment am Rad in Abhängigkeit einer Zusatzmasse
$m_{Zus.}$	kg	Zusatzmasse
$n_{Pot.}$	-	Rezeptorabhängiger Exponent des Stevens-Gesetz
n	-	Stichprobenumfang
n	-	Anzahl der verwendeten Varianten (ICC)
ω	$1/s^2$	Winkelgeschwindigkeit
$\ddot{\varphi}_{LRD\_festgeh.}$	rad/s^2	Drehbeschleunigung bei festgehaltenem Lenkrad
$\ddot{\varphi}_{LRD\_losgel.}$	$rad/s^2\,°$	Drehbeschleunigung bei nicht festgehaltenem Lenkrad
φ_c	°	Phasenwinkel zur Beschreibung der Corioliskraft
π	-	Kreiszahl
ψ	°	Winkel zwischen Hauptachsen- und Inertialsystem

ψ_G	-	Subjektivnote im Bewertungsverfahren nach Griffin&Morioka
ψ_{G_real}	-	Subjektivnote resultierend aus tatsächlich gemessener Beschleunigung
ψ_{G_ref}	-	Subjektivnote resultierend aus Bezugsbeschleunigung
Q_F	-	quadratischer Faktor des Luftwiderstands
R	-	Reizintensität in der Psychophysik
R_0	-	Reizschwellenintensität in der Psychophysik
r	-	Korrelationskoeffizient
r	m	Radius
ρ	$kg\,/\,m^2$	Luftdichte
r_{LRD}	-	Korrelationskoeffizient der Subjektiv-Subjektiv-Korrelation am Lenkrad
r_m	-	Mittlerer Korrelationskoeffizient aller Probanden
r_{Sitz}	-	Korrelationskoeffizient der Subjektiv-Subjektiv-Korrelation im Sitz

r_z	-	Korrelationskoeffizient unter Verwendung z-standardisierter Subjektivnoten
$r_{Zus.}$	m	Radius einer Zusatzmasse
S		Differenz zwischen tatsächlicher Subjektivnote und Bezugsnote
s	*	Standardabweichung
s_a	$Note$	Standardabweichung aller individueller Notenwerte aller Probanden
s_x	*	Standardabweichung von x-Werten
s_y	*	Standardabweichung von y-Werten
$s_{y,ind.}$	$Note$	Standardabweichung der individuellen Notenwerte eines Kriteriums
t	-	Prüfkriterium zur Absicherung der vorliegenden Korrelation
$T_{\alpha,x}'; T_{\Psi,x}'$	-	Rotationsmatrix
$t_{Schwebungs\,durchlauf}$		Zeit für vollständigen Schwebungsdurchlauf beider Räder einer Fahrzeugachse
Tol_x	N	Toleranzwert der Haltekraft (LHKMS)

$\Theta_{Massen,Inert.}$	$kg \cdot m^2$	Trägheitstensor zweier Massen im Inertialsystem
$\Theta_{Massen,HAS}$	$kg \cdot m^2$	Trägheitstensor zweier Massen im Hauptachsensystem
$\Theta_{Rad(HAS)}$	$kg \cdot m^2$	Trägheitstensor des Rades im Hauptachsensystem
$\Theta_{Rad,Inert.}$	$kg \cdot m^2$	Trägheitstensor des Rades im Inertialsystem
Θ_{xx}	$kg \cdot m^2$	Trägheitsmoment um die Längsachse
Θ_{yy}	$kg \cdot m^2$	Trägheitsmoment um die Querachse
Θ_{zz}	$kg \cdot m^2$	Trägheitsmoment um die Vertikalachse
v	km/h	Fahrgeschwindigkeit
v_0	km/h	Bezugsgeschwindigkeit ($250km/h$)
$\bar{x}$	*	Mittelwert resultierend aus gesamter Datenmenge
x	m	Längskoordinate
X_G	Hz	Analysefrequenz bei Gewichtungsansatz
x_i	*	Bestimmter Wert einer Datenmenge

x_{s_alt}	m	Längskoordinate des Schwerpunktes (alt)
x_{s_neu}	m	Längskoordinate des Schwerpunktes (neu)
$x_{Zus.}$	m	Längskoordinate der Lage der Zusatzmasse
y	m	Querkoordinate
$\bar{y}$	*	Mittelwert resultierend aus gesamter Datenmenge
$\bar{y}_a$	Note	Mittelwert aller individueller Noten aller Probanden
Y_G	-	Vorliegende Beschleunigung bei Gewichtungsansatz
$\hat{y}_i$	*	Vohergesagter Werte aus beliebiger Datenmenge
y_i	*	Bestimmter Wert einer Datenmenge
$y_{Ind.}$	Note	Individuelle subjektive Evaluierungsnote
$\bar{y}_{ind.}$	Note	Mittelwert aller individuellen Noten eines Probanden zu einem Kriterium
$y_{ind.,z}$	Note	Individuelle subjektive Evaluierungsnote nach z-Transformation

$y_{ind.,z,Rücktrans.}$	$Note$	Individuelle subjektive Evaluierungsnote nach Rücktransformation
y_{s_alt}	m	Vertikalkoordinate des Schwerpunktes (alt)
y_{s_neu}	m	Vertikalkoordinate des Schwerpunktes (neu)
$y_{Zus.}$	m	Vertikalkoordinate der Lage der Zusatzmasse
z	m	Vertikalkoordinate
Z_G	m/s^2	Resultierendes Subjektivurteil bei Gewichtungsansatz
z_i		Bestimmter Wert einer Datenmenge

Abkürzungsverzeichnis

1.RO	erste Radordnung
ANOVA	Analysis of Variance (Varianzanalyseverfahren)
CAN	Control Area Network
CES	Controlled Electronic Suspension
DIN	Deutsche Industrienorm
ET	Einpresstiefe
FFP	Flachbahn-Fahrzeug-Prüfstand
FRP	Flachbahn-Reifen-Prüfstand
FS-Konsole	Fahrersitzkonsole
Fzg	Fahrzeug
ggf.	gegebenenfalls
HAS	Hauptachsensystem
HSU	High Speed Uniformity
IPEK	Institut für Produktentwicklung am Karlsruher Institut für Technologie
ISO	International Organization for Standardization
KIT	Karlsruher Institut für Technologie
LDS	Lenkraddrehschwingung
LED	light emitting diode (lichtemittierende Diode)
LHKMS	Lenkradhaltekraftmesssystem
LKS	Lateralkraftschwankung

LRD	Lenkrad
max.	maximal
min.	minimal
NVH	Noise, Vibration, Harshness
Pkw	Personenkraftwagen
Refpkt.	Referenzpunkt
RKS	Radialkraftschwankung
SDD	Stroke Dependend Damping (Amplitudenabhängige Dämpfung)
TKS	Tangentialkraftschwankung
TU	Tire Uniformity
USB	Universal Serial BUS
UUT	Unit under Test

Glossar

Anregungspunkt	Unter dem Anregungspunkt wird die Winkellage verstanden, an welcher eine Zusatzmasse zur definierten Fahrzeuganregung anzubringen ist.
Wuchtebene	Lageposition zur Anbringung von Wuchtmassen. Am Rad liegt immer eine innere sowie eine äußere Wuchtebene vor. Beide Wuchtebenen spielen eine wichtige Rolle, beispielsweise zur Aufhebung auftretender dynamischer Unwuchten.
Einzahlkennwert	Unter Einzahlkennwert wird im Rahmen dieser Arbeit ein physikalischer Wert verstanden, welcher infolge der in Kapitel 4.2 beschriebenen Kennwertbildung entsteht. Er dient zur Beschreibung der im Fahrzeug vorliegenden, komfortmindernden Schwingungsamplitude.
freies Versuchsfeld	Versuchsumgebung in welcher reale Fahrsituationen nachgestellt werden können (Straße).
Grundniveau	Das Grundniveau beschreibt im Zusammenhang komfortrelevanter Fahrzeugschwingungen ein Beschleunigungsniveau, was bei einer Straßenmessung ohne zusätzliche Störanregung durch beispielsweise Massenungleichförmigkeiten an der jeweiligen Fahrer-Fahrzeug-Schnittstelle vorliegt

Hochpunkt	Unter dem Hochpunkt wird die Winkellage verstanden, bei der beim abrollenden Rad bei einer Geschwindigkeit von $120\ km/h$ im Latsch die größte Kraft, bezüglich der 1. Radordnung, in positiver vertikaler Richtung erzeugt wird. Verantwortlich für diese resultierende Kraft ist die Kombination verschiedener Ungleichförmigkeiten (Masse, Geometrie, Steifigkeit).
Hochpunkt (X)	Als Hochpunkt (X) ist jener Anregungspunkt am Reifenumfang definiert, an welcher durch Anbringung einer Zusatzmasse an der Felge bei einer Geschwindigkeit von $120\ km/h$ die größte Längsanregung ins Kraftfahrzeug eingeleitet wird.
Lenkraddrehbeschleunigung	Kennwert, welche die am Lenkrad auftretende Drehschwingungsamplitude näherungsweise beschreibt. Berechnet wird dieser Wert nach Gleichung (4-2).
Mittelklassesegment	Segment einer bestimmten Kraftfahrzeugklasse. Die europäische Kommision bezeichnet Fahrzeuge der Mittelklasse auch als obere Mittelklasse.
Oberklassesegment	Segment, welches die höchste Fahrzeugklasse repräsentiert. In dieser Klasse sind komfortable, leistungsstarke und somit teure Kraftfahrzeuge vertreten.
relative Radstellung	Raddrehwinkeldifferenz zwischen linkem und rechtem Rad einer Achse.

Reproduzierbarkeit	Unter Reproduzierbarkeit wird die Wiederholqualität durchgeführter Versuchsreihen verstanden. Dabei wird der Begriff im Rahmen dieser Arbeit unabhängig von der Anzahl der beteiligten Versuchspersonen verwendet.
Shimmy	In der Fachliteratur eingeführter Begriff für Lenkraddrehschwingung.
Standardanregung auf Flachbahn-Fahrzeug-Prüfstand	Unter der Standardanregung wird ein tiefpassgefiltertes Rauschsignal verstanden, welches über prüfstandsintegrierte Hydropulser in vertikaler Anregungsrichtung ins Fahrzeug eingeleitet wird.
Tiefpunkt	Unter dem Tiefpunkt wird die Winkellage verstanden, bei der beim abrollenden Rad bei einer Geschwindigkeit von 120 km/h im Latsch die geringste Kraft, bezüglich der 1. Radordnung, in positiver vertikaler Richtung erzeugt wird. Analog zum Hochunkt sind hierfür Kombinationen verschiedener Ungleichförmigkeiten verantwortlich (Masse, Geometrie, Steifigkeit).
Zittern	In der Fachliteratur eingeführter Begriff für translatorische Fahrzeugschwingungen welche vom Fahrer am Sitz sowie am Lenkrad wahrgenommen werden.

1. Einleitung

Die Kundenansprüche an ein Kraftfahrzeug verzeichnen in den letzten Jahren einen exponentiellen Anstieg. Dabei liegt der Fokus neben einer kontinuierlichen Verbesserung der Fahrsicherheit, der Fahrdynamik sowie der Steigerung der Energieeffizienz immer mehr auf Fahrkomfortaspekten, was zu einem hohen Anspruch an die kundenorientierte Fahrzeugentwicklung führt. Diese Tendenz wird in Zukunft weiter steigen, da infolge verbesserter Fahrbahnoberflächen, sowie der Optimierung des Geräuschkomforts im Kraftfahrzeug der Kunde zunehmend sensibler auf störende Schwingungen reagiert. Betrachtet man alleine die Aussage von [Neureder,2002], welcher in seiner Arbeit darauf hinweist, dass für die Automobilhersteller jährlich aufgrund von Reklamationen, alleine wegen Lenkraddrehschwingungen, Garantiekosten in mehrstelliger Millionenhöhe anfallen, so wird deutlich wie wichtig die schwingungstechnische Komfortauslegung im Kraftfahrzeug ist. Laut interner Kundenstudie bemängelt der Kunde beispielsweise bei der Wahrnehmung von Lenkradschwingungen nicht nur die Minderung des Fahrkomforts, sondern interpretiert hierbei fälschlicherweise auch eine Beeinträchtigung in Bezug auf die Fahrsicherheit.

Grundsätzlich ist festzuhalten, dass ein hoher Schwingungskomfort im Kraftfahrzeug für den Kunden heutzutage als selbstverständliches Grundbedürfnis gilt. [Bubb,2003-b] zeigt in der von ihm aufgestellten Komfortpyramide, welche auf der Maslowschen Bedürfnispyramide aufbaut [Maslow,1977], dass Schwingungen eine wesentliche Bedürfnisebene darstellen. Ist der individuelle Kundenanspruch nicht erfüllt, weil beispielsweise Fahrersitz oder Lenkrad zu stark vibrieren, so kann dies entscheidenden Einfluss auf das Gesamturteil des Fahrzeugs nehmen und die Kaufentscheidung beeinflussen. Aus diesem Grund ist dem Schwingungskomfort im Kraftfahrzeug eine hohe Beachtung zu schenken.

Unter der Berücksichtigung der Sensitivität des Menschen gegenüber Fahrzeugschwingungen besteht die Basis einer Komfortauslegung in der Definition von Grenzwerten für vorliegende Beschleunigungsamplituden fahrzeugspezifischer Schwingungsphänomene. Die Herausforderung besteht dabei, das subjektive Empfinden des Kunden auf objektive Kriterien zurückzuführen. Gelingt dies mit einer hohen Korrelationsgüte, so ist es möglich, Fahrzeuge bezugnehmend auf Kundenansprüche bereits in der digitalen Validierungsphase komforttechnisch auszulegen. Dieser Schritt ist für die Fahrzeugentwicklung von großer Bedeutung, da konstruktionsbedingte Änderungen, basierend auf Komfortuntersuchungen im späteren Entwicklungszyklus mit hohem Kosten- und Zeitaufwand verbunden sind. Unter Umständen ist eine nachträgliche Verbesserung der Schwingungseigenschaften im fortgeschrittenen Entwicklungsprozess nicht mehr möglich.

Laut [Braess&Seiffert,2007] gilt die Objektivierung vielfältiger Schwingungseinflüsse des Fahrzeugs auf den Menschen immer noch als Gegenstand der Grundlagenforschung. Zur Beurteilung und Einordnung komfortrelevanter Fahrzeugschwingungen wird in der modernen Automobilentwicklung meist auf die Expertise erfahrener Entwicklungsingenieure zurückgegriffen, welche die vorliegenden Schwingungen an den haptischen Kontaktstellen zwischen Fahrer und Fahrzeug bewerten. Dabei werden auftretende Schwingungsphänomene gerne hinsichtlich der verantwortlichen Anregungsarten unterteilt. Eine Gliederung in die Bereiche Fahrbahnanregung, Triebstranganregung, Bremsanregung und Reifenungleichförmigkeitsanregung ist üblich. Im Rahmen der vorliegenden Arbeit wird ausschließlich das Themenfeld der reifenungleichförmigkeitserregten Fahrzeugschwingungen behandelt. Hierbei wird sich auf einzig auf die Anregung der 1. Radordnung beschränkt, welche zu störenden Schwingungsamplituden in den Fahrer-Fahrzeug-Schnittstellen „Hand-Lenkrad" sowie

„Gesäß-Sitz" führen. Die Betrachtung der Frequenz der ersten Radordnung lässt sich dadurch begründen, dass Schwingungsphänomene welche auf diese Radordnung zurückzuführen sind (Shimmy, Zittern) so dominant sind, dass sie vom Fahrer ohne Zweifel dem Reifen als Ursache zugeordnet werden. Diese Zusammenhänge lassen sich durch interne Kundenreklamationsanalysen bestätigen [Grimm et al.,2010]. Des Weiteren ist der Anregungsinput der ersten Radordnung durch angebrachte Zusatzmassen an der Felge zu beeinflussen ohne dabei den Reifen zu verändern. Bei Anregungen welche aus höheren Radordnungen resultieren, ist dies nicht realisierbar. Fahrzeugschwingungen welche auf die 1. Radordnung zurückzuführen sind haben einen harmonischen Charakter.

Abhängig vom betrachteten Frequenzbereich sind Schwingungen vom Fahrer haptisch sowie akustisch wahrzunehmen. Man spricht hierbei auch von fühlbaren und hörbaren Schwingungen [KIT,2011]. Im Betrachtungsfeld der 1. Radordnung kommt es zu Schwingungen, abhängig von der Fahrgeschwindigkeit, zwischen $8Hz - 30Hz$. In diesem Bereich stehen die fühlbaren Schwingungen im Vordergrund. Sicherlich ist nicht auszuschließen, dass es zu einer Beeinflussung der haptischen Schwingungswahrnehmung durch den Höreindruck kommen kann, welcher wiederum auf Schall in höheren Frequenzbereichen beruht. Diese Zusammenhänge sind jedoch sehr komplex, bislang wenig erforscht und sollen nicht Gegenstand dieser Arbeit sein.

Um Schwingungen im Kraftfahrzeug in einer für den realen Fahrzeugbetrieb typischen und relevanten Ausprägung untersuchen zu können, ist eine reproduzierbare kundenrelevante Anregung unersetzlich. Da Fahrversuche im freien Versuchsfeld in direktem Zusammenhang mit erhöhtem Kosten- und Zeitaufwand stehen, sowie eine reproduzierbare Darstellung oft schwierig umsetzbar ist, sind Fahrzeugentwickler stets bestrebt, Untersuchungsumfänge auf Prüfstände zu verlagern. Unter freiem Versuchsfeld wird im weiteren Verlauf dieser Arbeit der Fahrversuch auf realen Straßen verstanden. Im Fokus der Prüfstandsnutzung steht das Ziel, die Ergebnisqualität sowie die Effizienz der Durchführung zu optimieren.

Im Rahmen der angefertigten Promotionsschrift wird ein Verfahren zur Quantifizierung und Bewertung reifenungleichförmigkeitserregter Fahrzeugschwingungen erarbeitet. Dabei ist darauf hinzuweisen, dass die Wirkkette der Schwingungsübertragung im Fahrzeug vom Radträger zum Lenkrad bzw. zum Fahrersitz nicht behandelt wird. Betrachtet wird ausschließlich das Rad, welches den Anregungsinput darstellt, sowie die Fahrer-Fahrzeug-Schnittstellen „Hand-Lenkrad" und „Gesäß-Sitz", welche den so genannten Output beschreiben. Aufbauend auf der Darlegung des aktuellen Forschungsstands (Kapitel 2) wird die abgeleitete Motivation sowie die Zielsetzung und der daraus resultierende Aufbau der Arbeit in Kapitel 3 erläutert.

2. Theoretische Grundlagen und Stand der Forschung

Im folgenden Kapitel werden die zum Verständnis der angefertigten Arbeit hilfreichen theoretischen Grundlagen erläutert, sowie ein Überblick zu bisherigen Forschungsarbeiten erarbeitet um darauf aufbauend die angefertigte Promotionsschrift einzuordnen.

2.1 Reifenungleichförmigkeitserregte Fahrzeugschwingungen

Bei reifenungleichförmigkeitserregten Fahrzeugschwingungen handelt es sich um Schwingungsphänomene, welche ausgehend vom Rad-Reifen-Verbund als Anregungsquelle über das Fahrwerk und die Karosserie in den Fahrzeuginnenraum übertragen und dort vom Insassen (in der Regel vom Fahrer) in Form einer Schwingungsbeanspruchung erfahren werden.

Nachfolgend werden die auf Reifenungleichförmigkeiten zurückzuführenden Schwingungsphänomene definiert, sowie die dafür verantwortlichen Entstehungs- und Übertragungsmechanismen erläutert.

2.1.1 Phänomenbeschreibung und Entstehungsmechanismen

Reifenungleichförmigkeitserregte Fahrzeugschwingungen werden vom Fahrer primär in den Fahrer-Fahrzeug-Schnittstellen „Hand-Lenkrad" und „Gesäß-Sitz" wahrgenommen. Der wesentliche Anregungsinput lässt sich dabei auf die erste Radordnung (1.RO) zurückführen, was dazu führt, dass sich der zu analysierende Frequenzbereich in Verbindung mit der Fahrgeschwindigkeit auf einen Bereich von $8-30Hz$ beschränkt. Auch höhere Radordnungen induzieren einen Anregungsinput ins Kraftfahrzeug. Dieser ist jedoch, verglichen mit einem Input, welcher auf die erste Radordnung zurückzuführen ist, untergeordnet. In der angefertigten Arbeit liegt der Fokus ausschließlich auf reifenungleichförmigkeitserregten Fahrzeugschwingungen, welche im Frequenzbereich der ersten Radordnung komfortmindernde Fahrzeugschwingungen verursachen. Die wesentlichen Reifenanregungsarten werden in Kapitel 2.2.1 detailliert beschrieben. Nachfolgend werden die vom Fahrer wahrnehmbaren Schwingungsphänomene und deren Entstehungsmechanismen vorgestellt.

Betrachtet man die Fahrer-Fahrzeug-Schnittstelle „Hand-Lenkrad", so unterscheidet man zwischen zwei auftretenden Schwingungsphänomenen:

- rotatorische Lenkradschwingung
- translatorische Lenkradschwingung

Rotatorische Lenkradschwingungen sind in der Literatur auch unter den Begriffen Lenkungsunruhe, Lenkraddrehschwingung, Lenkradrotation, Flattern, Wobbeln oder Shimmy zu finden (siehe hierzu auch [Zomotor,1970], [Ochs&Hanisch,1991], [Engel,1998], [Nowicki,2007] und weitere). Dabei handelt es sich um periodische Rotationsschwingungen um die Lenkradspindel. Die Ursache hierfür sind beide Räder der Vorderachse, welche in der Regel wechselseitige Längs- und Lenkschwingungen ausführen. Unter wechselseitigen Längs- und Lenkschwingungen sind in einer vereinfachten Betrachtung Radträgerschwingungen zu verstehen, welche durch gegenphasige (um 180° versetzte) Anregung der Radträger die Vorderachse in eine rotatorische Bewegung um die Vertikalachse versetzen [Grimm et al.,2010]. Diese Schwingformart wird auch als Achsgierschwingung bezeichnet. Mit der genauen Bewegungsform der Achse haben sich unter anderem [Boulahbal et al.,2005], [Pankau et al.,2003], [Pankau et al.,2004-a] und [Pankau et al.,2004-b] intensiv beschäftigt. Die vorliegende Achsschwingung wird über die Spurstangen, die Zahnstange sowie über das Lenkgetriebe auf die Lenkradspindel übertragen, auf der das Lenkrad montiert ist. Der Fahrer nimmt hier entsprechend eine Lenkraddrehschwingung wahr. Die Auslegung des in der Lenkung integrierten Torsionselements beeinflusst die Ausprägung der vorliegenden Lenkraddrehschwingung maßgeblich [Grimm et al.,2010]. Die Frequenzlage der Lenkraddrehschwingung ist dabei von der Achskonstruktion und somit vom jeweiligen Fahrzeug abhängig. Meist liegt das Maximum der Lenkraddrehschwingung in einem Fahrgeschwindigkeitsbereich zwischen $80km/h - 120km/h$ vor, welcher für die erste Radordnung mit einem Frequenzbereich von ca. $11Hz - 17Hz$ gleichzusetzen ist. In diesem Frequenzbereich liegt häufig die wechselseitige Achslängsresonanz, welche mit überlagerten weiteren weiteren Eigenfrequenzen des Achssystems den Effekt der Lenkraddrehschwingung verstärkt.

Als translatorische Lenkradschwingungen werden Schwingungen am Lenkrad bezeichnet, welche in allen drei Raumrichtungen auftreten (siehe beispielsweise [Grimm et al.;2010], [Maier,2011] und [Ochs&Hanisch,1991]). Als Fachbegriff wird hierbei häufig das Synonym „Zittern" verwendet. Ursache für auftretende translatorische Lenkradschwingungen sind, wie auch bei der Lenkraddrehbeschleunigung, harmonische Radanregungen, welche meist gleichseitig (es liegt keine relative Schwebungsdifferenz zwischen linkem und rechtem Rad einer Achse vor) ins Kraftfahrzeug eingeleitet werden. Die maßgeblich verantwortliche Anregung erfolgt hierbei sowohl in Vertikal- als auch in Horizontalrichtung, wobei die Vertikalrichtung meist als prägnante Anregungsrichtung angesehen werden kann [Grimm et al.,2010]. Durch Resonanzanregung (Biegung und Torsion der Karosserie, Achsträgerresonanzen, etc.) kommt es zu verstärkten Zittereffekten im Bereich der Lenkung [Grimm et al.,2010]. Der Übertragungspfad der Anregung ist mit dem der rotatorischen Lenkradschwingung vergleichbar, wobei das Mantelrohr, in welchem die Lenkradspindel integriert ist, im Rahmen der Lenkradtranslation eine wesentliche Rolle spielt [Grimm et al.,2010].

Nachfolgend wird die Fahrer-Fahrzeug-Schnittstelle „Gesäß-Sitz" betrachtet. Wie am Lenkrad kommt es auch im Sitzbereich zu translatorischen Schwingungen in allen drei Raumrichtungen. Man spricht hierbei ebenfalls vom so genannten „Zittern" (Sitzzittern). Die Ursache ist analog zur Lenkradbetrachtung eine meist gleichseitige Achsschwingung, welche primär über Federbein, Dämpfer und Kopflager in die Karosserie eingeleitet wird und von dort den Fahrzeugsitz in einen mehrachsialen Schwingungszustand versetzt. An dieser Stelle ist zu erwähnen, dass die Ausprägung translatorischer Sitz- und Lenkradschwingungen wie auch rotatorischer Lenkradschwingungen individuell vom jeweils betrachteten Fahrzeug abhängen. Da das Fahrzeug ein schwingungsfähiges System ist, tragen Dämfpungen, Elastizitäten, Massen, Reibungen sowie kinematische Effekte wesentlich zur Art der Schwingungsausprägung bei. Im Rahmen der angefertigten Arbeit wird die Übertragungskette vom Rad (Anregungsinput) bis zum Fahrer (Anregungsoutput), sprich bis zur Fahrer-Fahrzeug-Schnittstelle „Gesäß-Sitz" und „Hand-Lenkrad" nicht betrachtet, weshalb diese Thematik an dieser Stelle nicht weiter vertieft wird.

Aufgrund der zuvor beschriebenen Abhängigkeit von der relativen Radstellung, treten in der Regel die Phänomene rotatorischer und translatorischer Natur nicht zum gleichen Zeitpunkt auf. Des Weiteren ist darauf hinzuweisen, dass der komfortmindernde Schwingungseindruck nicht permanent vorliegt, sondern nur phasenweise in Abhängigkeit der Radstellung zueinander. Unter der relativen Radstellung wird im Rahmen dieser Arbeit die Raddrehwinkeldifferenz zwischen linkem und rechtem Rad verstanden. Nachfolgend wird hier nur noch von Radstellung gesprochen. Detailliert wird an späterer Stelle dieser Arbeit darauf eingegangen (siehe hierzu Kapitel 6.1.2).

Aus Gründen der Vollständigkeit ist in diesem Zusammenhang noch das Phänomen der bremserregten Lenkraddrehschwingung zu erwähnen, welches vom Effekt mit der reifenungleichförmigkeitserregten Lenkradschwingung vergleichbar ist. Hierbei resultiert die Anregung in erster Linie aus Dickenschwankungen der Bremsscheibe, was zu Bremsmomentenschwankungen führt [Neureder,2002]. Daher tritt dieses Schwingungsphänomen nur in Verbindung mit einer Bremsenbetätigung auf. [Engel,1998], [Boulahbal et al.,2005], [Pankau et al.,2003], [Pankau et al.,2004-a] und [Pankau et al.,2004-b] beschäftigten sich ausführlich mit diesem Schwingungsphänomen, und liefern hierzu einen umfangreichen Überblick. Im Rahmen der hier angefertigten Arbeit wird das Phänomen der bremserregten Lenkraddrehschwingung nicht weiter betrachtet.

Abschließend ist an dieser Stelle darauf hinzuweisen, dass die so genannte Zitterschwingungen nicht nur am Sitz- bzw. am Lenkrad, sondern auch in anderen Fahrzeugkomponenten wahrnehmbar sind. Hier sind beispielhaft die Bereiche Rückspiegel, Armaturenbrett oder Schalthebel zu nennen. Diese Bereiche sind jedoch im Gegensatz zu Sitz und Lenkrad untergeordnet zu betrachten, da Schwingungen in diesen Bereichen vom Fahrer nur temporär mit wahrgenommen werden, während der Sitz sowie das Lenkrad in permantentem Kontakt mit dem Fahrer steht. Im Fokus der angefertigten Promotionsschrift stehen daher ausschließlich die Fahrer-Fahrzeug-Schnittstellen „Hand-Lenkrad", sowie „Gesäß-Sitz".

2.1.2 Arbeiten zum Thema reifenungleichförmgkeitserregter Fahrzeugschwingungen

Auf dem Gebiet der Lenkradschwingungen, gezielt der Lenkraddrehschwingungen sind eine Vielzahl von Untersuchungen bekannt. Generell lässt sich festhalten, dass im Zusammenhang mit Reifenungleichförmigkeiten meist ausschließlich Lenkraddrehschwingungen betrachtet werden. [Zomoter,1970] gibt in seiner Arbeit einen, für den damaligen Stand, umfassenden Überblick zu Arbeiten auf diesem Gebiet. Anhand seiner Aussagen stammen erste Veröffentlichungen zu diesem Thema aus dem Jahre 1922. Seit diesen Veröffentlichungen wurden bis heute viele weitere Arbeiten angeschlossen. Hier sind neben [Zomoter,1970] Autoren wie [Clayden,1922], [Hale,1924], [Kauffmann,1927], [Grotewohl,1974], [Dödlbacher&Gaffke,1978], [Engel,1998], [Neureder,2002], [Pankau et al.,2003], [Pankau et al.,2004-a], [Pankau et al.,2004-b], [Boulahbal et al.,2005], [Gauterin,2009] und weitere zu nennen. Im Rahmen dieser Untersuchungen werden neben reifenungleichförmigkeitserregten auch bremserregte Lenkraddrehschwingungen betrachtet, welche, wie im vorherigen Kapitel angesprochen, zu gleichen bzw. sehr ähnlichen Schwingungsphänomenen führen. Im Zuge dieser Untersuchungen steht jedoch nicht die Komfortwahrnehmung im Vordergrund, sondern vielmehr die Analyse von Übertragungspfaden, welche für Lenkraddrehschwingungen verantwortlich sind. Versuche im Zusammenhang der veröffentlichten Arbeiten werden sowohl auf der Straße als auch auf Prüfständen durchgeführt.

In der Literatur sind kaum Untersuchungen zum Thema translatorischer Lenkradschwingungen bekannt. [Ochs&Hanisch,1991] betrachten sowohl rotatorische als auch translatorische Lenkradschwingungen. Sie geben auf Basis durchgeführter Untersuchungen konstruktive Hinweise, welche zur Minderung komfortrelevanter Lenkradschwingungen beachtet werden sollten. Weiterhin führen sie in ihrer Arbeit eine Gegenüberstellung von Prüfstands- und Straßenmessungen durch. Sie kommen dabei zu der Erkenntnis, dass die Ergebnisse vergleichbar sind. Weiter definieren sie ein Messprogramm, welches für Untersuchungen reifenungleichförmigkeitserregter Lenkradschwingungen sinnvoll erscheint. Dabei weisen sie darauf hin, dass eine Unwucht heranzuziehen ist, welche einen realistischen Anregungsfall repräsentiert. Laut [Ochs&Hanisch,1991] stellt eine Zusatzmasse von $20g$ diesen realistisch Fall dar. Da es jedoch aufgrund von Messunsicherheiten hinsichtlich Wuchtmaschine oder Finish-Balancer nicht möglich erscheint, diesen Input reproduzierbar ins Fahrzeug geben zu können, verweisen sie auf eine erforderliche Unwuchtmasse von $60g$. Nur mit einer Masse in dieser Größenordnung scheint es ihrer Meinung nach gewährleistet zu sein, dass trotz vorliegender Fehlertoleranzen ein ausreichend hoher Anregungsinput generiert wird. Die Anregung erfolgt an beiden Rädern der zu analysierenden Achse. Zusätzlich führen sie eine Subjektivbeurteilung durch, welche separat in Kapitel 2.3.5 behandelt wird.

Untersuchungen hinsichtlich der Thematik von translatorischen Sitzschwingungen, welche auf reifenungleichförmigkeitserregte Fahrzeugschwingungen zurückzuführen sind, lassen sich in der Literatur kaum finden. Wenn von „Zittern" gesprochen wird, bezieht man sich meist auf fahrbahninduzierte Fahrzeugschwingungen. [Barz,1988] schließt zum Ende seiner Arbeit, welche sich mit der Reifenthematik befasst, eine kleinere Versuchsreihe an, welche unter anderem auch Schwingungen im Bereich der Fahrersitzkonosle objektiviert. Der Fokus liegt dabei auf der Komfortbeurteilung, weshalb an dieser Stelle auf Kapitel 2.3.4 zu verweisen ist. [Schlecht,2009] betrachtet in seiner Arbeit neben Lenkradschwingungen auch Sitzschwingungen. Ziel seiner Arbeit ist die Entwicklung einer schwingungsunempfindlichen Vorderachskinematik mit Hilfe von Optimierungsmethoden. Auch hier ist auf Kapitel 2.3.4 zu verweisen, wo Arbeiten zu Objektivierung und Bewertung von Sitzschwingungung separat behandelt werden.

Verschiedene Autoren berichten in ihren Arbeiten über die Möglichkeiten Untersuchungsumfänge von der Straße auf den Prüfstand zu verlagern. [Nowicki,2007] gibt in seiner Arbeit über den in der Literatur bekannten Forschungsstand einen Überblick, Prüfstände effizient für Lenkraddrehschwingungsanalysen einzusetzen. Er betrachtet dabei das Feld der bremserregten Lenkradschwingungen. Weiter werden auch Prüfstände entwickelt, welche ausschließlich Teilsysteme, losgelöst vom Kraftfahrzeug betrachten. Als Beispiel ist hier der Flachbahn-Reifen-Prüfstand zu nennen [Grimm et al.,2010]. Hierbei kann ein Anregungsinput, welcher vom Reifen ins Fahrzeug eingeleitet wird bis zu hohen Fahrgeschwindigkeiten analysiert werden ohne dabei fahrzeugspezifische Eigenschaften bei der

Ergebnisinterpretation berücksichtigen zu müssen. Auch ein Tire-Uniformity-Prüfstand (TU-Prüfstand) liefert nützliche Informationen des Reifens, welche zum Verständis reifenungleichförmigkeitserregter Fahrzeugschwingungen beitragen [Leister,2009] Wie die Beispiele zeigen, kann ein Teilsystem- oder auch Komponentenprüfstand in Zusammenhang mit reifenungleichförmigkeitserregten Fahrzeugschwingungen durchaus sinnvoll sein um wichtige Erkenntnisse in der Fahrzeugentwicklung zu generieren.

Gesamtfahrzeugprüfstände haben den klaren Vorteil, dass reale Fahrsituationen mit dem realen Versuchsfahrzeug reproduzierbar nachstellbar sind. Die messtechnische Zugänglichkeit der Schnittstellen zwischen Prüfstand und Fahrzeug führt zudem zu einer äußerst hohen Ergebnistransparenz [Deuschl,2006]. Im Rahmen von Prüfstandsnutzungen ist die Erfassung weiterer Messstellen problemlos realisierbar. Zieht man das Beispiel eines Flachbahn-Fahrzeug-Prüfstandes heran, so ist es prüfstandsseitig möglich, relative Radstellungswinkel über prüfstandsinterne Messkanäle zu erfassen. Versucht man den gleichen Messaufbau im realen Straßenversuch zu realisieren, ist dies mit einem exorbitanten Messaufwand verbunden [Leister et al.,1999].

[Deuschl,2006] zeigt in seiner Arbeit die wesentlichen Stärken, wie auch die zu nennenden Grenzen der Prüfstandtechnik auf. Als Stärken nennt er Eigenschaften wie die exakte Einstellung von Betriebszuständen, das Ausschalten von Störeinflüssen, die Nachvollziehbarkeit objektiver Messergebnisse oder die Einsparung von Entwicklungskosten. Im Rahmen der Entwicklungskosten weist er darauf hin, dass die Investitionskosten erheblich sind, jedoch bei ausgenutzter Prüfstandskapazität diese Kosten zu legitimieren sind. Im Rahmen der Betrachtung der Prüfstandsgrenzen nennt er als wesentliche Eigenschaft die eingeschränkte Abbildung der Realität. Da eine vollständige Abbildung realer Fahrzustände kaum möglich erscheint, ist seiner Meinung nach eine prinzipielle, gerade noch tolerierbare Abweichung von der Realität in Kauf zu nehmen.

2.2 Anregungsquelle Reifen

Der Reifen ist ein elementares Bauteil am Kraftfahrzeug. Er ist für den Kontakt zur Fahrbahn verantwortlich. Seit Jahren finden auf dem Gebiet des Reifens sehr viele Entwicklungsaktivitäten statt. Im Zuge der steigenden Komfortansprüche der Fahrzeuginsassen gilt dem Reifen als Anregungsquelle für störende Fahrzeugschwingungen kontinuierlich Aufmerksamkeit. In den folgenden Unterkapiteln werden die hinsichtlich des Schwingungskomforts wichtigsten Anregungsarten erläutert, die Möglichkeiten der prüfstandsseitigen Reifenanalyse kurz vorgestellt, sowie ein Überblick über bisherige Arbeiten auf dem Gebiet der Reifenanalyse gegeben.

2.2.1 Anregungsursachen

Der Anregungsinput im tieffrequenten Schwingungsbereich ($< 30 Hz$), welcher vom Rad-Reifen-Verbund (Reifen und Felge; im Folgenden allgemein als Rad bezeichnet) ins Fahrzeug übertragen wird resultiert aus Massendefekten (Ungleichförmigkeit der Masse), geometrischen Abweichungen (Ungleichförmigkeit der Geometrie), sowie aus inneren Ungleichförmigkeiten des Reifens (Ungleichförmigkeit der Steifigkeit) [Neureder,2002]. Diese Ungleichförmigkeiten führen zu Kräftebelastungen in der Radmitte, welche dann abhängig vom Übertragungsverhalten des Kraftfahrzeugs komfortmindernde Schwingungen herbeiführen. Weiter kann zu den hier erwähnten drei Anregungsursachen noch ein weiterer Input erwähnt werden, welcher vom Rad ins Fahrzeug eingeleitet wird und bei der Überfahrt von Fahrzeugunebenheiten, aus der Profilierung des Reifens, seinem Abriebzustand und seinen modularen Schwingungseigenschaften stammt [Gauterin,2010-b]. Dieser gehört dann in die Gruppe des Abrollgeräusches oder des fahrbahnerregten Abrollkomforts. Wie zu Beginn dieser Arbeit erwähnt, werden in der angefertigten Promotionsschrift keine akustischen Ursachen, zu denen das Abrollgeräusch zählt, betrachtet. Daher wird diese Thematik an dieser Stelle nicht weiter vertieft.

Nachfolgend werden die drei Ursachen der Ungleichförmigkeit kurz erläutert. Detaillierte Herleitungen, sowie eine Einordnung der jeweiligen Bedeutung der Anregungsart auf komfortrelevante Fahrzeugschwingungen werden in Kapitel 5.1 durchgeführt.

2.2.1.1. Ungleichförmigkeit der Masse

Schwankungen in der Materialdichte, Fertigungstoleranzen, sowie andere Einflüsse wirken sich in Form einer inhomogenen Massenverteilung des Rades aus [Groll,2006]. Abhängig von der Art des auftretenden Massendefektes am Rad rotiert eine Kraft oder ein Moment um die Radachse des Fahrzeuges. Bekannt sind diese Kräfte und Momente als statische bzw. als dynamische Unwuchten.

Stehen die zur Rotationsachse senkrecht wirkenden Fliehkräfte im Ungleichgewicht, liegt der Fall der statischen Unwucht vor [Neureder,2002]. Die dabei entstehende Kraft ist bekannt als Zentrifugalkraft, welche mit steigender Fahrgeschwindigkeit und damit steigender Raddrehzahl quadratisch ansteigt. Die Zentrifugalkraft wird durch

$$F_{ZK} = m \cdot r \cdot \omega^2 \qquad \text{(Gl. 1)}$$

mit

$$\omega = 2 \cdot \pi \cdot f \qquad \text{(Gl. 2)}$$

definiert.

Dynamische Unwuchten können unabhängig von statischen Unwuchten auftreten. Sie resultieren aus dem axialen Versatz einer Fliehkraft zum Radflansch. Der Abstand b des Wirkungspunktes der Kraft zum Radflansch stellt dabei einen Hebelarm dar, mit welchem die Fliehkraft als Moment auf den Radflansch wirkt. Mathematisch lässt sich dieser Zusammenhang durch

$$M = m \cdot r \cdot \omega^2 \cdot b \qquad \text{(Gl. 3)}$$

ausdrücken.

Allgemein kann festgehalten werden, dass die Auswirkung einer dynamischen Unwucht auf die Lenkraddrehschwingung, welche in Kapitel 2.1.1 beschrieben wurde, wesentlich geringer ist, als die Auswirkung einer statischen Unwucht [Michelin,2005].

Aus der Literatur ist die Unwucht bekannt als ein Produkt aus der Masse mit zugehörigem Abstand zur Rotationsachse und ggf. dem vorliegenden Hebelarm. Im Rahmen dieser Arbeit wird aus Gründen der Übersichtlichkeit eine Unwucht ausschließlich in Gramm $[g]$ dargestellt. Die entsprechenden geometrischen Abmaße werden, falls erforderlich, angegeben.

2.2.1.2. Ungleichförmigkeit der Geometrie

Bei der Einteilung der Ungleichförmigkeit der Geometrie unterscheidet man zwischen zwei Arten. Zum einen die radiale Auswanderung und zum anderen die laterale Auswanderung [Leister,2009]. Besser bekannt sind diese geometrischen Auswanderungen unter Höhen- bzw. Seitenschlag. Beide Arten der Auswanderung verursachen gleichzeitig Massen- sowie Steifigkeitsungleichförmigkeiten.

Radiale Auswanderungen sind meist auf Schwankungen der Materialdicke zurückzuführen. Die dadurch entstehenden Unregelmäßigkeiten des Reifenradius führen ebenso wie Massenungleichförmigkeiten zu Kraftschwankungen in der Radmitte. Durch gezieltes Abschleifen des Reifens an der entsprechenden Stelle kann ein auftretender Höhenschlag minimiert werden. Man spricht bei diesem Prozess vom so genannten „Harmonisieren" [Lüders et al.,1971]. Eine weitere Möglichkeit, Kraftschwankungen infolge geometrischer Abweichungen zu reduzieren, ist das Matchen. Dabei wird der Bereich der maximalen geometrischen Abweichung der Felge mit der minimalen Abweichung des Reifens überlagert. Diese Methode kann zum Erfolg führen, wenn sowohl Felge als auf Reifen eine entsprechende Abweichung der Form und Lage aufzuweisen hat. Im Rahmen der heutigen Herstellungsprozesse von Scheibenrädern liegt eine Formabweichung zwischen $0,1mm$ und $0,2mm$ [Neureder,2002]. Daher wird der aufwendige Prozess des Matchens nur noch äußerst selten, in Sonderfällen eingesetzt.

Eine laterale Auswanderung ist im Gegensatz zu einer radialen Auswanderung hinsichtlich seiner Auswirkung auf den Fahrkomfort unterzuordnen [Neureder,2002]. In der Realität verursacht eine geometrische, laterale Auswanderung, wie bereits mehrfach erwähnt, immer auch Massen- und Steifigkeitsungleichförmigkeiten welche sich auch in radialer Richtung auswirken.

2.2.1.3. Ungleichförmigkeit der Steifigkeit

Ungleichförmigkeiten, welche auf die Steifigkeit des Reifens zurückzuführen sind, gehören zu der Art der Reifenungleichförmigkeiten, welche nicht kompensiert werden können. Meist entstehen Steifigkeitsungleichförmigkeiten im Fertigungsprozess des Reifens, wenn der Fadenwinkel der Gewebelagen oder die Temperaturverteilung beim Vulkanisieren des Reifens über dem Reifenumfang nicht konstant war [Gauterin,2011]. Das unter konstanter Radlast abrollende Rad erzeugt aufgrund seiner über dem Umfang ungleichmäßig verteilten Federraten Kraftschwankungen. Im Rahmen von Low-Speed-Tireuniformity-Messungen (TU-Messungen) am langsam drehenden Rad werden diese Kraftschwankungen als Qualitätsmerkmal herangezogen [Grimm et al.,2010]. Dabei liegt der Fokus ausschließlich auf der Radial- bzw. der Lateralsteifigkeitsschwankung. Schwankungen der Tangentialkraft sind im Rahmen von TU-Messungen aufgrund geringer Prüfgeschwindigkeiten nicht quantifizierbar. Die Geschwindigkeitsabhängigkeit der dynamischen Tangentialkraftschwankung wird in Kapitel 5.2.1 diskutiert.

Die beschriebenen drei Ursachen der Ungleichförmigkeit treten im seltensten Fall getrennt voneinander auf. Meist handelt es sich um gleichzeitig auftretende Effekte, welche gemeinsam als Reifenkraftschwankung am Rad quantifiziert werden. An dieser Stelle ist auch auf die Standplatten, welche auch als Reifenabflachung oder Flat spot bekannt sind, hinzuweisen. Bei diesem Effekt handelt es sich um eine reversible geometrische Verformung des Reifens durch eine flächige im Stand vorliegende Belastung während des Abkühlvorganges von der Betriebstemperatur auf Umgebungstemperatur. Bei diesem Vorgang kommt es zu lokalen Verformungen im Bereich der Außenkontur des Reifenlatsches (Reifenflanke), welche zu Ungleichförmigkeiten der Masse, der Steifigkeit sowie der Geometrie führen. Nachdem der Reifen wieder auf Betriebstemperatur erwärmt wird, nimmt er wieder seine ursprüngliche „runde" Form an. In der Regel sind Fahrzeugschwingungen, welche auf Standplatten zurückzuführen sind, nach mehreren gefahrenen Kilometern mit erhöhter Fahrgeschwindigkeit vollständig eliminiert. Im Rahmen der angefertigten Promotionsschrift wird der Effekt des Standplattens nicht vertieft. Bei sämtlichen Untersuchungsumfängen, wird durch definierte Warmfahrprozesse jegliche Art von reversiblen Reifenabflachungen ausgeschlossen.

2.2.2 Arten von Reifenkraftschwankung

Je nach Richtung der wirkenden Kraftschwankung unterscheidet man zwischen Radialkraftschwankung (Kraftschwankung in vertikaler Richtung), Tangentialkraftschwankung (Kraftschwankung in horizontaler Richtung) und Lateralkraftschwankung (Kraftschwankung in Querrichtung).

Eine Radialkraftschwankung (RKS) ist auf Steifigkeits-, Massen- sowie auf Geometrieungleichförmigkeiten zurückzuführen. In der Regel zeigen sie nur sehr geringe Abhängigkeiten von der Abrollgeschwindigkeit [Neureder,2002]. Diese Aussage ist für gewuchtete, gleichförmige Räder gültig. Kommt es doch zu einer deutlichen Geschwindigkeitsabhängigkeit, so ist dies ein Indiz dafür, dass die Ursache der vorliegenden RKS auf eine Massenungleichförmigkeit zurückzuführen ist. Dies gilt jedoch ausschließlich für Radialkraftschwankungen, welche im Zusammenhang der ersten Radordnung betrachtet werden. Im Zuge von höheren Radordnungen lassen sich sehr wohl Geschwindigkeitsabhängigkeiten erfassen. Diese sind laut [Barz,1988] auf die radiale Eigenfrequenz des Rades, welche zwischen $75Hz$ und $85Hz$ liegt zurückzuführen. RKS gelten als maßgebliche Anregungsquelle für translatorische Sitz- und Lenkradschwingungen [Grimm et al.,2010]. Da in der Regel eine sehr geringe Abhängigkeit der RKS von der Abrollgeschwindigkeit vorliegt, ist eine vollständige Produktionskontrolle (100%) zu realisieren. Die hierfür notwendige Erfassung erfolgt anhand einer Tire-Uniformity Prüfmaschine (TU-Prüfmaschine), bei der das Rad mit einer Drehfrequenz von $1Hz$, was einer Geschwindigkeit von ca. $7km/h$ entspricht, abrollt.

Tangentialkraftschwankgungen (TKS) zeichnen sich durch einen deutlichen Anstieg in Abhängigkeit einer Geschwindigkeitszunahme aus.

[Barz,1988] beschreibt in seiner Arbeit die auftretende Tangentialkraftschwankung anhand eines Zweimassenschwingers. Dabei teilt er das Rad in zwei Drehmassen auf welche durch Federn und Dämpfer miteinander gekoppelt sind. Drehmasse 1 umfasst dabei alle Bauteil im Gürtel des Reifens. Drehmasse 2 beinhaltet alle Bauteile im Zentrum des Rades. Die Verbindung zwischen Fahrbahn und Reifen wird ebenfalls über ein Feder-Dämpfer-Element dargestellt. Resultierend aus dem Modell des Zweimassenschwingers liegen laut [Barz,1988] zwei Eigenfrequenzen in tangentialer Richtung vor. Die untere Eigenfrequenz, welche dem Gürtel des Reifens und dessen rücktreibender Feder zuzuordnen ist, liegt bei $35Hz - 45Hz$. Die obere Eigenresonanz lässt sich einem Frequenzbereich von $75Hz - 85Hz$ zuordnen. Die untere Eigenresonanz ist für die Geschwindigkeitsabhängigkeit verantwortlich. Eine deutliche Kraftschwankungszunahme in tangentialer Richtung lässt sich in der Regel bereits ab einer Fahrgeschwindigkeit von ca. $80km/h$ feststellen, wie in Kapitel 5.2.1 gezeigt wird. Eine Fahrgeschwindigkeit von $80km/h$ entpricht in etwa einer Anregungsfrequenz von $10Hz$. TKS gelten als die maßgebliche Ursache für auftretende Lenkraddrehschwingungen, wie [Marshall&St.John,1975] im Rahmen durchgeführter Untersuchungen zeigen konnten. Aufgrund der beschriebenen signifikanten Geschwindigkeitsabhängigkeit liefert eine Produktionskontrolle anhand von TU-Prüfmaschinen keine ausreichende Information. Um einen entsprechenden Anregungsinput detektieren zu können, ist eine Hochgeschwindigkeitsprüfmaschine, besser bekannt als High-Speed-Uniformity-Prüfmaschine einzusetzen. Aufgrund eines damit verbundenen hohen Zeitaufwands ist eine 100%-Kontrolle im Rahmen von Produktionsprozessen nicht realisierbar.

[Richards,1990] stellt einen Korrelationsansatz vor, welcher es ermöglicht, durch die Erfassung der Drehwinkelbeschleunigung bei langsam laufendem Rad, Rückschlüsse auf den entsprechenden Tangentialkraftschwankungsverlauf bei hohen Geschwindigkeiten zu ziehen. Ob ein solches Verfahren bereits in Produktionsprozessen eingesetzt wird, kann der Veröffentlichung nicht entnommen werden.

Auch [Nakajima&Kakumu,1992] beschäftigen sich mit dieser Materie. Dabei zeigen sie einen korrelativen Zusammenhang zwischen auftretendem Höhenschlag und vorliegender Tangentialkraftschwankung in Abhängigkeit der Abrollgeschwindigkeit. Weiter zeigen sie, dass ein hoher korrelativer Zusammenhang zwischen Höhenschlag, ermittelt auf einer TU-Prüfmaschine, und einem Höhenschlag, erfasst auf einer HSU-Prüfmaschine (High-Speed-Uniformity) vorliegt. Daher ist es laut [Nakajima&Kakumu,1992] möglich, von TU-Ergebnissen des Höhenschlagverlaufes (Tire-Uniformity) auf den geschwindigkeitsabhängigen Verlauf der Tangentialkraftschwankung zu schließen. Über eine Anwendung in der Praxis treffen auch sie keine Aussage. [Barz,1988] kommt in seiner Arbeit zu der Erkenntnis, dass aufgrund unzureichender Zusammenhänge zwischen den einzelnen Kraftschwankungen, sowie zwischen geringen und hohen Abrollgeschwindigkeiten, eine Prognose über den Verlauf der geschwindigkeitsabhängigen Tangentialkraftschwankung auf Basis von TU-Prüfergebnissen unzulässig ist.

Laut [Barz,1998] ist die Lateralkraftschwankung (LKS) eine Reaktionskraft auf die beim Abrollen im Reifen entstehenden Querbewegungen. Unter Querbewegung ist hier die Auswanderung des Reifens in Fahrzeugquerrichtung zu verstehen. [Michelin,2005] führt dies primär auf Schwankungen der Lateralsteifigkeit zurück, welche auf Dichteschwankungen der Gewebelagen zurückzuführen sind. Die Lateralkraftschwankung ist wie die Radialkraftschwankung nur gering von der Fahrgeschwindigkeit abhängig. Das Niveau der in der Praxis auftretenden Amplituden ist so gering, dass dieser Kraftschwankungsart kein wesentlicher Effekt in Bezug auf Fahrzeugschwingungen beigemessen wird [Neureder,2002].

2.3 Objektivierung und Bewertung des Schwingungskomforts

2.3.1 Definition verwendeter Begrifflichkeiten

Bevor auf die Objektivierung und Bewertung des Schwingungskomforts eingegangen wird, ist es erforderlich die verwendeten Begrifflichkeiten Objektivierung, Komfort bzw. Diskomfort, sowie Schwingungskomfort zu erläutern und gegeneinander abzugrenzen.

[Bertelsmann,2006] versteht unter einer Objektivierung die Vergegenständlichung von subjektiven Zuständen oder Erlebnissen. Es handelt sich dabei um eine Überführung der Subjektivwahrnehmung in das Objektive, eine Zustandsbeschreibung durch, von einem Individuum, unabhängige Gesetzmäßigkeiten und Parametern [Bitter,2006]. Der Begriff der Objektivierung wird in der Automobilindustrie als Ermittlung bzw. Darstellung von Zusammenhängen zwischen einem Subjektiveindruck der Fahrzeuginsassen und ermittelten physikalischen Parametern, welche das Fahrzeug bzw. den Fahrzustand eindeutig beschreiben, verstanden [Bitter,2006].

Zum Thema Komfort und Diskomfort findet sich in der Literatur eine Vielzahl von Veröffentlichungen (siehe hierzu auch [Hertzberg,1972], [Zhang et al.,1996], [Bubb,2003-b], [Bubb&Wolf,2004], [Bitter,2006], [Didier,2006], [Dylla,2009], [Knauer,2010] und [Gauterin,2010-a]). Dabei ist jedoch keine gemeinsame und allgemeingültige Definition herauszuarbeiten.

Der Begriff Diskomfort fasst die Aspekte des Erleidens, wie z.B. Müdigkeit, Schmerz und Beanspruchung zusammen. Der Begriff Komfort wird in der Fachliteratur als Synonym für Gefallen wie z.B. Entspannung, Annehmlichkeit und Entlastung verwendet. [Hertzberg,1972] stellt einen Zusammenhang zwischen beiden Begrifflichkeiten auf. Komfort definiert er dabei durch die Abwesenheit von Diskomfort. Laut [Zhang et al.,1996] liegen Komfort und Diskomfort auf keiner gemeinsamen Achse des Kontinuums, sondern beschreiben zwei getrennte Dimensionen. Auch [Bubb&Wolf,2004] halten Komfort und Diskomfort für zwei verschiedene Dimensionen. Ihnen zufolge ist der Komforteindruck sehr stark von individuellen Vorstellungen abhängig, weshalb er sich nicht messen oder quantitativ darstellen lässt. Diskomfort, welcher wie zuvor definiert etwas mit Beanspruchung zu tun hat, ist im Gegensatz dazu in Grenzen mess- und quantifizierbar. Dies bedeutet, dass sowohl Komfort als auch Diskomfort vom Menschen zur gleichen Zeit unabhängig voneinander erfahrbar ist [Zhang et al.,1996]. Ziel der Komfortoptimierung muss es demzufolge sein, den auftretenden Diskomfort weitestgehend zu minimieren und gleichzeitig den Komforteindruck zu erhöhen [Bubb,2003-c].

Unter Schwingungskomfort wird im Rahmen dieser Arbeit der wahrgenommene und quantifizierbare Schwingungseindruck bzw. die subjektive Schwingungsbeanspruchung verstanden, welche vom Reifen über das Fahrwerk, mit all seinen Komponenten und die Karosserie, ins Fahrzeug übertragen und dort von Fahrzeuginsassen wahrgenommen wird. Da diese Schwingungsbeanspruchung quantifizierbar ist, müsste anstelle des Schwingungskomforts von Schwingungsdiskomfort gesprochen werden [Lennert,2009]. Aufgrund der im Konzern verwendeten Nomenklatur wird in der vorliegenden Arbeit zur Analyse, Bewertung und Objektivierung reifenungleichförmigkeitserregter Fahrzeugschwingungen jedoch durchgängig von Schwingungskomfort gesprochen und dieser auch quantifiziert und bewertet.

[Didier,2006] hält in ihrer Arbeit fest, dass Komfortbewertungen durch Interaktionen zwischen Menschen und Objekten erzeugt werden. Demzufolge sei es möglich, jedes Objekt so zu entwickeln, dass es zu einer besseren Komfortbewertung kommt. [Bubb,2003-b] weist darauf hin, dass das wahrgenommene Komfortniveau eine Empfindung darstellt, welche durch unterschiedliche Eindrücke auf die menschlichen Sinnesorgane zustande kommen. Dadurch gilt die Komfortempfindung als sehr individuell und gestaltet die allgemeingültige Komfortbewertung äußerst schwierig.

Die Komfortbedürfnisse zur Erfüllung des individuellen Komfortempfindens der Fahrzeuginsassen beschreibt [Bubb,2003-b] mit Hilfe einer so genannten Komfortpyramide, welche auf dem Ansatz von [Maslow,1977] aufbaut (Abbildung 1). Er findet heraus, dass die in der Pyramide nach oben aufsteigenden Komfortmängel erst dann bewusst störend wahrgenommen werden, wenn darunter liegende Bedürfnisse zufriedenstellend erfüllt sind. Die bereits erfüllten Bedürfnisse werden dabei jedoch vom beurteilenden Kunden nicht als „positiv" registriert, sondern bleiben meist, als selbstverständlich angenommen, ungenannt.

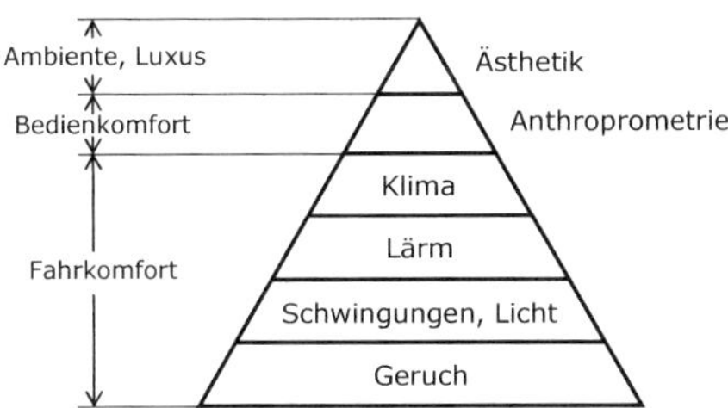

Abbildung 1: Komfortpyramide nach Bubb [Braess & Seiffert,2007]

Wie obige Abbildung 1 zeigt, wird dem Komfortbedürfnis „Schwingungen" im Bereich des Fahrkomforts ein hoher Stellenwert zugeordnet. Mögliche Methoden und Verfahren zur Erfassung subjektiver Schwingungswahrnehmung werden in Kapitel 2.4.2 erläutert.

2.3.2 Physikalische Gesetzmäßigkeiten der Schwingungswahrnehmung

Mit Hilfe der angewandten Psychophysik wird versucht, Beziehungen zwischen einem vorliegenden Reiz und der dazu gehörenden Subjektivwahrnehmung zu generieren [Lennert,2009]. Pioniere auf dem Gebiet der Psychophysik sind Herren wie Ernst Heinrich Weber ($1795-1878$), sowie Gustav Theodor Fechner ($1801-1887$).

Das von Fechner erweiterte Webersche-Gesetz wird durch Gleichung (Gl. 4) formuliert.

$$E = c \cdot \ln \frac{R}{R_0} \qquad \text{(Gl. 4)}$$

Es besagt, dass sich eine subjektiv empfindbare Reizstärke proportional zur logarithmischen Zunahme physikalischer Reize verhält. Die Konstante c ist hierbei abhängig von der Art des vorliegenden Reizes. R beschreibt den vorliegenden Reiz, während R_0 eine Integrationskonstante darstellt, welche den Schwellenreiz definiert.

Stanley Smith Stevens ($1906-1973$) erweitert das Weber-Fechner-Gesetzt. Das daraus resultierende Potenzgesetz nach Stevens ist anhand Gleichung (Gl. 5) beschrieben.

$$E = k_{Pot.} \cdot \left(R - R_0 \right)^{n_{Pot.}} \qquad \text{(Gl. 5)}$$

Das Potenzgesetz nach Stevens verbindet Reiz- und Empfindungsstärke über eine Potenzfunktion. Dabei stellt $n_{Pot.}$ einen rezeptorabhängigen Exponenten dar. $n_{Pot.}$ ist dabei meist < 1. Beispielsweise für eine Schwingungsanregung bei einer Frequenz von $60 Hz$, welche über die Finger wahrgenommen wird, beträgt $n_{Pot.} = 0{,}95$. Bei einer Frequenz von

24

$250Hz$ beträgt $n_{Pot.} = 0{,}6$. Diese Angaben haben Gültigkeit für große wie auch für kleine Reizstärken, jedoch nicht für Anregungen, welche unterhalb der Fühlschwelle liegen [Gauterin,2010-a]. Bei $k_{Pot.}$ handelt es sich um eine verwendete Skalierungskonstante.

2.3.3 Messtechnische Erfassung von Fahrzeugschwingungen

Eine Objektivierung von Fahrzeugschwingungen ist nur durch die Quantifizierung von physikalischen Messgrößen realisierbar. Dabei gibt es Größen die zur Erfassung heranzuziehen sind. Kraft und Beschleunigung sind sicherlich die bekanntesten Größen, wobei sich die Erfassung von Beschleunigungswerten verbreitet durchgesetzt hat. Dies ist unter anderem dadurch zu begründen, dass die Messgröße verhältnismäßig einfach zu erfassen ist und sich zudem durch eine hohe Messzuverlässigkeit auszeichnet.

Häufig wird zur Erfassung von Sitzschwingungen ein Standardmesskissen verwendet (beispielsweise PCB Piezotronics; Model 356B41). [Griffin,1990] und [Lennert,2009] setzen beispielsweise ein solches Messkissen ein. [Hennecke,1995] verwendet eine mit einem Beschleunigungssensor integrierte Aluminiumplatte, welche mit rutschfestem Material überzogen ist. [Mansfield,2001] erfasst in seiner Arbeit auch Beschleunigungswerte direkt auf dem Sitz. Er verwendet jedoch kein spezielles Kissen, sondern platziert direkt Sensoren, welche auf einer Platte verschraubt sind auf der Sitzfläche. Die Untersuchung von [Mansfield,2001] wird im nachfolgenden Kapitel nochmals aufgegriffen. Meist wird aber ausschließlich die Beschleunigung an starren Konsolenpunkten erfasst. Eine sehr verbreitete Messstelle ist hierbei die Sitzschiene. Der Vorteil dieser Messstelle liegt in der Robustheit und der damit verbundenen hohen Reproduzierbarkeit.

Zur Erfassung des Anregungsinputs, welcher ausgehend vom Rad ins Fahrzeug eingeleitet wird, werden nicht selten Kraftmessfelgen herangezogen.

[Schlecht,2009] setzt solche Messfelgen zur Erfassung ein. Die Problematik bei der Verwendung solcher Felgen besteht jedoch darin, dass eine zusätzlich resultierende Unwucht oft nicht zu vermeiden ist. Dies kann demnach starke Auswirkung auf den definierten Anregungsinput haben.

2.3.4 Objektivierung und Bewertung von Sitzschwingungen

Nachfolgend wird ein Überblick zur Thematik der Bewertung von Sitzschwingungen dargelegt. Hierbei werden im ersten Schritt die existierenden Normen kurz erläutert. Im Anschluss werden Arbeiten, welche sich mit der Bewertung von Sitzschwingungen befassen, vorgestellt.

2.3.4.1. Normen zur Bewertung von Sitzschwingungen

Grundsätzliche Vorschriften zur Bewertung des Schwingungskomforts werden in der [DIN EN ISO 8041,2006] definiert. In der [VDI 2057-1,2002] bzw. in der [ISO 2631-1;1997] wird die Anwendung auf Ganzkörperschwingungen beschrieben. Zweck dieser Richtlinien ist es, ein einheitliches Verfahren zur Beurteilung der Einwirkung mechanischer Ganzkörper-Schwingungen auf den Menschen vorzugeben und auf allgemeine Hinweise zur Ermittlung der Beurteilungsgrößen hinzuweisen [VDI 2057-1,2002]. Dabei ist die Richtlinie sowohl auf Translations- wie auch auf Rotationsschwingungen anzuwenden. Laut [VDI 2057-1,2002] sind die in der Richtlinie vorgestelten Bewertungsfunktionen auch auf komfortrelevante Schwingungen anzuwenden. Im englischsprachigen Raum wird die [BS 6841,1987] gegenüber der [ISO 2631-1,1997] bevorzugt [Maier,2011]. Die Unterschiede zwischen beiden Normen sind jedoch gering und begrenzen sich auf eine einzige Bewertungskurve. Sämtliche Normen sind auf Basis von Laborversuchen generiert wurden.

2.3.4.2. Arbeiten zur Objektivierung und Bewertung von Sitzschwingungen

Aus der Literatur sind zahlreiche Arbeiten zur Objektivierung und Bewertung von Sitzschwingungen bekannt, welche sich auf das Themenfeld der fahrbahninduzierten Schwingungen konzentrieren. Um einen Eindruck über den Wissensstand zu vermitteln, werden nachfolgend beispielhaft einzelne Arbeiten auf diesem Gebiet erläutert.

[Mitschke&Klingner,1998] stellen in ihrer Arbeit ein Modell zur Bestimmung des Schwingungskomforts im Kraftfahrzeug infolge fahrbahninduzierter Anregungen auf Basis der [VDI 2057,1987] vor. Sie stellen fest, dass der Schwingungskomfort als bewertete Schwingstärke darstellbar ist. Um den gesamtheitlichen Schwingungseindruck zu quantifizieren, schlagen sie einen Gesamtschwingungskomfortwert für Fuß, Hand und Sitz vor. Die dabei maximal betrachtete Frequenz liegt bei $20Hz$. Weiter weisen sie darauf hin, dass in Zusammenhang mit fahrbahnerregten Schwingungen stochastische Anteile ca. 26% stärker empfunden werden als Anregungsanteile, welche periodischer Natur sind. Grundsätzlich ist festzuhalten, dass das Amplitudenniveau deutlich höher liegt, als es bei reifenungleichförmigkeitserregten Fahrzeugschwingungen der Fall ist. Als weitere Autoren, welche auf Untersuchungsumfängen von Mitschke aufbauen sind [Rericha,1986] und [Cucuz,1992] zu nennen.

[Bitter,2006] beschäftigt sich mit Objektivierungsansätzen auf Basis von Regressionsanalysen. Schwingungen quantifiziert er dafür an der Fahrersitzschiene, sowie direkt auf Fahrersitz- und lehne. Die Ergebnisse basieren sowohl auf Fahrversuchen als auch auf Prüfstandsversuchen mit drei unterschiedlichen Fahrzeugen. Dabei wurde die Vergleichbarkeit von Prüfstand und realem Fahrversuch nachgewiesen. Zusätzlich zu einer Subjektivnote war von den Beurteilern noch der Bereich der stärksten Schwingungswahrnehmung anzugeben. Es stellte sich heraus, dass der Beurteiler nicht in der

Lage war eine bestimmte Körperregion für die stärkste Schwigungswahrnehmung zu nennen. Eine Anwendung der [VDI 2057-1,2002] wurde untersucht und von [Bitter,2006] zur Schwingungsbeurteilung als sinnvoll erachtet. Er hält in seinen Untersuchungen fest, dass die Korrelation der Subjektivbeurteilung mit Beschleunigungsamplituden, welche direkt auf der Sitzfläche in vertikaler Richtung erfasst werden bessere Koeffizienten erzielt, als mit jenen, welche an der Sitzkonsole quantifiziert werden. In Horizontal-, sowie in Querrichtung liegen die Koeffizienten auf gleichem Niveau.

[Ammon et. al.,2004] stellen zur Bewertung fahrbahninduzierter Schwingungen das Bewertungsverfahren „Schwingempfinden" vor. Da ihrer Meinung nach im Kraftfahrzeug ein dreidimensionaler Schwingungszustand vorliegt, objektivieren sie die vorliegende Schwingung direkt auf dem Fahrersitz bzw. -lehne. Weiter ermitteln sie anhand vorhandener Versuchsdaten eine Sitzübertragungsfunktion, durch deren Anwendung eine robuste und reproduzierbare Erfassung von Sitz- und Lehnenschwingungen realisierbar ist.

[Griffin,2007] stellt im Rahmen durchgeführter Untersuchungen fest, dass eine Frequenzbewertung immer amplitudenabhängig ist. Liegt ein hohes Schwingungsniveau vor, so stimmen seine Ergebnisse mit jenen der [BS 6841,1987] überein. Dies bedeutet, dass die Normung grundsätzlich nicht ungeeignet ist, sondern dass sie nicht für Schwingungsniveaus ausgelegt ist, wie sie im Kraftfahrzeug auftreten. Auf Basis dieser Erkenntnisse generieren [Griffin&Morioka,2006-b] auf einem starren Stuhl ohne Lehne im Labor bei monofrequenter, uniachsialer Anregung ein eigenes Bewertungssystem zur Objektivierung fahrbahnerregter Sitzschwingungen. Das Bewertungssystem basiert auf dem Potenzgesetz nach [Stevens,1957]. Die dabei herangezogenen Beschleunigungsniveaus sind mit denen reifenungleichförmigkeitserregter Fahrzeugschwingungen vergleichbar, was die Anwendung dieses Bewertungssystems als sinnvoll erscheinen lässt. Als wichtigste Anregungsrichtung bei einachsiger monofrequenter Anregung, detektieren sie die Vertikalrichtung. Einen Abgleich mit realen Straßenversuchen führen [Griffin&Morioka,2006-b] nicht durch. [Griffin,2007] weist in seinen Werken immer wieder darauf hin, dass selbst der beste Objektivierungsansatz keinen Expertenbeurteiler komplett ersetzen kann. Hierfür sind nicht erfasste Eigenschaften, wie beispielsweise die visuelle Schwingungswahrnehmung verantwortlich.

[Mansfield,2001] ermittelt in einem Versuch die optimalen Messpositionen zur Erfassung von fahrbahnerregten Sitzschwingungen. Die verwendeten Sensorpositionen sind Abbildung 2 zu entnehmen.

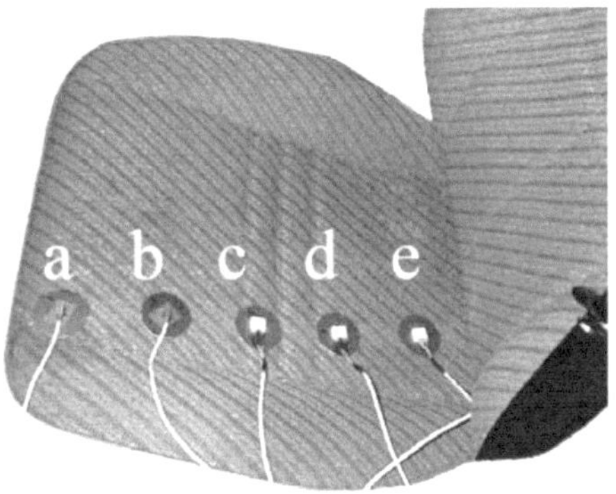

Abbildung 2: Anordnung der Sitzsensoren nach [Mansfield,2001]

Seine Ergebnisse vergleicht er mit Beschleunigungen, welche mit einem Standardmesskissen erfasst wurden. Seiner Meinung nach ist ein solches Standardmesskissen zur Erfassung auftretender Sitzschwingungen nicht geeignet. Das wesentliche Ergebnis seiner Arbeit ist, dass Schwingungen auf dem Fahrersitz am stärksten im vorderen Sitzbereich auftreten (Messpunkt (a)). Zur Erfassung von Sitzschwingungen scheint dieser Messpunkt eine wichtige Größe zu sein. Die Schwingungsintensität nimmt im weiteren Verlauf kontinuierlich ab. Eine Ausnahme stellt Messpunkt (c) dar, hier liegen bei allen Versuchen die geringsten Beschleunigungsamplituden vor.

[Schlecht,2009] korreliert in seiner Arbeit subjektive Testfahrerurteile mit gemessenen Beschleunigungen, die an der Sitzschiene vorliegen und auf Reifenungleichförmigkeiten zurückzuführen sind. Dabei zeigt sich, dass eine Anwendung von Schwingungsfiltern aus der [VDI 2057-1,2002] zu sehr guten Korrelationen führt. Auf das Probandenkollektiv, sowie die Versuchsvarianten geht er dabei nicht ein. Auf Basis seiner hohen Korrelationsergebnisse kommt er zu dem Schluss, dass sich mit Hilfe von Regressionsgeraden aus frequenzbewerteten Effektivwerten objektive Noten ermitteln lassen. Diese Noten könnten schon in der Simulation Aussagen über den Schwingungskomfort liefern und somit frühzeitige Handlungsbedarfe aufzeigen. Ein Vergleich zu ungewichteten Ergebnissen findet in diesem Umfang nicht statt.

[Barz,1988] untersucht in seiner Arbeit die Auswirkung von Reifenungleichförmigkeiten an beiden Rädern der Vorderachse auf komfortrelevante Fahrzeugschwingungen. Für die Untersuchung nutz er zuvor vermessene anregungsreiche Versuchsräder, bei denen der Anregungsinput bekannt war. Die Lenkradbeschleunigung wurde mit zwei uniachsialen Beschleunigungssensoren erfasst. Die vorliegende Schwingung an der Sitzschiene wurde nur mit einem uniachsialen Beschleunigungssensor quantifiziert. Der Sensor war dabei in Querrichtung positioniert. Ein wesentliches Ergebnis der durchgeführten Untersuchung ist die Erkenntnis, dass auftretende TKS für Lenkraddrehschwingung verantwortlich sind. Laut [Barz,1988] kommt es aufgrund der resultierenden Lenkbewegung zur einem Aufschaukeln des Kraftfahrzeugs, was zu komfortmindernden Schwingungen am Fahrzeugsitz führt. Subjektivbeurteilungen führt er in diesem Zusammenhang nicht durch.

2.3.5 Objektivierung und Bewertung von Hand-Arm-Schwingungen

Analog zur Vorgehensweise in Kapitel 2.3.4 werden auch hier im ersten Schritt bekannte Normen bezüglich der Thematik einer Bewertung von Hand-Arm-Schwingungen erläutert. Im Anschluss werden Arbeiten zur Bewertung von Hand-Arm-Schwingungen vorgestellt. Weiter wird ein Einblick auf den Einfluss der Hand-Arm-Ankopplung gegeben. Abgeschlossen wird das Kapitel mit der Vorstellung existierender Haltekraftmesssysteme zur Objektivierung aufgebrachter Haltekräfte.

2.3.5.1. Normen zur Bewertung von Hand-Arm-Schwingungen

In der [VDI 2057-2,2002] bzw. in der [DIN EN ISO 5349,2001] werden Vorschriften zur Bewertung von Hand-Arm-Schwingungen definiert. Zweck dieser Richtlinie ist die Zusammenstellung allgemeiner Hinweise für die Ermittlung der Belastung durch Hand-Arm-Schwingungen. Weiter wird die Angabe eines einheitlichen Verfahrens für die Beurteilung der vorliegenden Schwingungsexposition getroffen [VDI 2057-2,2002]. Dabei ist an dieser Stelle anzumerken, dass die vorgestellten Richtlinien für die Anwendung im Arbeitsschutz bei der Verwendung von Handgeräten gelten. Als weitere Richtlinie ist die im englischsprachigen Raum häufig verwendete [BS 6841,1987] bzw. die [ISO 5349-1,2001] zu nennen. Wie auch die Richtlinien zur Bewertung von Sitzschwingungen basieren die vorgestellten Normen ausschließlich auf Laborversuchen.

2.3.5.2. Arbeiten zur Objektivierung und Bewertung von Hand-Arm-Schwingungen

[Dödlbacher&Gaffke,1978] stellen in ihrer Arbeit zur Bewertung rotatorischer Lenkradschwingungen einen Korrelationsansatz vor, welcher den

Zusammenhang zwischen auftretender Rotationsbeschleunigung und entsprechender Subjektivbeurteilung beschreibt. Ihre Untersuchungen basieren auf einer Vielzahl von Messungen. Leider gehen sie weder auf den Bewertungsmaßstab, noch auf die verwendeten Versuchsfahrzeuge ein.

[Ochs&Hanisch,1991] generieren auf Basis der [VDI 2057-2,2002] zwei Schwellwerte. Der untere Schwellwert beschreibt dabei, bis zu welcher Beschleunigungsamplitude ein Kraftfahrzeug aus Komfortsicht „gut" einzustufen ist. Der zweite Schwellwert besagt, dass bei Überschreitung dieses Wertes, ein Fahrzeug dem Komfortanspruch nicht gerecht wird. Hierbei betrachten sie Lenkradtranslationsbeschleunigungen, welche auf Reifenungleichförmigkeiten zurückzuführen sind. Sie kommen zu der Erkenntnis, dass die VDI-Richtlinie grundsätzlich zu verwenden ist, wenngleich die verbalen Attribute zur Einstufung der vorliegenden Schwingungszustände nicht auf den Fahrkomfort anzuwenden sind. Ein Zustand welcher laut [Ochs&Hanisch,1991] das Fahrzeug als „schlecht" einstuft, wäre nach der VDI-Richtlinie eine Überschreitung der gesundheitlich zulässigen Grenze für Dauerbeanspruchung.

[Engel,1998] definiert in seiner Arbeit eine Bewertungsskala anhand welcher er auftretende Lenkraddrehschwingungen subjektiv bewerten lässt. Seine Ergebnisse basieren dabei auf der Beurteilung eines Kraftfahrzeuges von sechs verschiedenen Beurteilern. Er stellt in seinen Untersuchungen fest, dass die subjektiven Beurteilungsnoten zwischen den einzelnen Probanden stark streuen. Er begründet dies mit einer unterschiedlichen Vorstellung eines komfortablen Schwingungseindrucks. Als weitere Ursache nennt er abweichenden Sitzpositionen, welche zu unterschiedlichen Haltetechniken führen. Ausserdem halten verschiedene Fahrer mit hoher Wahrscheinlichkeit das Lenkrad mit unterschiedlicher Haltekraft fest. Dies ist jedoch eine reine Vermutung, da [Engel,1998] kein Messsystem zur Erfassung der vorliegenden Haltekräfte zur Verfügung hatte. Ausgehend von seinen Versuchsergebnisse, bestätigt [Engel,1998] den qualitativen Verlauf der Gleichwahrnehmungskurven, welche auf der [VDI 2057,1987] basieren. Er stellt allerdings wie auch [Ochs&Hanisch,1991] fest, dass die Schwingungen nach VDI-Richtlinie wesentlich höher liegen, als sie tatsächlich im Kraftfahrzeug vorgefunden werden. Als mögliche Ursache nennt er die Tatsache, dass die VDI-Richtlinie unter Laborbedingungen entstanden ist und der Kunde im Kraftfahrzeug immer einem Grundschwingungsniveau ausgesetzt ist.

[Amman et al.,2005] untersuchen sowohl translatorische als auch rotatorische Lenkradschwingungen an einem Vibrationssimulator. Sie betrachten dabei einen Frequenzbereich von $8Hz - 20Hz$, was dem Frequenzbereich reifenungleichförmigkeitserregter Lenkradschwingungen entspricht. Sie stellen fest, dass die Bewertung von Lenkradschwingungen nach der [BS 6841,1987] eher nicht geeignet ist.

Den Ergebnissen von [Amman et al.,2005] stimmen [Giacomin&Ajovalasit,2007] zu, was sie veranlasst eine eigene Bewertungskurve zu entwickeln. Hierzu generieren sie ein Polynom 6. Grades, mit dessen Hilfe sie Gleichwahrnehmungskurven herleiten. Das Polynom basiert auf Probandenstudien, welche am Simulator durchgeführt wurden. Hierbei wurde ein Anregungsniveau beaufschlagt, welches dem der komfortrelevanten Fahrzeugschwingungen sehr ähnlich ist.

Analog zur Vorgehensweise bei Sitzschwingungen generieren [Griffin&Morioka,2006-a] zur Bewertung vorliegender translatorischer Lenkradschwingungen ebenfalls ein eigenes Bewertungssystem. Auch diese Untersuchungen finden unter Laborbedingungen statt und werden nicht unter realen Bedingungen validiert.

[Groll,2006] zeigt in seiner Arbeit auf, dass Schwingungen am Lenkrad vom Fahrer nicht zwangsläufig als störend empfunden werden. Gerade im Bereich auftretender Lenkradschwingungen kommt es zu einem Zielkonflikt, zwischen Schwingungen, welche den Fahrkomfort mindern und jenen, die dem Fahrer wichtige Rückmeldung hinsichtlich der Fahrbahnbeschaffenheit liefern. [Groll,2006] beschäftigt sich in seiner Arbeit mit der Unterteilung auftretender rotatorischer Lenkradschwingungen in Nutz- und Störinformationen. Er betrachtet dabei den Zielkonflikt, dass der Kundenwunsch nach einer feinfühligen Übertragung des Rad-Fahrbahnkontaktes vorhanden ist, jedoch störende Schwingungsphänomene, die beispielsweise durch Reifenungleichförmigkeiten induziert werden, unerwünscht sind. Er spezifiziert Nutz- und Störinformationen und kategorisiert diese nach Frequenz- und Zeitbereichseigenschaften. Unter Verwendung elektromechanischer Lenksysteme erarbeitet er eine Methode, welche es ermöglicht, störende, meist periodische Schwingungsanteile zu kompensieren und gleichzeitig Nutzinformationen zu verstärken. Auch [Giacomin&Woo,2005] beschäftigen sich mit der menschlichen Wahrnehmung bzw. Unterscheidung zwischen Nutz- und Störinformationen. Hierfür konfrontieren sie Probanden mit unterschiedlichen Signalen, welche beim Überfahren verschiedener Fahrbahnbeläge erfasst wurden. Sie kommen zu dem Schluss, dass es grundsätzlich möglich ist, zwischen Nutz- und Störinformationen zu unterscheiden. Die in diesem Zusammenhang durchgeführten Versuchsreihen wurden ausschließlich im Labor an einem geeigneten Schwingungssimulator durchgeführt. Eine Übertragung auf reale Fahrten im freien Versuchsfeld (Fahrversuch) blieb aus.

2.3.5.3. Untersuchungen zur Thematik der Hand-Arm-Ankopplung

Zahlreiche aus der Literatur bekannte Untersuchungen zeigen, dass die Ankopplungskraft der Hand an schwingende Bauteile signifikante Auswirkung auf die Schwingungsbelastung sowie die Schwingungswahrnehmung hat.

[Griffin&Morioka,2001] kommen zu der grundsätzlichen Erkenntnis, dass die Subjektivwahrnehmung von der Kontaktfläche abhängig ist. Die

Schwingungswahrnehmung nimmt mit steigender Kontaktfläche zu. Wie groß dabei der Anstieg der Haltekraft ist, ist nicht bekannt.

[Giacomin&Onesti,1999] untersuchen, welchen Einfluss die Haltekraft auf die Empfindung vorliegender Lenkradvibrationen hat. Sie betrachten dabei ausschließlich die Lenkraddrehbeschleunigung. Dabei muss erwähnt werden, dass die von ihnen durchgeführte Studie an einem Lenkradsimulator durchgeführt und die von den Probanden aufgebrachte Haltekraft aufgrund fehlender Messtechnik nicht quantifiziert wurde. Es wurde lediglich zwischen „lockerem" und „festem" Haltegriff unterschieden. Unter „festem" Haltegriff kann dabei per Definition eine Haltekraft verstanden werden, welche bei einer konstanten Fahrt auf einer Landstraße bei gleichzeitig starkem Seitenwind aufgebracht würde. Der betrachtete Frequenzbereich liegt zwischen $4Hz$ und $125Hz$. Zwar finden sie heraus, dass bei erhöhter Greifkraft gleiche Schwingungen schwächer wahrgenommen werden, dieser Einfluss jedoch vernachlässigbar gering ist. Weiter erläutern sie, dass bei Schwingungen unterhalb von $30Hz$ das gesamte Hand-Arm-System angeregt wird.

Einen Einfluss der Greifkraft auf die Wahrnehmung von rotatorischen Lenkradvibrationen stellen auch [Haasnoot&Mansfield,2004] in ihrer Arbeit vor. In einer Laborstudie werden sinusförmige Lenkraddrehschwingungen von insgesamt 12 Probanden bewertet. Es werden Haltekräfte von $20N$, $40N$, $60N$ und $80N$ aufgebracht, welche mit Hilfen von Dehnungsmessstreifen erfasst werden. Auf die genaue Messmethode wird hierbei nicht weiter eingegangen. Bei einer Analysefrequenz von $125Hz$ lassen sich laut der Autoren signifikante Zusammenhänge zwischen Zunahme der Haltekraft und damit erhöhter Schwingungswahrnehmung feststellen. Frequenzbereiche die auf reifenungleichförmigkeitserregte Fahrzeugschwingungen zurückzuführen sind, wurden nicht behandelt.

[Reynold&Soedel,1972] untersuchen den Effekt von Armposition und Greifkraft auf die Vibrationsrückmeldung bei vorliegendem Hand-Arm-

Kontakt an einem vibrierenden Griff. Betrachtet wird dabei die Translationsbeschleunigung in sämtliche Raumrichtungen im Frequenzbereich von $20Hz - 500Hz$. Einen Einfluss der Greifkraft auf die Vibrationsrückmeldung detektieren sie erst bei einer Frequenz oberhalb von $60Hz$. Zusammenhänge zwischen Körpergröße bzw. Körpergewicht und Schwingungswahrnehmung an der Hand konnten in der durchgeführten Studie nicht ermittelt werden.

[Griffin&Morioka,2008] untersuchen den Einfluss von Beschleunigungsamplitude, aufgebrachter Haltekraft sowie entsprechender Handposition auf die menschliche Fühlschwelle hinsichtlich auftretender translatorischer Lenkradschwingungen. Sie nutzten dabei kein Lenkrad sondern simulieren typische Haltepositionen durch eine entsprechende Holzvorrichtung, welche je nach Ausrichtung eine zweihändige Halteposition am oberen bzw. unteren Lenkradbereich widerspiegelt. Unterschieden wurde zwischen drei Haltekräften (leichte Verbindung zwischen Hand und Griff, $50N$ und $100N$), welche während des Versuches nicht kontrolliert wurden. Die Probanden wurden vorab geschult, um ein Gefühl für die entsprechende Haltekraft zu erlangen, welche dann im Versuch aufzubringen war. Den Einfluss der Haltekraft stufen sie in dem für reifenungleichförmigkeitserregte Lenkradschwingungen relevanten Frequenzband als vernachlässigbar gering ein.

Eine Anweisung zur Durchführung der Messung und Bewertung der Greif- und Andruckkräfte ist in [DIN 45679,2005] ausführlich erläutert. Bezogen wird sich hierbei auf das Arbeiten mit handgeführten Arbeitsmaschinen.

Ganz allgemein weist [Dupuis,1993] darauf hin, dass bei der Bewertung von Hand-Arm-Schwingungen die Haltung von Hand und Arm eine entscheidende Rolle spielen kann. Daher weist er darauf hin, bei der Durchführung von Probandenstudien auf eine möglichst identische Hand-Arm-Haltung zu achten.

Wie vorangehend erläutert haben sich mit der Analyse der Schwingungswahrnehmung in Abhängigkeit der aufgebrachten Haltekraft bereits diverse Autoren ausführlich beschäftigt. Die dabei durchgeführten Untersuchungen fanden weitestgehend im Labor an entsprechenden Vibrationssimulatoren statt. Aus der vorangegangenen Literaturrecherche lässt sich festhalten, dass eine Haltekraftvariation auf die Komfortwahrnehmung, im reifenungleichförmigkeitsrelevanten Bereich, wenn überhaupt nur einen geringen Einfluss hat. Daher wird im Rahmen der in dieser Arbeit durchgeführten Untersuchungen dieser Aspekt nicht weiter beleuchtet.

Aussagen über den Einfluss, welcher die Hand-Arm-Lenkrad-Ankopplung auf die Ausprägung auftretender Lenkradschwingungen hat, wurden im Rahmen der Literaturrecherche nicht gefunden. Diese Fragestellung beschäftigt die Entwicklungsingenieure der Automobilindustrie immer wieder. Gerade vom so genannten „Wegdrücken" der Lenkraddrehschwingung ist dabei oft die Rede. Solche haltekraftabhängigen Schwankungen wirken sich nicht nur signifikant auf die Reproduzierbarkeit der zu bewertenden Komfortschwingung aus, sondern erschweren die Bewertung eines Fahrzeuges aus Kundensicht entscheidend. Der Zusammenhang zwischen Haltekraft und resultierender Lenkradschwingung soll im Rahmen dieser Arbeit quantifiziert werden. Zur Erfassung der aufgebrachten Haltekraft wird ein entsprechendes Messsystem benötigt. Im nachfolgenden Teilkapitel werden die bist dato aus der Literatur bekannten Messsysteme zur Quantifizierung der Hand-Arm-Lenkrad Ankopplung vorgestellt.

2.3.5.4. Messsysteme zur Quantifizierung der Hand-Arm-Ankopplung

Durch das Festhalten des Lenkrades und der damit verbundenen Hand-Arm-Lenkrad-Ankopplung nimmt der Fahrer auf die Ausprägung auftretender Lenkradschwingung, wie im vorherigen Kapitel erläutert, unmittelbaren Einfluss. Aufgrund der bisher fehlenden Messtechnik ist der Kenntnisstand über die Interaktion zwischen Hand und Lenkrad direkt im Kraftfahrzeug bislang noch kaum untersucht.

Die bereits existierenden Messsysteme zur Quantifizierung der vom Benutzer aufgebrachten Haltekraft stammen vermehrt aus dem Arbeitsschutz, gezielt aus dem Bereich der Bau- und Arbeitsmaschinen und dienen primär dem Ziel, die gesundheitlichen Belastungsgrenzen des Menschen zu objektivieren. Schlagbohrer, Kettensägen, Handbohrmaschinen, Schwingschleifer oder so genannte Rüttelplatten sind dabei typischerweise analysierte Objekte. In den letzten Jahren wurden verschiedene Offenlegungsschriften im deutschen Patent- und Markenamt eingereicht, in denen Systeme zur Quantifizierung aufgebrachter Haltekräfte im Kraftfahrzeug vorgestellt werden. Dies zeigt, dass auch auf diesem Gebiet Bemühungen stattfinden. Veröffentlichungen sind hierzu nicht bekannt. Im Folgenden werden die bekannten Messprinzipien, sowie die existierenden Systeme vorgestellt und diskutiert.

Je nach Systemaufbau wird dabei die zu ermittelnde Kraft mit Hilfe von resistiven, kapazitiven oder induktiven Drucksensoren erfasst. Alle drei Prinzipien sind in die Gruppe der aktiven Sensoren einzuordnen, was bedeutet, dass für ihre Auswertung externe Hilfsenergie notwendig ist. Verbaute Dehnmessstreifen (DMS), welche unter Vernachlässigung von Sonderanwendung der Gruppe der resistiven Drucksensoren zugeordnet werden können, finden hierbei die häufigste Anwendung. DMS arbeiten nach dem Prinzip der Widerstandsänderung eines elektrischen Leiters in Abhängigkeit einer elastischen Geometrieänderung. Die Erfassung dieser Widerstandsänderung erfolgt durch so genannte Wheatstone'sche Brückenschaltungen. Je nach Anzahl der geklebten DMS spricht man von einer Vollbrücke (4 DMS), einer Halbbrücke (2 DMS) oder einer Viertelbrücke (1 DMS). Eine verbaute Vollbrücke zeichnet sich durch die höchste Empfindlichkeit aus. Aber auch hinsichtlich der thermischen Stabilität hat die Vollbrücke große Vorteile gegenüber Halb- bzw. Viertelbrücken. Bei gleichmäßiger Änderung aller Brückenwiderstände durch Temperatureinflüsse bleibt die Ausgangsspannung der Vollbrücke unverändert [Mnich,2011]. Aus Konstruktionsgründen ist eine Vollbrücke nicht immer realisierbar. Aus diesem Grund wird häufig auch eine Halbbrücke verwendet.

Zur Analyse der Schwingungsübertragung von Arbeitshandschuhen wird in [EN ISO 10819,1996] ein Verfahren vorgestellt, welches zur Messung, Auswertung und Angabe von Schwingungsübertragungen vom Handgriff zur Handfläche im Frequenzbereich von $31{,}5Hz$ bis $1250Hz$ anzuwenden ist. Zur Erfassung der Haltekraft wird ein Messadapter vorgestellt, welcher Haltekräfte im Bereich von $10N-50N$ mit einer Auflösungsgenauigkeit von $\pm 2N$ erfasst. Das Messprinzip erfolgt über die auf Biegebalken aufgeklebten DMS.

[Cronjäger&Hesse,1990] stellen einen Grcifkraftsensor vor, welcher das Messen einer vorliegenden Anpresskraft ermöglicht. Umgesetzt wird dies durch einen doppelten Biegebalken auf dessen Oberflächen DMS integriert sind. Durch die von [Cronjäger&Hesse,1990] gewählte Konstruktion kommt es zu einer Systemhöhe von $11mm$ was zu einer völlig unüblichen Haltetechnik führt und somit für Probandenversuche auf dem Gebiet der Fahrkomfortentwicklung ungeeignet ist. Über den erfassbaren Haltekraftbereich wird keine Aussage getroffen.

[Seidel,1997] entwickelt einen Schalensensor, mit dem die Quantifizierung von Andruck- und Greifkräften möglich ist. Die Erfassung beider Kräfte, realisiert er dabei durch zwei gegenüberliegende Aluminiumschalen, an deren Enden Kraftmessdosen integriert sind. Querkräfte, welche das Messergebnis beeinflussen könnten, werden durch die Verwendung von Blattfedern eliminiert. Der Griffdurchmesser der zu analysierenden Arbeitsmaschinen vergrößert sich durch die Nutzung des Messsystems um $6mm$. Aufgrund einer hohen Steifigkeit im Bereich der Griffschalen ist dabei ein Einfluss auf gemessene Beschleunigungswerte unterhalb $400Hz$ auszuschließen. Über den Messbereich werden keine Angaben gemacht.

Ebenfalls durch Kraftmesszellen auf DMS-Basis ermitteln [Gillmeister&Schenk,2001] aufgebrachte Ankopplungskräfte. Dabei verwenden sie einen Hand-Arm-Sensor, welcher direkt an der Hand befestigt wird. Die herangezogenen piezoresistiven Aufnehmer zeichnen sich im Vergleich zu piezoelektrischen Sensoren zwar durch einen geringen Kraftdrift aus, zeigen jedoch bei Betrachtung der Temperaturanfälligkeit deutliche Nachteile [Gillmeisert&Schenk,2001]. Mit einer Systemhöhe von ca. $7mm$ ist eine kundennahe Haltetechnik auch hier nur bedingt umsetzbar. Ein weiterer Nachteil besteht darin, dass durch den an der Hand befestigten Sensor keine sensible Bewertung von Schwingungen möglich ist.

In [Dantigny,1998] wird ein Kraftsensor auf Basis kapazitiver Foliensensoren aufgebaut. Hierbei werden Streifen mit Sensorelementen im Bereich des Handtellers, sowie entlang der Finger aufgebracht. Trotz der nur $1mm$ dicken Sensorfolien, welche sich laut [Dantigny,1998] sehr gut der Hand anpassen, ist eine solche Entwicklung im Rahmen komfortrelevanter Untersuchungen kritisch zu hinterfragen, da der Fahrer aufgrund der an der Hand montierten Messeinrichtung in seiner Haltetechnik eingeschränkt werden kann.

Eine ähnliche Entwicklung ist die von [Kaulbars&Lemerle,2007] konstruierte Fingermatrix. Sie beschreiben ihre Entwicklung als Kompromiss aus Messhandschuh und starrer Sensormatte [Kaulbars,2006]. Gesonderte Griffflächen für Finger und Daumen ermöglichen dabei eine Anpassung an verschiedene Griffformen. Das Messsystem beruht auf der kapazitiven Druckmessung, welche mit 156 Sensoren umgesetzt wird. Die Quantifizierung der aufgebrachten Haltekräften von Objekten mit kleinen Griffradien ist jedoch nur eingeschränkt möglich, da bereits kleinste Biegungen Messwerte hervorrufen, welche nicht auf eine Ankopplung der Hand zurückzuführen sind. [Lemmerle et al.,2008] befassen sich ausschließlich mit der Nutzbarkeit der Fingermatrix und kommen zu dem Ergebnis, dass der

Mess-Handschuh zur Bewertung von Ankopplungskräften nicht geeignet ist.

[Dong et al.,2008] untersuchen die Möglichkeit, Haltekräfte mit Hilfe einer resistiven Druckmatte, welche an einem zylindrischen Rohr aufgeklebt ist, zu quantifizieren. Die flexible Druckmatte ist dabei mit 2000 Sensoren bestückt. Ähnlich wie bei der beschriebenen Fingermatrix nach [Kaulbars&Lemerle,2007] besteht die Problematik bei der Druckmatte darin, dass bereits kleine Änderungen der radialen Krümmung fälschlicher Weise Auswirkung auf das Messsystem nehmen. Das Messprinzip der Druckmatte besteht nicht in der Erfassung der tatsächlich auftretenden Haltekraft, sondern in der Quantifizierung von Drucküberschreitungen (14 Druckniveaus). Eine gezielte Erfassung der aufgebrachten Haltekraft ist so jedoch nicht möglich.

[Eksioglu&Kizilaslan,2008] berichten in ihrer Arbeit von der Möglichkeit, Lenkradhaltekräfte direkt im Kraftfahrzeug zu quantifizieren. Dabei verwenden sie eine kapazitive Druckmatte der XSensor Technology Corporation zur Erfassung von Haltekräften in Abhängigkeit des Straßenzustandes und der Fahrgeschwindigkeit. Die Druckmatte, bestückt mit 390 Sensoren, wird über das obere rechte Lenkradsegment gelegt (2 Uhr-Position) und mit Klebeband fixiert. Neben einer völlig veränderten Haptik ist bei dieser Konstruktion auch eine Veränderung des Massenträgheitsmomentes in Kauf zu nehmen. Zusätzlich ist die Bestückung mit weiterer Messtechnik (Beschleunigungssensoren) aufgrund der geometrischen Abmaße der Druckmatte ($0{,}180m$ x $0{,}105m$) nur eingeschränkt umsetzbar. Über das Gesamtgewicht der verwendeten Druckmatte wird keine Angabe gemacht. [Coke et al.;2006] verwenden eine indentische Druckmatte zur Erfassung der Druckverteilung auf einem Kraftfahrzeugsitz.

[Quiring&Rosendahl,2007] beschreiben in Form einer Offenlegungsschrift die Möglichkeit am Lenkrad aufgebrachte Haltekräfte mit Hilfe von piezoelektrischen Sensorfolien zu quantifizieren. Als möglichen Anwendungsfall nennen sie die Erkennung von auftretender Ermüdung oder Stressbelastung seitens des Fahrers. Das mit einem Greifkraftsensor ausgerüstete Lenkrad besteht aus einem mit Sensorfolie beklebten quaderförmigen Grundkörper, welcher von einer Kranzhülle umschlossen wird.

In einer weiteren Offenlegungsschrift erläutert [Zander,2000] einen Ansatz, piezoelektrische Drucksensoren derart einzusetzen, dass über den Lenkradkranz eine Vielzahl elektrisch ansteuerbarer Einrichtungen im Kraftfahrzeug aktiviert werden können. Die mit Sensoren bestückte Sensorfolie kann dabei direkt auf den Lenkradkranz geklebt werden. Zur Ansteuerung muss eine definierte Kraft überwunden werden. So sind fälschliche Betätigungen auszuschließen. Dieses Messprinzip könnte entsprechend modifiziert werden, so dass eine Messung aufgebrachter Haltekräfte möglich wäre. Verschiedenste Kraftmesssysteme sind aus der Literatur bekannt und stammen meist aus dem Bereich des Arbeitsschutzes. Im Bereich der Fahrzeugentwicklung existieren solche Systeme nicht oder sind nicht veröffentlicht. Verschiedene Offenlegungsschriften zeigen jedoch, dass eine Quantifizierung aufgebrachter Haltekräfte im Kraftfahrzeugbereich grundsätzlich erwünscht ist. Dabei liegt der Fokus nicht auf Schwingungskomfortuntersuchungen, sondern auf dem Bereich der Fahrsicherheit sowie des Bedienkomforts. Auf Basis der vorgestellten Messsysteme besteht jedoch die Möglichkeit ein Haltekraftmesssystem zu entwickeln, welches im Kraftfahrzeug speziell im Komfortbereich eingesetzt werden kann. Ein solches System sollte ein möglichst geringes Gesamtgewicht aufweisen, um eine signifikante Veränderung des Massenträgheitsmomentes des Lenkrades zu vermeiden, da dies die Ausprägung der Lenkraddrehschwingung stark beeinflussen würde. Des Weiteren sollte die Bauform derart gestaltet werden, dass die vom Fahrer typischerweise eingesetzte Haltetechnik nicht eingeschränkt und eine Montage an verschiedenen Lenkrädern umsetzbar ist.

2.4 Analysemethoden und Werkzeuge zur Objektivierung der Subjektivbeurteilung

2.4.1 Statistische Auswertemethoden

Statistische Auswerteverfahren eignen sich zur vergleichenden Darstellung und Analyse großer Datenmengen. Im Rahmen der durchgeführten Arbeit werden zur Betrachtung und Analyse der Daten unterschiedliche statistische Methoden herangezogen. Aus diesem Grund werden im nachfolgenden Teilkapitel die notwendigen Grundlagen der angewandten Statistik in Anlehnung an [Bortz,2004], [Hartung,2009], [Steland,2010], [Zöfel,2003] und weitere explizit erwähnte Literaturquellen dargestellt und erläutert.

Die Verwendung statistischer Kenngrößen ermöglicht eine summarische Darstellung der vorliegenden Daten, wodurch ihre wesentlichen charakteristischen Eigenschaften beschrieben werden können. Der Analyseaufwand reduziert sich durch diese Methoden signifikant. Versuchsergebnisse liegen in der Regel in Form von zwei verschiedenen Datenmengen vor. Man spricht von der Menge der abhängigen bzw. der unabhängigen Variablen. Dabei werden die unabhängigen Variablen, auch bekannt als Ursache oder Prädiktor, auf der Abszisse, die abhängigen Variablen, bekannt als Wirkung oder Kriterium, auf der Ordinate aufgetragen.

Nach [Bortz,2004] lässt sich die Statistik in zwei Bereiche zusammenfassen. Die deskriptive Statistik, welche die quantitativen Analysetechniken, mit denen empirische Daten zusammenfassend beschrieben werden können, zusammenfasst, sowie die Interferenzstatistik (analytische Statistik) mit deren Hilfe aufgrund empirischer Daten Aussagen über die Richtigkeit aufgestellter Hypothesen formuliert werden können.

Maße der zentralen Tendenz zählen zu den gebräuchlichsten statistischen Kennwerten. Sie gehören der Gruppe der deskriptiven Statistik an. Der arithmetische Mittelwert $\bar{x}$ ist dabei das wohl bekannteste Maß. Er berechnet sich aus der Summe aller Werte, dividiert durch die Anzahl der Stichprobe (Gl. 6)).

$$\bar{x} = \frac{\sum\limits_{i=1}^{n} x_i}{n} \tag{Gl. 6}$$

Mit Hilfe von Dispersionsmaßen wie der Standardabweichung s lässt sich die Streuung und damit die Lage der repräsentierten Daten vom zentralen Mittelwert beschreiben. Bei der Ermittlung der Standardabweichung werden sämtliche Werte des Stichprobenumfangs berücksichtigt. Bekannt ist die Standardabweichung auch als positive Wurzel der Varianz s^2.

$$s = \sqrt{\frac{1}{n} \cdot \sum\limits_{i=1}^{n} (\bar{x} - x_i)^2} \tag{Gl. 7}$$

Für die weitere Auswahl anzuwendender Tests und statistischer Methoden, ist die vorliegende Verteilungsform von großem Interesse. Für unendlich große Stichproben gilt die Annahme, dass die ermittelten Messdaten normalverteilt vorliegen, sprich die Häufigkeiten der Daten sich anhand einer unimodalen, symmetrischen Verteilungsform mit glockenförmigem Verlauf darstellen lassen. Berechnet wird die Normalverteilung nach Gleichung (Gl. 8).

$$f_{NV}(x) = \frac{1}{\sqrt{2\pi \cdot s^2}} \cdot e^{-\frac{1}{2}\left(\frac{x_i - \bar{x}}{s}\right)^2} \tag{Gl. 8}$$

Ob die Daten normalverteilt vorliegen ist mit Hilfe entsprechender Tests zu prüfen. Da sowohl die Ergebnisqualität als auch die Anforderungen an verschiedene Testverfahren erheblich variieren, ist dabei die Wahl des geeigneten Tests von essentieller Bedeutung.

Als ein häufig angewandtes Testverfahren ist der Kolmogorov-Smirnov-Test zu nennen [Lilliefors,1967]. Die Problematik in der Anwendung dieses Verfahrens besteht jedoch in der Forderung nach Vorgabe der Verteilungsparameter $\bar{x}$ und s, anhand derer sich die tatsächliche Verteilungsform darstellen lässt. Die Vorgabe ist nur bei ausreichender Kenntnis über die vorliegende Verteilungsform zu treffen.

Der Lilliefors-Test ist als eine Modifikation des Verfahrens nach Kolmogorov-Smirnov anzusehen, wobei zu dessen Durchführung keine Vorgabe der Verteilungsparameter $\bar{x}$ und s erforderlich ist [Lilliefors,1967]. Entsprechend eignet sich das Verfahren zur Anwendung bei unzureichenden Vorkenntnissen der vorliegenden Verteilungsform. Ein entscheidender Nachteil ist die geringe statistische Aussagekraft (Teststärke) des Verfahrens.

Das Testverfahren nach Shapiro und Wilk [Shapiro&Wilk,1965] liefert im Gegensatz zu den zuvor beschriebenen Verfahren keine Aussage über die Art der Abweichung bezüglich der getroffenen Normalverteilungsannahme, sondern eignet sich lediglich zur Überprüfung, ob eine signifikante Abweichung zur angenommenen Normalverteilung vorliegt. Basis des Verfahrens ist die Varianzanalyse (ANOVA – Analysis of Variance), welche im weiteren Verlauf vorgestellt wird. Bei Daten mit geringer Stückzahl aber auch bei Daten mit großer Stückzahl ist die Anwendung des Testverfahrens nach Shapiro & Wilk zu empfehlen. Das Verfahren zeichnet sich zudem durch eine hohe Teststärke aus. Vorgaben der Verteilungsparameter $\bar{x}$ und s sind nicht erforderlich. Im Rahmen der angefertigten Arbeit wird das Testverfahren nach Shapiro & Wilk zur Überprüfung der vorliegenden Verteilungsform angewandt.

Die Varianzanalyse (ANOVA) ermöglicht die Bewertung hinsichtlich auftretender Unterschiede zwischen mehreren Datenmengen. Als Merkmal wird hierbei die Mittelwertsdifferenz in Relation zur auftretenden Messwertstreuung betrachtet. Je nach Verhältnis zwischen Messwertstreuung und Mittelwertdifferenzen wird eine Signifikanzaussage getroffen. Das Testkriterium $F_{krit.}$ berechnet sich aus der Varianz zwischen zur Varianz innerhalb der Kollektive nach Gleichung (Gl. 9):

$$F_{krit.} = \frac{Varianz \quad zwischen \quad den \quad Kollektiven}{Varianz \quad innerhalb \quad der \quad Kollektive} \qquad \text{(Gl. 9)}$$

Anhand der tabellierten Fisherschen F-Verteilung (siehe hierzu beispielsweise [Bortz,2004]) lässt sich eine Signifikanzzuordnung basierend auf dem nach Gleichung (Gl. 9) ermittelten Testkriterium treffen.

Irrtumswahrscheinlichkeit	Signifikanzniveau
$p \leq 0,25$	geringfügiger Unterschied
$p \leq 0,10$	Tendenz zur Signifikanz
$p \leq 0,05$	signifikant
$p \leq 0,01$	hoch signifikant
$p \leq 0,001$	höchst signifikant

Tabelle 1: Signifikanzniveau abhängig von der Irrtumswahrscheinlichkeit

Gradmesser für die ermittelte Signifikanz ist die auftretende Irrtumswahrscheinlichkeit p. In Abhängigkeit dieser lassen sich vorliegenden Signifikanzniveaus verbalisieren.

Aus der Urteilspsychologie lässt sich festhalten, dass verschiedene Probanden eine identische Urteilsskala auf völlig unterschiedliche Weise nutzen [Krüger & Neukum,2001]. Oft wird nur ein Ausschnitt der vollständigen

Urteilsskala herangezogen. Unterschiede resultieren beispielsweise aus einer unterschiedlichen Erwartungshaltung an die im Fahrversuch vorliegende Grundanregung. Eine direkte Gegenüberstellung der Absolutwerte der Urteile unterschiedlicher Probanden ist aufgrund verschiedener Verteilungseigenschaften (Mittelwert, Standardabweichung) meist nicht sinnvoll. [Krüger & Neukum,2001] empfehlen zur Kompensation der vorliegenden Unterschiede die Relativierung der individuellen Beurteilungen gemäß einer z-Standardisierung (auch z-Transformation genannt) nach Gleichung (Gl. 10).

$$y_{ind.,z} = \frac{y_{ind.} - \overline{y}_{ind.}}{s_{y,ind.}} \qquad \text{(Gl. 10)}$$

Die Verteilungseigenschaften werden dabei so normiert, dass für die transformierten Datenkollektive jeweils ein Mittelwert $\overline{y}$ von 0 und eine Standardabweichung s_y von 1 vorliegt.

Von besonderem Interesse ist die z-Transformation im Rahmen von Zusammenhangsanalysen zwischen objektiven Daten und daraus resultierenden Subjektivbeurteilungen verschiedener Probanden. Von Bedeutung ist hierbei, dass es infolge der z-Transformation zur Normierung von Mittelwert und Standardabweichung kommt, die qualitative Verteilungsform dabei jedoch unverändert bleibt.

Zur Darstellung der Subjektivbeurteilungen im ursprünglichen Zahlenbereich empfiehlt sich eine Rücktransformation gemäß Gleichung (Gl. 11).

$$y_{ind.,z,Rücktrans.} = y_{ind.,z} \cdot s_a + \overline{y}_a \qquad \text{(Gl. 11)}$$

Dabei beschreibt $\bar{y}_a$ den Mittelwert aller abgegebenen Noten von allen Probanden und s_a die entsprechend zugehörige Standardabweichung, resultierend aus allen Noten.

Statistische bzw. mathematische Zusammenhänge lassen sich unter Verwendung einer Regressionsanalyse erfassen. Im einfachsten Fall liegt dabei ein linearer Zusammenhang zwischen zwei Variablen vor. Man spricht dann von einer linearen Regressionsgleichung bzw. einer Regressionsgeraden. Hierbei werden die Parameter der Regressionsgleichung $\hat{y}(x)$ so bestimmt, dass die Summe der quadratischen Abweichungen der tatsächlich erfassten Werte y_i zur Regressionsgeraden minimal wird (Gleichung (Gl. 12)) [Bortz,2004].

$$\sum_{i=1}^{n} (y_i - \hat{y}_i)^2 \overset{!}{=} \min \qquad \text{(Gl. 12)}$$

Als Kenngröße für das gemeinsame Variieren bzw. das gemeinsame Kovariieren kann an dieser Stelle die Kovarianz $\mathrm{cov}(x, y)$ eingeführt werden. Die Kovarianz lässt sich nach Gleichung (Gl. 13) beschreiben.

$$\mathrm{cov}(x, y) = \frac{\sum\limits_{i=1}^{n} (x_i - \bar{x}) \cdot (y_i - \bar{y})}{n} \qquad \text{(Gl. 13)}$$

Wie aus Gleichung (Gl. 13) ersichtlich, berechnet sich die Kovarianz aus der Summe der Abweichungsprodukte aller Wertepaare. Entsprechend führt eine hohe Kovarianz zu der Aussage, dass für hohe x-Werte ebenso hohe y-Werte vorliegen, was bezüglich der Regressionsgerade einer hohen Steigung entspricht.

In Abhängigkeit der Kovarianz lässt sich die Regressionsgerade durch Gleichung (Gl. 14)

$$\hat{y} = \frac{\mathrm{cov}(x, y)}{s_x^2} \cdot x + a_R \qquad \text{(Gl. 14)}$$

mit

$$a_R = \bar{y} - b_R \cdot x \qquad \text{(Gl. 15)}$$

$$b_R = \frac{n \cdot \sum\limits_{i=1}^{n} x_i \cdot y_i - \sum\limits_{i=1}^{n} x_i \sum\limits_{i=1}^{n} y_i}{n \cdot \sum\limits_{i=1}^{n} x_i^2 - \left(\sum\limits_{i=1}^{n} x_i \right)^2} \qquad \text{(Gl. 16)}$$

berechnen.

Als Kenngröße zur Bewertung des linearen Zusammenhangs eignet sich der maßstabsunabhängige Produkt-Moment-Korrelationskoeffizient r [Bortz,2004]. Ein weiteres Korrelationsmaß wäre der Rangkorrelationskoeffizient ρ nach Spearman. Im Rahmen der angefertigten Arbeit wird ausschließlich der Produkt-Moment-Korrelationskoeffizient nach Pearson verwendet. Aus diesem Grund wird nur dieser im weiteren Verlauf erläutert.

Das Gütemaß r, welches auch als bivariate Korrelation bekannt ist, berechnet sich aus dem Quotienten zwischen der Kovarianz und der jeweiligen Standardabweichung beider zu betrachtenden Wertepaare (Gleichung (Gl. 17)).

$$r = \frac{\mathrm{cov}(x, y)}{s_x \cdot s_y} = \frac{1}{n} \cdot \sum_{i=1}^{n} \left(\frac{(x_i - \bar{x})}{s_x} \cdot \frac{(y_i - \bar{y})}{s_y} \right) \qquad \text{(Gl. 17)}$$

Der Produkt-Moment-Korrelationskoeffizient ist stets in den Grenzen von $-1 \le r \le +1$ gelegen.

Um Zusammenhangsanalysen gegenüber der Allgemeingültigkeit absichern zu können, sollten die Daten möglichst bivariat, normalverteilt vorliegen. Zur Erfüllung dieser Bedingung gelten nach [Bortz,2004] nachfolgende Voraussetzungen:

- Die x-Werte müssen normalverteilt sein.
- Die y-Werte müssen normalverteilt sein.
- Die zu einem x-Wert gehörenden y-Werte (Arrayverteilung) müssen normalverteilt sein.
- Die zu einem y-Wert gehörenden x-Werte (Arrayverteilung) müssen normalverteilt sein.
- Die Mittelwerte der Arrayverteilung müssen auf einer Geraden liegen.
- Die Streuungen der Arrayverteilungen müssen homogen sein.

Auf eine genaue Überprüfung der mit der bivariaten Normalverteilung verknüpften Voraussetzungen wird in der Forschungspraxis meist verzichtet. In der Regel begnügt man sich mit einer optischen Prüfung der Normalverteilungsformen beider Merkmale, der einzelnen Arrayverteilungen, sowie der Form der „Punktewolke", deren Umhüllende elliptisch sein sollte. Geringe Verletzungen der Kriterien werden dabei toleriert [Bortz,2004].

Im Rahmen der Analyse der in dieser Arbeit durchgeführten Untersuchungen werden die Subjektivurteile, sowie die objektiven Kennwerte innerhalb jeder einzelnen Variante auf Normalverteilung geprüft. Zusätzlich erfolgt eine optische Kontrolle der linearen Zusammenhänge anhand von Streudiagrammen. Die Überprüfung der Normalverteilungshypothese erfolgt anhand des beschriebenen Testverfahrens nach Shapiro und Wilk [Shapiro&Wilk,1965].

Der mathematische Zusammenhang zwischen einer unabhängigen und einer abhängigen Variable ist in der Literatur bekannt als Effekt. Es existieren verschiedenste Konventionen zur Beschreibung der Effektstärke, welche anhand des ermittelten Korrelationskoeffizienten beschrieben werden. Zwei häufig verwendete Klassifizierungen sind jene nach [Cohen,2002] und [Zöfel,2003].

$\mid r \mid > 0,1$	kleiner Effekt
$\mid r \mid > 0,3$	mittlerer Effekt
$\mid r \mid > 0,5$	starker Effekt

$\mid r \mid \leq 0,2$	sehr geringe Korrelation
$\mid r \mid > 0,2$	geringe Korrelation
$\mid r \mid > 0,5$	mittlere Korrelation
$\mid r \mid > 0,7$	hohe Korrelation
$\mid r \mid > 0,9$	sehr hohe Korrelation

Tabelle 2: Interpretation der Effektstärke bzw. der Korrelationsgüte: Effektstärke nach [Cohen,2002] (links); Korrelationsgüte nach [Zöfel,2003] (rechts)

Anzumerken ist an dieser Stelle, dass die Einordnung der Korrelationskoeffizienten hierbei keiner mathematischen Gleichung zugrunde liegt, sondern es sich ausschließlich um eine verbale Orientierungshilfe bei der Einordnung der vorliegenden Korrelationsgüte handelt.

Die Aussagekraft statistischer Versuchsergebnisse steigt in Abhängigkeit des Stichprobenumfangs n. Besonders bei sehr kleinen Stichprobenumfängen stellt sich daher die Frage nach der Gültigkeit der vorliegenden Korrelation. Alle verwendeten Korrelationskoeffizienten, welche im Rahmen dieser Arbeit herangezogen wurden, sind nach dem statistischen Testkriterium

$$t = \frac{r \cdot \sqrt{n-2}}{\sqrt{1-r^2}} \qquad \text{(Gl. 18)}$$

gegen Null abgesichert, was bedeutet, dass die Korrelation auf keinem Zufall beruht. Laut [Bortz,2004] ist der angewandte Test robust gegen Verletzungen der Verteilungsform.

Unter Scheinkorrelation wird ein Zusammenhang zweier Datenmengen verstanden, dessen Kausalzusammenhang fehlt. Verantwortlich hierfür ist eine dritte Größe, welche die zu analysierenden Größen beeinflusst. Die Partialkorrelation beschreibt den Zusammenhang zweier korrelierender Variablen (x und y), welche von einem dritten Faktor (z) bereinigt ist [Bortz,2004]. Hierfür wird mit Hilfe der Regressionsrechnung der Zusammenhang zwischen x und z , sowie zwischen y und z bestimmt und von den tatsächlichen Werten x , bzw. y subtrahiert. Das Bestimmen der bereinigten Werte nennt man „Herauspartialisieren". Der Korrelationskoeffizient der bereinigten Wertereihen, unter Verwendung der einzelnen Korrelationskoeffizienten mit dem Subjektivurteil, sowie des Korrelationskoeffizienten beider objektiver Werte untereinander, wird durch Gleichung (Gl. 19) beschrieben.

$$r_{xy-z} = \frac{r_{xy} - r_{xz} \cdot r_{yz}}{\sqrt{1-r_{xz}^2} \cdot \sqrt{1-r_{yz}^2}} \qquad \text{(Gl. 19)}$$

2.4.2   Erfassung subjektiver Schwingungswahrnehmung

Aus der Literatur sind verschiedenste Bewertungssysteme (Fragebögen) zur Erfassung subjektiver Eindrücke in Form einer Notenskala bekannt.

Dabei ist der Aufbau der Skala abhängig von den Anforderungen bzw. der Zielsetzung der durchzuführenden Beurteilungsstudie.

Grundsätzlich lassen sich Fragbögen nach der Art der zur Verfügung stehenden Skala einteilen. Dabei unterscheidet man zwischen einer unipolaren Skala, sowie einer bipolaren Skala. Eine unipolare Skala benötigt keinen Vorzeichenwechsel. Die Intensität steigt hierbei ausschließlich in eine Richtung, vom geringsten auf den höchsten Wert. Im Gegensatz dazu besteht eine bipolare Skala aus zwei Polen, welche die Extremwerte beschreiben, sowie einer optimalen Mitte. Daher kommt es bei einer bipolaren Skala immer zu einem Vorzeichenwechsel. Diese Art von Skala wird häufig für so genannte Paarvergleiche im Rahmen von Komfortuntersuchungen eingesetzt, bei welchen der Beurteiler zwei Signale präsentiert bekommt und im Anschluß entscheidet, ob Signal 1 stärker oder schwächer wahrzunehmen ist als Signal 2.

Die unipolare Skala wird in der Fahrzeugentwicklung sehr häufig in variierenden Formen verwendet. Dabei werden zusätzlich zur Bewertung Noten mit verbalen Attributen verankert. Diese verbale Verankerung dient zur Unterstützung subjektiver Assoziationen. Dies hat den Vorteil, dass Fehlinterpretationen, aufgrund von Missverständnissen, nahezu vollständig auszuschließen sind. Die Bewertung von NVH-Phänomenen im Rahmen von Produktbewertungsprozessen in der Automobilindustrie erfolgt meist durch eine einfache unipolare 10-Anker-Skala, wie [Albrecht,2005] in seiner Arbeit berichtet. In Abbildung 3 ist eine von [Albrecht,2005] beispielhaft herangezogene zehnstellige Bewertungsskala, welche sich an [Aigner,1982] orientiert, visualisiert.

[Albers&Albrecht,2002] erachten auf Basis durchgeführter Untersuchungen zur Beurteilung des Anfahrkomforts eine stufenlose Skale mit zwei Endattributen als hilfreich. Daraus resultiert im Rahmen einer Weiterentwicklung von [Albrecht,2005] eine zweistufige Beurteilungsskala, welche sich an der von [Käppler,1993] genutzten Zwei-Ebenen-Intensitätsskala orientiert.

	nicht annehmbar				Grenzfall	annehmbar				
Bewertungs-index	1	2	3	4	5	6	7	8	9	10
Geräusche, Vibrationen	nicht annehmbar			unange-nehm	Verbes-serung erforder-lich	mäßig	leicht	sehr leicht	Spuren	keine
Festgestellt von	allen Kunden	Durchschnittskunden			kritischen Kunden			ausgebildeten Beobachtern		nicht wahr-nehmbar

Abbildung 3: Bewertungssystem mit einer zehnstelligen Skala nach [Aigner,1982]

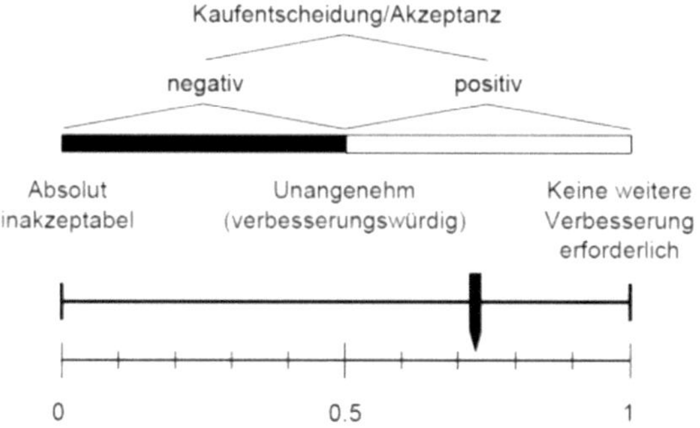

Abbildung 4: Zweistufiges Beurteilungsverfahren des Anfahrkomforts nach [Alb-recht,2005]

In Abbildung 4 ist die Bewertungsskala nach [Albrecht,2005] dargestellt. In der ersten Stufe wird dabei eine grundsätzliche Abfrage hinsichtlich der Kaufentscheidung bzw. der Akzeptanz getroffen. Die zweite Stufe verlangt eine ausdifferenzierte Beurteilung mittels Schieberegler, welcher zwischen den Ankern 0 (absolut inakzeptabel) und 1 (keine weitere Verbesserung erforderlich) angesiedelt ist. Eine zweistufige Skala hat für den Beruteiler eine unterstützende Wirkung. Im ersten Schritt ist eine tendenzielle Entscheidung zu treffen, welche in der zweiten Stufe konkretisiert wird. Diese Art von Skala ist auf weitere Anwendungsfälle übertragbar.

Eine im Hause Daimler etablierte und häufig genutzte Bewertungsskala stellt die neunstufige, unipolare Kategorialskala dar, wobei die Note 1 die beste Bewertung darstellt und die Note 9 die schlechteste Beurteilung repräsentiert. Dabei sind die Noten zum einen verbal verankert, zum anderen ist eine so genannte Ampelbewertung hinterlegt. Damit werden drei Akzeptanzbereiche grob gegliedert. Den Noten $1-3$ ist eine grüne Ampel hinterlegt, den Noten $4-6$ ist eine gelbe Ampel zugeordnet. Der Notenbereich $7-9$ repräsentiert den roten Ampelbereich. Je nach Anwendungsbereich und Untersuchungsziel wird das Bewertungssystem im Konzern individuell verändert. Ähnliche Bewertungssysteme, welche auf dem hier vorgestellten System aufbauen, werden beispielsweise von [Zschocke,2009], [Kraft,2010] und [Maier,2011] verwendet.

In englischsprachigen Veröffentlichungen findet sich häufig die Borg $CR10$ -Skala. Hierbei handelt es sich um eine unipolare Skala mit 12 verschiedenen Notenstufen von $0-10$. Dabei erfolgt die Abstufung, bis auf die Ausnahme zwischen 0, 0,5 und 1 in ganzen Zahlen. Ursprünglich kommt diese Bewertungsskala aus dem medizinischen Bereich, wird jedoch auch zur Bewertung fahrzeugrelevanter Schwingungsphänomene verwendet. [Ajavalasit&Giacomin,2007] verwenden beispielsweise die Borg $CR10$ -Skala zur Bewertung rotatorischer Lenkradschwingungen, wie in Kapitel 8.4.2 erläutert wird.

Das semantische Differential ist eine weitere Methode zur Erfassung subjektiver Beurteilungen. Verschiedene Zustände bzw. Kriterien werden unter Verwendung vorgegebener Attribute beschrieben. Dabei werden dem Beurteiler Eigenschaftspaare wie beispielsweise „sportlich – bequem" oder „angenehm – unangenehm,, angeboten. Ein wesentlicher Vorteil bei der

Nutzung des semantischen Differentials ist die hohe Vergleichsgüte der Beurteilungsergebnisse, aufgrund der Eindeutigkeit der zu treffenden Aussagen. [Lennert,2009] beispielsweise verwendet das semantische Differential in ihrer Arbeit zur Findung von Attributen, mit deren Verwendung fahrbahninduzierte Fahrzeugschwingungen beschreibbar sind.

2.4.3 Verknüpfung von Prüfstands- und Straßenversuchen durch Nutzung der Validierungsumgebung „X-in-the-Loop"

Wie bereits in Kapitel 2.1.2 erläutert, existieren eine Vielzahl von Untersuchungsergebnissen, welche aus realen Fahrversuchen oder aus Prüfstandsversuchen resultieren. Auf eine direkte Gegenüberstellung beider Ergebnisse (Fahr- und Prüfstandsversuch) wurde bisher meist verzichtet.

Im Rahmen von Prüfstandsversuchen mit einem Gesamtfahrzeug steht immer die Validierung von Straßenversuchen im Vordergrund. Nur wenn es gelingt, komfortrelevante Fahrzeugschwingungen in einer Form darzustellen, wie sie im freien Versuchsfeld auftreten und dort vom Fahrer wahrgenommen werden, ist eine Übertragung von Erkenntnissen oder gar eine subjektive Bewertung auf dem Prüfstand realisierbar. Weiter kann es unter Umständen sinnvoll sein, vereinzelte Subsysteme genauer zu betrachten, welche vom Gesamtfahrzeug losgelöst sind. Dabei können Erkenntnisse auf einer Systemebene generiert werden, welche auf eine andere Ebene übertragbar und weiterzuverwenden sind.

[Albers et al.,2010] konzipieren am Institut für Produktentwicklung (IPEK) des Karlsruher Instituts für Technologie (KIT) eine Entwicklungsumgebung, welche sie als „X-in-the-Loop-Framework" vorstellen. Der Ansatz beruht auf der von [Albers et al.,2008] aufgestellten Hypothese, welche besagt, dass zur Erreichung eines globalen Optimums in der Fahrzeugentwicklung, das Fahrzeug nicht losgelöst von der Umwelt sowie vom Fahrer betrachtet werden darf.

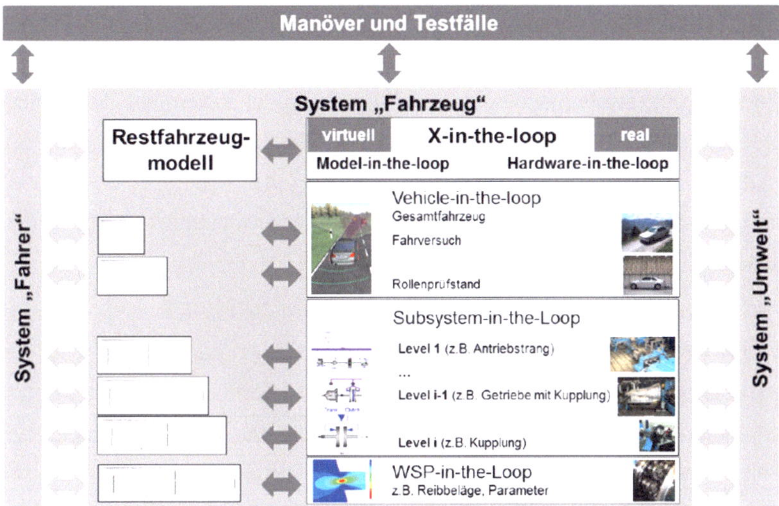

Abbildung 5: X-in-the-loop-Framework nach [Düser,2010]

In Abbildung 5 ist das X-in-the-Loop-Framework am Beispiel für Antriebssysteme visualisert. Es ermöglicht die Validierung auf unterschiedlichen System-Detaillierungs-Ebenen unter permanenter Einbeziehung der Systeme „Benutzer bzw. Fahrer" und „Umgebung", unter Anwendung realer Fahrmanövern bzw. Testfällen [Düser,2010]. Der eigentliche Ansatz koppelt in Echtzeit Simulation und Prüfstandsversuch von der Komponenten- bis hin zur Gesamtfahrzeugebene [Zschocke,2009].

Das „X" steht hierbei für den jeweils untersuchten Prüfling. [Düser,2010] definiert dies als „Unit under Test" (UUT). In dem übertragenden Anwendungsfalls auf reifenungleichförmigkeitserregte Fahrzeugschwingungen kann dies beispielsweise ein einzelner Reifen, aber auch ein gesamtes Versuchsfahrzeug sein. Dabei spielt es in dem vom IPEK aufgestellten Ansatz keine Rolle ob das Fahrzeug real oder ausschließlich virtuell vorliegt. Wie aus Abbildung 5 hervorgeht, kann auf jeder System-Detaillierungs-Ebene das Restfahrzeug simuliert werden, um so realitätsnahe Wechselwirkungen zwischen Fahrer und Umwelt umzusetzten. Der Detaillierungsgrad der Restfahrzeugsimulation ist dabei abhängig von der jeweiligen Zielsetzung und kann sich aus realen oder virtuellen Teilsystemen zusammensetzen [Albers et al.,2010]. Liegt es in rein virtueller Form vor, so muss es jedoch in Echtzeit mit für die Fragestellung ausreichender Genauigkeit simulierbar sein.

Im Folgenden werden einige Applikationsmöglichkeiten des X-in-the-Loop-Framework erläutert. Massenungleichförmigkeiten, welche über das Rad ins Fahrzeug eingeleitet werden, könnten beispielsweise über elektrodynamische Schwingerreger in Abhängigkeit des Betriebszustand des Fahrzeugs derart eingeleitet werden, dass sie denjenigen entsprechen, die am Fahrzeug bei Reifenungleichförmigkeit vorliegen. Unterschiedliche Arten von Reifenungleichförmigkeiten könnten somit in Ihrer Auswirkung analysiert werden, ohne vorkonditionierte Reifen verwenden zu müssen. Voraussetzung hierfür ist jedoch ein Reifen- und Fahrwerksmodell, mit welchen Wechselkräfte am Radträger berechnet werden können [Gauterin,2011]. Ebenso besteht die Möglichkeit, Umwelteinflüsse wie beispielsweise Wind auf einem Flachbahn-Fahrzeug-Prüfstand (Kapitel 4.3.2) zu simulieren um somit realitätsnahe Wechselwirkungen zwischen Fahrer und Umwelt zu gewährleisten [Albers&Düser,2010]. Betrachtet man die Subsystemebene „Reifen", so kann unter Anwendung eines Flachbahn-Reifen-Prüfstands (Kapitel 4.3.1) der Anregungsinput in Form von Kräften analysiert werden. Die im realen Anwendungsfall vorliegende Radlast wird dabei beispielsweise über Hydropulszylinder auf den Reifen übertragen. Da der Reifen mit zunehmender Fahrgeschwindigkeit seinen dynamischen

Rolldurchmesser ändert, was zu einer prüfstandsseitigen Radlasterhöhung führen würde, muss eine Radlastregelung implementiert werden.

Im Rahmen der angefertigten Arbeit werden im Zuge von Prüfstands- und Straßenversuchen und deren Gegenüberstellung neue Erkenntnisse für die Aktivität der Validierung im Handlungssystem der Fahrzeugentwicklung generiert. Dabei kommt einerseits das Subsystem-in-the-Loop am Beispiel der Reifenanalyse am Flachbahn-Reifen-Prüfstand, sowie das Vehicle-in-the-Loop am Beispiel von realen Fahr- und Prüfstandsversuchen zum Einsatz. Der reale Fahrversuch kann nach [Düser,2010] als Extremfall des X-in-the-Loop-Framework verstanden werden, da alle Teilsysteme (Fahrzeug, Fahrer und Umgebung) als Echtteile vorhanden sind.

3. Motivation, Zielsetzung und Aufbau der Arbeit

3.1 Motivation

Wie die Darstellung des aktuellen Wissenstands zeigt, werden reifenungleichförmigkeitserregte Fahrzeugschwingungen bereits seit dem frühen 20 . Jahrhundert untersucht. Dabei liegt der Fokus insbesondere auf der so genannten Lenkraddrehschwingung, welche in der Fachliteratur auch unter den Begriffen „Shimmy" oder „Lenkungsunruhe" bekannt ist. Vereinzelt sind auch Veröffentlichungen zur translatorischen Sitz- und Lenkradschwingungen bekannt (siehe hierzu beispielsweise [Ochs&Hanisch ,1991]). Meist liegt das Ziel dieser Untersuchungen jedoch nicht auf der Objektivierung der menschlichen Schwingungswahrnehmung. Vielmehr werden Sensitivitätsanalysen am Fahrzeug durchgeführt, welche sich beispielsweise gezielt mit der Achskinematik oder dem Lenksystem beschäftigen.

Veröffentlichungen auf dem Gebiet der Schwingungswahrnehmung im Zusammenhang mit reifenungleichförmigkeitserregter Fahrzeuganregung sind sehr rar. Vereinzelnd finden sich Veröffentlichungen zur Wahrnehmung auftretender Lenkraddrehschwingungen. Die meisten Veröffentlichungen, welche sich mit der Schwingungswahrnehmung befassen, betrachten die Anregungsursachen Triebstrang und Fahrbahn. Das Amplitudenniveau dieser beiden Anregungsursachen sowie der Frequenzbereich unterscheiden sich deutlich von ungleichförmigkeitserregten Fahrzeugschwingungen. Häufig resultieren gewonnene Erkenntnisse hinsichtlich der Schwingungswahrnehmung aus Laborversuchen, mit in der Regel uniaxialer, monofrequenter Anregung in Form einer Sinusschwingung (vgl. hierzu auch Kapitel 2.3.4 und Kapitel 2.3.5). Weiter ist zu erwähnen, dass verwendete Normen rund um die menschliche Schwingungswahrnehmung (beispielsweise [VDI 2057-1,2002] oder [ISO 2631-1,1997]), für den Bereich des Arbeitsschutzes gezielt zur Bewertung der Gesundheitsbelastung des Menschen entwickelt wurden. Die Gültigkeit bezüglich der Bewertung komfortrelevanter Fahrzeugschwingungen wird daher von diversen Autoren kritisch hinterfragt, da die dargebotene Schwingungsintensität weit größer ist, als sie beispielsweise bei komfortrelevanten Fahrzeugschwingungen auftritt.

[Griffin,2007] kritisiert die vorhandene Normung für die Anwendung komfortrelevanter Fahrzeugschwingungen und stellt eine eigene Bewertungskurve zur Beurteilung auftretender Sitz-, sowie translatorischer Lenkradschwingungen vor. Dabei berücksichtigt er die Amplituden-, sowie Frequenzabhängigkeit des Menschen. Die Intensität seiner gewählten Anregung zielt dabei explizit auf die vorliegenden Fahrzeugschwingungen ab. [Ajovalasit&Giacomin,2007] generieren eine entsprechende Bewertungskurve für Lenkradrotationsschwingungen. Beide Kurven erscheinen sinnvoll zur Bewertung komfortrelevanter Fahrzeugschwingungen. Die Übertragung beider Ansätze auf den Fahrversuch bleibt jedoch gänzlich aus.

Die Durchführung von Fahrversuchen zur Analyse des Schwingungszustandes im Kraftfahrzeug, sowie deren subjektive Bewertung durch den erfahrenen Messingenieur, stellen grundsätzlich einen elementaren Bestandteil von Komfortuntersuchungen dar. Trotz zunehmender Integration rechnergestützter Simulationen, sowie die Analyse einzelner Fahrzeugkomponenten auf speziellen Prüfeinrichtungen, ist die Durchführung des praktischen Fahrversuchs zur Bewertung des menschlichen Komforteindruckes bis heute nicht ersetzbar. Dabei wird immer wieder versucht den Subjektiveindruck des Fahrers in Form von physikalischen Kennwerten abzubilden. Umgesetzt wird dies zum Teil durch die Bildung von Einzahlkennwerten, welche entweder aus Messwerten an starren Konsolenpunkten resultieren oder direkt aus Messungen auf dem Sitz ermittelt werden. Die Problematik in der Bildung von Einzahlkennwerten besteht in der Datenkomprimierung. Das Ziel der Bildung von Einzahlkennwerten ist die Erfassung wichtiger, unter Vernachlässigung verzichtbarer Informationen. Die Erfassung komfortrelevanter Fahrzeugschwingungen, welche die Basis der Kennwertbildung darstellt, kann sowohl direkt auf dem Sitz, als auch an festen Konsolenpunkten erfolgen. Zwischen den Autoren kommt es zu keinem Konsens, welches Messverfahren zur Objektivierung komfortrelevanter Fahrzeugschwingungen am besten geeignet ist. Dies ist in der Allgemeinheit auch nicht zwingend erforderlich, da es sich in der Regel um unterschiedliche Schwingungsphänomene in unterschiedlichen Frequenzbereichen unter unterschiedlichen Betriebszuständen handelt. Für jedes Phänomen gilt es zu klären, wie die Systemgrenzen zu legen sind, um relevante Wechselwirkungen in die Betrachtung einzubeziehen. Aus diesen Betrachtungen lassen sich geeignete Kenngrößen ableiten [Gauterin,2011].

Aufgrund auftretender Messwertstreuungen im realen Fahrbetrieb, wird immer wieder versucht, reale Versuchsumfänge auf geeignete Prüfstände zu verlagern. Untersuchungen, welche prüfstandsseitig durchgeführt werden, müssen jedoch für die Akzeptanz in der Fahrzeugentwicklung dem Anspruch gerecht werden, sowohl qualitativ wie auch quantitativ reale Straßenversuche abzubilden. Das Institut für Produktentwicklung stellt in diesem Zusammenhang ein Handlungssystem, das so genannte „X-in-the-Loop-Framework" vor. Sie weisen dabei darauf hin, dass die Durchgängigkeit, sowie die Reproduzierbarkeit wesentliche Anforderungen an Validierungsmethoden sind [Düser,2010]. Durch Vernetzung von Prüfstands- und Straßenversuchen, sowie die durchgängige Integration von Fahrermodellen und Umweltmodellen wurden in diesem Ansatz neue Applikationsmöglichkeiten geschaffen.

Betrachtet man in Zusammenhang der reproduzierbaren Darstellung reifenungleichförmigkeitserregter Fahrzeugschwingungen die Fahrer-Fahrzeug-Schnittstelle „Hand-Lenkrad", so ist festzustellen, dass der Einfluss des Menschen auf die Ausprägung vorliegender Lenkradschwingungen, welche in Abhängigkeit der vom Fahrer aufgebrachten Haltekraft und Haltetechnik maßgeblich sein kann, bis heute nicht betrachtet wurde. Veröffentlichte Untersuchungen veranschaulichen zwar den Haltekrafteinfluss auf die Schwingungswahrnehmung, berücksichtigen aber nicht die Auswirkungen auf die Schwingungsausprägung.

3.2   Zielsetzung und Aufbau der Arbeit

Das Ziel der Objektivierung eines komfortrelevanten Schwingungsphänomens ist es, Subjektivurteile, abgegeben von Experten oder Normalfahrern, auf physikalisch am Fahrzeug erfassbare Werte zurückzuführen. Gelingt dies für Schwingungsphänomene, welche auf Reifenungleichförmigkeiten zurückzuführen sind, in ausreichend guter Qualität, so wird es in Zukunft möglich sein, Fahrzeugbewertungen vorzunehmen, ohne dabei die individuelle Beurteilung, welche zum Teil großen Streuungen ausgesetzt ist, einzelner Probanden heranzuziehen.

Hauptziel der angefertigten Dissertation ist die Erarbeitung eines gesamtheitlichen Verfahrens, mit dessen Umsetzung reifenungleichförmigkeitserregte Fahrzeugschwingungen unter kundenrelevanten und realen Bedingungen am Gesamtfahrzeug reproduzierbar erfasst, analysiert und bewertet werden können. Zur Umsetzung sind verschiedene Teilziele, wie das Definieren und Umsetzen eines kundenrelevanten Anregungsinputs, die reproduzierbare Darstellung relevanter Schwingungsphänomene sowie das Definieren von Kennwerten welche den Subjektiveindruck mit hoher Korrelationsgüte vorhersagen, zu erreichen. Nachfolgend werden die einzelnen Bearbeitungspunkte erläutert.

Um reifenungleichförmigkeitserregte Fahrzeugschwingungen kundenrelevant analysieren und bewerten zu können ist es unumgänglich, einen Anregungsfall zu generieren, wie er vom Kunden im Kraftfahrzeug vorfindbar ist. Die Umsetzung dieses Anregungsfalls ist die Grundlage der angefertigten Promotionsschrift. Zur Beschreibung der Anregung des Fahrzeugs werden auf Basis von Versuchsdaten sowie anhand theoretischer Herleitungen Anregungsgrößen definiert, welche über den Reifen ins Kraftfahrzeug eingeleitet werden. Die Kraftanregung erfolgt dann durch angebrachte Zusatzmassen an ermittelten Anregungspunkten. Zur Analyse der Reifeneigenschaften und der darauf aufbauenden Reifenkonditionierung wird ein Flachbahn-Reifen-Prüfstand genutzt.

Bei der Darstellung reifenungleichförmigkeitserregter Fahrzeugschwingungen wird der Reproduzierbarkeit komfortrelevanter Schwingungsphänomene eine hohe Bedeutung beigemessen, um einen effizienten Entwicklungsprozess sicherzustellen. Im Rahmen der durchgeführten Fahrversuche im freien Versuchsfeld werden auftretende Messwertstreuungen betrachtet und diskutiert. Nachfolgend wird die Möglichkeit evaluiert, reifenungleichförmigkeitserregte Fahrzeugschwingungen realitätsnah auf einem Fahrzeugprüfstand abzubilden. Der Vorteil einer Prüfstandnutzung läge dabei, neben hohen Zeit- und Kosteneinsparungen, in der deutlichen Erhöhung der Analysefähigkeit unter permanent gleichen Randbedingungen, was zur erhöhten Reproduzierbarkeit beiträgt. Diese Vorgehensweise, sowohl Prüfstands- als auch Straßenmessungen heranzuziehen gliedert sich in den in Kapitel 2.4.3 erläuterten „X-in-the-Loop-Ansatz" nach [Albers et al.,2010] ein.

Die Problematik bei der Objektivierung von Lenkradschwingungen besteht in der menschlichen Ankopplung an das Lenkrad. In Abhängigkeit aufgebrachter Haltekräfte, variiert die Schwingungsausprägung am Lenkrad signifikant. Um Lenkradschwingungen komforttechnisch optimieren zu können, ist es zwingend erforderlich, diese reproduzierbar abzubilden. Zur Quantifizierung menschlicher Einflüsse auf vorliegende Lenkradschwingungen wird ein Lenkradhaltekraftmesssystem entwickelt. Hiermit soll zum einen eine zur Bewertung und Analyse notwendige Reproduziergüte erreicht, zum anderen aber auch die Auswirkung aufgebrachter Haltekräfte auf die Ausprägung der Schwingungsamplitude nachgewiesen werden.

Um eine Aussage hinsichtlich einer optimalen Messstelle zur Erfassung komfortrelevanter Sitzschwingungen abzuleiten, ist es notwendig, Beschleunigungen, resultierend aus Starrkörperschwingungen im Bereich der Sitzkonsole mit Schwingungsamplituden, welche direkt auf dem Sitz erfasst werden zu vergleichen. Zur Beschreibung auftretender Sitzschwingungen wird eine Sitz- sowie eine Lehnenmessmatte entwickelt, welche es ermöglichet, Sitzschwingungen direkt in der Fahrer-Fahrzeug-Schnittstelle zu objektivieren.

Anhand durchgeführter Probandenversuche zur Objektivierung des subjektiven Fahreindrucks werden zuvor generierte Kennwerte mit abgegebenen Subjektivurteilen korreliert. Hierbei besteht die Aufgabe darin, aussagekräftige Kennwerte zu detektieren und gleichzeitig Kennwerte mit irrelevantem Informationsgehalt zu kompensieren. Die im Rahmen dieser Arbeit aufgestellte Hypothese lautet dabei, dass es grundsätzlich möglich ist, reifenungleichförmigkeitserregte Fahrzeugschwingungen durch die Nutzung sinnvoller Einzahlkennwerte zu beschreiben. Zur Analyse wesentlicher Kennwerte werden unterschiedliche, aus der Literatur bekannte, statistische Auswerteverfahren genutzt. Die aus der Literatur bekannten Bewertungskurven von [Griffin,2007] und [Ajovalasit&Giacomin,2007] werden auf den vorliegenden Anwendungsfall angepasst und entsprechend auf Ihren Nutzen bezüglich der Bewertung reifenungleichförmigkeitserregter Fahrzeugschwingungen an den Fahrer-Fahrzeug-Schnittstellen „Hand-Lenkrad" und „Gesäß-Sitz" analysiert.

Um einen Eindruck über den Einfluss unterschiedlicher Fahrzeuge zu erhalten, werden diese Probandenversuche anhand zweier völlig verschiedener Fahrzeugsegmente durchgeführt. Das Oberklassesegment wird anhand einer S-Klasse dargestellt. Das Mittelklassesegment wird durch eine C-Klasse repräsentiert. Durchgeführt werden die Versuche im identischen

Probandenkreis, sowohl im freien Versuchsfeld als auch auf dem zuvor evaluierten Flachbahn-Fahrzeug-Prüfstand. Ziel dabei ist es, Aussagen hinsichtlich einer Prüfstandsnutzung für Subjektivbeurteilungen zu generieren.

4. Untersuchungsmethoden (Mess- und Analyse-techniken)

Im Rahmen der durchgeführten Arbeit wurden für die experimentellen Versuchsreihen insgesamt drei verschiedene Fahrzeugbaureihen herangezogen. Es wurde die C-Klasse (T-Modell) zur Beschreibung des Mittelklassesegments und die S-Klasse zur Darstellung des Oberklassesegments ausgewählt. Zusätzlich kam bei einer Zusatzuntersuchung ein Fahrzeug der SLK-Baureihe zum Einsatz. Primär wurden die Versuche anhand der C-Klasse durchgeführt. Aufgrund von Verfügbarkeiten war es notwendig, bei einzelnen Versuchsreihen die C-Klassen auszutauschen. In Tabelle 3 sind die verwendeten Versuchsfahrzeuge mit den entsprechenden technischen Daten zusammengefasst.

Im Rahmen der durchgeführten Versuchsreihen wurden primär Fahrzeuge mit verbautem Ottomotor eingesetzt, da diese im Vergleich zu Dieselmotoren anregungsärmer sind und somit Zusatzanregungen aus Motor und Triebstrang minimiert werden konnten. Bei Fahrzeug 1 kam ein Fahrzeug mit Dieselmotor zum Einsatz. Da dieses Fahrzeug ausschließlich auf dem Flachbahn-Fahrzeug-Prüfstand (Kapitel 4.3.2) über Bandantrieb angeregt wurde, konnte die Auswahl ohne Qualitätseinbußen getroffen werden. Detailliert wird dies in Kapitel 7 erläutert.

Fahrzeug	1	2	3
Modell	C-Klasse	C-Klasse	C-Klasse
Bezeichnung	C200 CDI	C280	C350
Karosserie	Kombi	Kombi	Kombi
Motorbauart	Diesel	Otto	Otto
Motor	OM646	M272	M272
Antrieb	4x2	4x2	4x2
Hubraum (cm³)	2143	2987	2987
Nennleistung (KW bei 1/min)	100/2800	170/5500	170/5500
Getriebe	6-Gang Schaltgetriebe	6-Gang Schaltgetriebe	6-Gang Schaltgetriebe
Lenkung	Zahnstangenlenkung mit Lenkhilferegelung, hydraulisch	Parameterlenkung geschwindigkeitsabhängige Zahnstangenlenkung (hydr.)	Zahnstangenlenkung mit Lenkhilferegelung, hydraulisch
Fahrwerk Vorderachse	Mehrlenker	Mehrlenker	Mehrlenker
Fahrwerk Hinterachse	Raumlenker	Raumlenker	Raumlenker
Federung (vorne)	Schraubenfeder (Zweirohr-Gasdruck mit SDD)	Schraubenfeder (Zweirohr-Gasdruck mit SDD)	Schraubenfeder (Zweirohr-Gasdruck mit SDD)
Federung (hinten)	Schraubenfeder (Einrohr-Gasdruck mit SDD)	Schraubenfeder (Einrohr-Gasdruck mit SDD)	Schraubenfeder (Einrohr-Gasdruck mit SDD)
Bereifung (vorne)	225/45 R17 91Y	225/45 R17 91Y	225/45 R17 91Y
Bereifung (hinten)	225/45 R17 91Y	225/45 R17 91Y	225/45 R17 91Y
Fahrzeug	4	5	6
Modell	C-Klasse	S-Klasse	SLK-Klasse
Bezeichnung	C200	S 350 4-Matic	SLK 200
Karosserie	Kombi	Limousine (Langversion)	Roadster
Motorbauart	Otto	Otto	Otto
Motor	M271 EVO	M272	M271 EVO
Antrieb	4x2	4x4	4x2
Hubraum (cm³)	1796	3498	1796
Nennleistung (KW bei 1/min)	135/5250	225/6500	135/5250
Getriebe	6-Gang Schaltgetriebe	7-Gang Automatikgetriebe	7-Gang Automatikgetriebe
Lenkung	Parameterlenkung geschwindigkeitsabhängige Zahnstangenlenkung (hydr.)	Parameterlenkung geschwindigkeitsabhängige Zahnstangenlenkung (hydr.)	Parameterlenkung geschwindigkeitsabhängige Zahnstangenlenkung (hydr.)
Fahrwerk Vorderachse	Mehrlenker	Mehrlenker	Mehrlenker
Fahrwerk Hinterachse	Raumlenker	Raumlenker	Raumlenker
Federung (vorne)	Schraubenfeder (Zweirohr-Gasdruck mit SDD)	Luftfeder (Einrohr-Gasdruck)	Schraubenfeder CES
Federung (hinten)	Schraubenfeder (Einrohr-Gasdruck mit SDD)	Luftfeder (Einrohr-Gasdruck)	Schraubenfeder CES
Bereifung (vorne)	225/45 R17 91Y	235/55 R17 99W	225/45 R17 91W
Bereifung (hinten)	225/45 R17 91Y	235/55 R17 99W	245/40 R17 91W

Tabelle 3: Technische Daten verwendeter Versuchsfahrzeuge

4.1 Messtechnischer Aufbau in den Versuchsfahrzeugen

4.1.1 Messtechnischer Grundaufbau

Der messtechnische Grundaufbau in den einzelnen Versuchsfahrzeugen war vollkommen identisch. Zur Erfassung der komfortrelevanten Fahrzeugschwingungen wurde die Beschleunigung als physikalische Messgröße herangezogen. Erfasst wurde diese durch triaxiale Beschleunigungssensoren der Firma PCB Piezotronics. Dabei orientiert sich die Montage des Aufnehmers immer nach dem festgelegten Fahrzeugkoordinatensystem nach DIN 70020 (Abbildung 6).

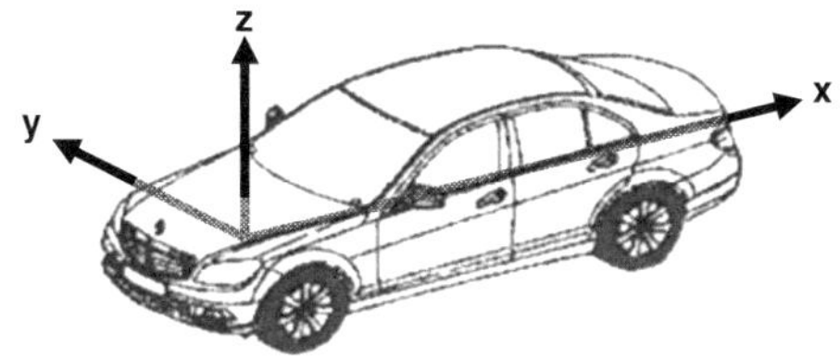

Abbildung 6: Verwendetes Fahrzeugkoordinatensystem nach DIN 70020

Der Ursprung des gewählten Koordinatensystems befindet sich in der Mitte des Fahrzeuges auf Höhe der Vorderachse. Die einzelnen Koordinatenrichtungen sind Abbildung 6 zu entnehmen.

Laut VDI-Richtlinie 2057-1 [VDI 2057-1,2002] ist ein Beschleunigungsaufnehmer zur Objektivierung von Fahrzeugschwingungen möglichst nahe der Stelle der Einleitung der Schwingung in den menschlichen Körper anzubringen. Zur Identifikation der optimalen Sensorposition, zur Erfassung der Fahrer-Fahrzeug-Schnittstelle „Hand-Lenkrad", wurde im Rahmen einer konzerninternen Studie, welche nicht Bestandteil dieser Arbeit war, die Greifposition des Fahrzeugführers in verschiedenen Fahrsituationen erfasst. Dabei wurde das Lenkrad in 16 Segmente unterteilt. In Abbildung 7 (rechts) ist die Häufigkeitsverteilung der jeweiligen Lenkradgreifposition visualisiert.

Die Verteilung resultiert hierbei aus 471 Einzelfahrten von insgesamt 25 verschiedenen Fahrern. Als primäre Greifpositionen lassen sich Segment 4 (rechte Hand) und Segment 14 (linke Hand) quantifizieren. Die geringere Häufigkeit der berührten Lenkradsegmente mit der rechten Hand lässt sich durch die Benutzung diverser Fahrzeugschnittstellen (Schaltvorgang bei Fahrzeugen mit Schaltgetriebe, Nutzung Radio, Nutzung Navigationssystem, etc.) begründen, welche in der Regel mit dieser Hand bedient werden.

 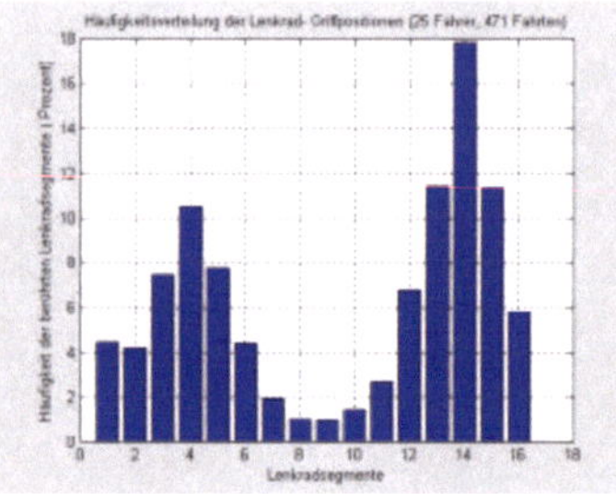

Abbildung 7: Untersuchung zur Ermittlung der Häufigkeitsverteilung der Lenkradgreifposition: Einteilung Lenkradsegmente (links); Häufigkeitsverteilung berührter Lenkradsegmente (rechts)

Entsprechend der aufgezeigten Ergebnisse werden mittels Befestigungsschellen oberhalb der Lenkradspeichen direkt am Lenkradkranz zwei triaxiale Beschleunigungssensoren angebracht (Abbildung 8). Die Problematik bei der Erfassung von Lenkradschwingungen mittels Beschleunigungssensoren liegt in der gewichtsabhängigen Zunahme des Massenträgheitsmomentes und damit verbundenen Veränderung der Schwingform des Lenkrades. Um Einflüsse dieser Art zu minimieren und damit den real auftretenden Schwingungszustand erfassen zu können, wurden am Lenkrad spezielle Sensoren (PCB Model 356A12) mit einer maximalen Gesamtmasse inklusive Befestigungsapparatur von $< 25 Gramm$ angebracht.

Abbildung 8:Messaufbau im Versuchsfahrzeug: Lenkrad (links); Sitzkonsole (mitte); Radträger (rechts)

Die Schwingungseinleitung in den Fahrersitz wird durch vier triaxiale Beschleunigungssensoren (PCB Model 354C03) an der Fahrersitzschiene, in direkter Nähe zum Anschraubpunkt zwischen Sitz und Karosserie erfasst. Zur Quantifizierung des Anregungsinputs werden zusätzlich je ein triaxialer Beschleunigungssensor (PCB Model 354C02) an jedem Radträger montiert. Die Erfassung der Raddrehzahl sowie der relativen Radstellung zueinander wird anhand von Induktionsaufnehmern realisiert (siehe Abbildung 8 rechts). Die tatsächliche Fahrzeuggeschwindigkeit wird aus dem Control-Area-Network-Bus (CAN-Bus) ausgelesen. Der gesamte messtechnische Grundaufbau ist in Tabelle 4 zusammengefasst dargestellt. Zusätzlich zu diesem Grundaufbau, welcher bei allen Untersuchungen im Rahmen dieser Arbeit genutzt wurde, sind je nach Untersuchungsziel weitere Aufbauzustände genutzt worden.

4.1.2 Quantifizierung von Sitzschwingungen (Sitzmessmatte)

Zur Erfassung vorliegender Schwingungen auf der Sitzfläche bzw. der Lehnenfläche wurde in Zusammenarbeit mit [Maier,2011], in Anlehnung an Untersuchungsergebnisse von [Mansfield,2001] eine neuartige Messmatte generiert. Basis der verwendeten Sitz- und Lehnenmatte ist ein Schaumstoff der Firma Odenwald-Chemie GmbH (Schaumstoffbezeichnung: O.C.PERG25KB).

Bezeichnung	Messstelle	Richtung	Einheit
LRD (links)	Lenkradkranz links (Segment 14)	x;y;z	m/s²
LRD (rechts)	Lenkradkranz rechts (Segment 4)	x;y;z	m/s²
FS-Konsole (VL)	Fahrersitzschiene vorne links	x;y;z	m/s²
FS-Konsole (VR)	Fahrersitzschiene vorne rechts	x;y;z	m/s²
FS-Konsole (HL)	Fahrersitzschiene hinten links	x;y;z	m/s²
FS-Konsole (HR)	Fahrersitzschiene hinten rechts	x;y;z	m/s²
Radträger (VL)	Radträger vorne links	x;y;z	m/s²
Radträger (VR)	Radträger vorne rechts	x;y;z	m/s²
Radträger (HL)	Radträger hinten links	x;y;z	m/s²
Radträger (HR)	Radträger hinten rechts	x;y;z	m/s²
Fahrzeuggeschwindigkeit	CAN-Bus	-	km/h
Raddrehzahl (VL)	Radträger vorne links	-	1/min
Raddrehzahl (VR)	Radträger vorne rechts	-	1/min
Raddrehzahl (HL)	Radträger hinten links	-	1/min
Raddrehzahl (HR)	Radträger hinten rechts	-	1/min
relative Radstellung (VA)	Differenz zwischen Vorderachssensoren	-	Winkel [°]
relative Radstellung (HA)	Differenz zwischen Hinterachssensoren	-	Winkel [°]

Tabelle 4: Messtechnischer Grundaufbau der Versuchsfahrzeuge

[Dupuis,1969] beschreibt in seiner Arbeit die Forderung nach Anbringung von Beschleunigungssensoren an einer, falls vorhanden, festen Fläche, um Eigenschwingungen von Sensoren vermeiden zu können. Laut [Dupuis,1969] hat es sich praktisch bewährt, den Beschleunigungssensor zwischen zwei Platten zu montieren, die so auf das Sitzpolster geklebt werden, dass die durch den Körperschwerpunkt verlaufende Senkrechte auch durch die Mitte des Aufnehmers geht. Die Problematik bei dieser Konstruktion besteht in der Umsetzung einer komfortablen Sitzposition. Um diese zu gewährleisten, wird eine veränderte Konstruktion herangezogen. Die Beschleunigungssensoren werden einseitig auf einer Aluminiumplatte verschraubt und gemeinsam (Platte und Sensor) durch eine Klebeverbindung an der Matte fixiert. Mit dieser Konstruktion ist eine Verschiebung des Sensors in der Matte auszuschließen. In Abbildung 9 ist der prinzipielle Aufbau der Messmatte skizziert.

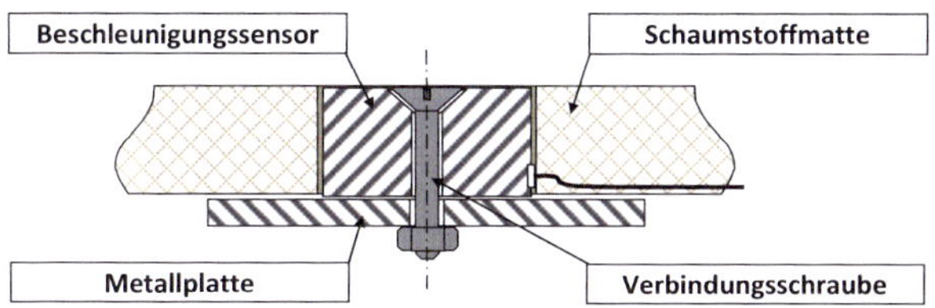

Abbildung 9: Aufbauskizze der Messmatte

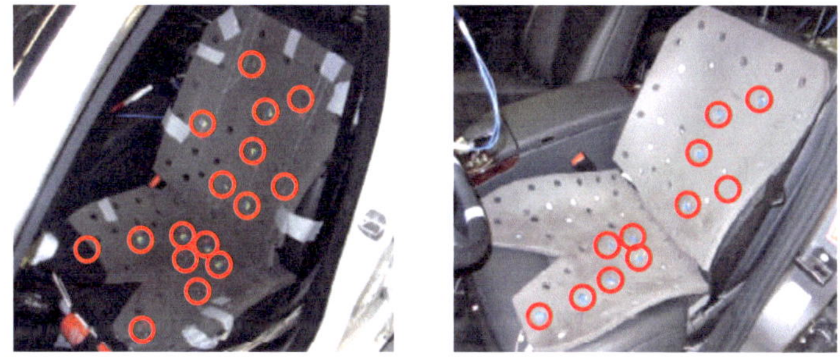

Abbildung 10: verwendete Sitz- und Lehnematte: Version1 (links); Version2 (rechts)

In Abbildung 10 sind die verwendeten Sitz- und Lehnenmatten dargestellt. Sitzmattenversion 1 ist mit 8 Sensoren sowohl in der Sitz- als auch in der Lehnenmatte bestückt. Dabei sind die triaxialen Beschleunigungssensoren symmetrisch angeordnet. Auf Basis durchgeführter Voruntersuchungen wurde eine erweiterte Sitzmatte konstruiert. Bei der Weiterentwicklung der Matte (Version 2) wurde ausschließlich die linke Sitzseite mit Sensoren versehen. Detailliert wird hierauf in Kapitel 8 eingegangen. Die Sensoranordnung sowie die Formgebung der Matten wurden im Vergleich zu Version 1 nicht verändert. Zusätzlich ist ein weiterer Sensor im Bereich der vorderen Sitzauflage hinzugefügt worden. Der wesentliche Vorteil einer solchen Sitzmatte liegt darin, dass während einer Versuchsreihe gleichzeitig gemessen und bewertet werden kann, was mit den in Kapitel 2.3.4 beschriebenen Standardmesskissen aufgrund der Bauform und der damit verbundenen Sitzkomforteinschränkung so nicht zu realisieren ist. Ein detaillierter Überblick der Sensorpositionen beider Sitz- und Lehnemessmatten ist im Anhang (A.1) graphisch dargestellt.

4.1.3 Messsystem zur Quantifizierung von Lenkradschwingungen

Als weiteres Messinstrument zur Erfassung und Analyse des menschlichen Einflusses auf Lenkradschwingungen wurde im Rahmen der angefertigten Arbeit unter Berücksichtigung der in Kapitel 2.3.5.4 gewonnenen Erkenntnisse über verschiedene Kraftmesssysteme ein neuartiges Haltekraftmesssystem, welches nachfolgend als LHKMS bezeichnet wird, entwickelt. Die technische Umsetzung des Systems sowie die Programmierung der Bediensoftware erfolgten in Zusammenarbeit mit der Firma IB Hoch. Ziel des Messsystems ist es, den menschlichen Einfluss auf Lenkradschwingungen quantifizierbar zu machen. Mit Hilfe bisher bekannter Systeme war es bis dato nur möglich, aufgebrachte Haltekräfte zu detektieren. Dies reicht jedoch zur vollständigen Quantifizierung vorliegender Lenkradschwingungen und deren Abhängigkeit auf menschliche Einflussparameter nicht aus. Im Rahmen der Entwicklung des Messsystems wurde zusätzlich erstmalig eine Erfassung auftretender Tangentialkräfte umgesetzt. Gerade zur Quantifizierung auftretender Lenkraddrehschwingungen hat die Erfassung dynamischer Tangentialkräfte und damit die Kenntnis über auftretende Drehmomente eine entscheidende Funktion. Die Quantifizierung vorliegender Drehmomente ist grundsätzlich auch mit entsprechenden Messlenkrädern möglich (z.B. Messlenkrad FEL 20 der Firma RMS Dynamic Test Systems). Durch den Einsatz kommt es jedoch im Gegensatz zum LHKMS zu größerer Veränderung des Massenträgheitsmomentes des Lenkrades und somit zu Schwingungszuständen, welche so nicht im Fahrzeug (gezielt im Lenksystem) auftreten. Dies und weitere Faktoren wie beispielsweise ein erhöhter Zeit- und Kostenaufwand durch Um- und Einbauarbeiten motivieren zur Entwicklung des Lenkradhaltekraftmesssystems und der damit möglichen Erfassung von Halte- sowie Tangentialkräften.

Idealer Weise sollte die Tangentialkraft in zwei Komponenten, den statischen sowie den dynamischen Anteil, zerlegt werden. Der statische Anteil der Tangentialkraft ist eine Folge von konstant aufgebrachten Lenkeingriffen des Fahrers welche aufgrund von Richtungskorrekturen gänzlich nicht vermeidbar sind. Die dynamische Tangentialkraftkomponente resultiert aus der vorliegenden Lenkraddrehbeschleunigung welche durch Reifenungleichförmigkeiten ins Fahrzeug, speziell ins Lenksystem übertragen werden. Beide Komponenten tragen zur unterschiedlichen Ausprägung von Lenkraddrehbeschleunigungen bei, wie in Kapitel 6.1.3 und Kapitel 7 gezeigt wird. Die Trennung von dynamischer und statischer Tangentialkraft erfolgt über die Filterung des aufgezeichneten Zeitsignals im Bereich der analysierten Radordnung. Wie bereits erwähnt, beeinflusst eine geringe Massenänderung das Massenträgheitsmoment und somit das Schwingverhalten des Lenkrades signifikant. Um mit Hilfe des LHKMS ein kundennahes Schwingverhalten quantifizieren und bewerten zu können wurde ein Gesamtgewicht des Messkopfes von $< 90\,g$ realisiert, was gemeinsam mit den verwendeten Beschleunigungssensoren am Lenkrad zu einer Gesamtänderung des Massenträgheitsmomentes von $< 9\%$ führt [Stalter,2010].

Hierdurch kommt es zu einer Reduzierung der Lenkraddrehbeschleunigung von maximal 4%, was aufgrund auftretender Messwertstreuung akzeptabel ist.

Abbildung 11: Lenkradhaltekraftmesssystem (LHKMS): Messkopf (links); Systemadapter (mitte); System verbaut an C-Klasse-Lenkrad (rechts)

Als Basismaterial des Messkopfkörpers kommt Polycarbonat zum Einsatz. Die Befestigung des Systems am Lenkradkranz wird durch universelle, in drei Raumrichtungen verstellbare Schellen umgesetzt. Damit ist eine Montage an verschiedenen Lenkrädern durchführbar. Zur Erfassung der Tangentialkraft ist ein Biegebalken mit den Abmaßen $60x10x2mm$ zwischen den Systemschenkeln fest verschraubt (Abbildung 11). Auf beiden Seiten des Biegebalkens sind Doppel-Dehnmessstreifen (Doppel-DMS) mit Einzelwiderständen von je 350Ω verklebt. Durch die Realisierung einer Vollbrücke ist die Erfassung auftretender statischer, wie auch dynamischer Tangentialkräfte mit gleichzeitiger Kompensation von Störgrößen (z.B. Temperatur) möglich. Der Messbereich liegt zwischen $\pm8N$ bei einer Auflösegenauigkeit von $0.05N$ bis zu einer Anregungsfrequenz von $100Hz$. Am freien Ende des Biegebalkens befindet sich ein aufklappbares Griffrohr, auf dessen Oberfläche zwei weitere Biegebalken zur Erfassung der statischen Haltekraft konstruktiv integriert sind. Durch die aus Abbildung 11 ersichtliche Balkenkonstruktion (Biegebalken über Schraubenverbindung mit Griffrohr verbunden) wird einer möglichen Messwertverfälschung infolge auftretender Hysterese entgegengewirkt. Aufgrund des schmalen Komplettaufbaus wird die Haltetechnik des Fahrers kaum verändert, wie von Probanden bestätigt werden konnte. Durch die Verwendung des Haltekraftmesssystem wird der Kranzdurchmesser um $8mm$ vergrößert. Analog zur Quantifizierung auftretender Tangentialkräfte erfolgt die Erfassung der Haltekräfte ebenfalls durch verklebte DMS (Viertelbrücke). Eine Vollbrücke ist hier nicht zu realisieren, da auf der Griffseite zur Vermeidung eines direkten Hautkontaktes kein DMS aufgebracht werden kann. Aus Gründen einer vereinfachten Konstruktion wird die Viertelbrücke der Halbbrücke vorgezogen, was für die hier notwendigen Anforderungen auch völlig ausreicht. Die Nichtlinearität der Viertelbrücke ist für kleine Dehnungen des Biegebalkens vernachlässigbar gering und beeinflusst das Messergebnis nicht [Stalter,2010]. Ebenso konnte anhand durchgeführter Messungen nachgewiesen werden, dass auftretende Temperatureinflüsse zu vernachlässigen sind. Die maximal erfassbare Haltekraft liegt bei $60N$ bei einer Auflösung von $0.2N$ bei $4Hz$. Um Reibungseffekte ausschließen zu können, besteht keine direkte Verbindung zwischen Lenkradkranz und Griffrohr. Die Kraftübertragung erfolgt vom Lenkradkranz über die Befestigungsschellen und Systemschenkel zum Biegebalken und von dort zum Griffrohr, welches die Fahrer-Fahrzeug-Schnittstelle „Hand-Lenkrad" darstellt.

In Abhängigkeit der Beanspruchung liegt ein Ausgangsspannungssignal vor, welches mittels Messverstärker verstarkt und anhand eines Analog-Digital-Wandlers (A/D-Wandler) in einen hexadezimalen Rohwert gewandelt wird. Auf Grundlage dieser Werte lassen sich unter Hinzunahme der, während des Kalibriervorgangs ermittelten Koeffizienten, für jeden Sensor separat die vorliegende Halte- bzw. Tangentialkraft ermitteln. Die identifizierte Haltekraft resultiert aus der Aufsummierung beider Haltekräfte, welche am unteren sowie am oberen Biegebalken erfasst werden. Die ermittelte Haltekraft wird in einen Ausgangsspannungswert zwischen

$2V - 10V$ umgerechnet. Die lastfreie Ausgangsspannung von $2V$ dient als zusätzliche Funktionsüberprüfung. Der Ausgangsspannungsbereich der Tangentialkraft liegt ebenfalls zwischen $2V - 10V$, wobei sich ohne vorliegende statische Tangentialkraft ein Wert von $6V$ einstellt.

Die Spannungsversorgung erfolgt über eine USB-Schnittstelle durch den Bediencomputer.

Das beschriebene LHKMS wurde für zwei unterschiedliche Einsätze entwickelt. Zum einen ist die Erfassung der tatsächlich vorliegenden Halte- und Tangentialkräfte im Fahrversuch möglich, des Weiteren können Haltekräfte dem Fahrer vorgegeben werden und anhand festgelegter Kriterien abgeprüft werden. Dies erfolgt über die Eingabe eines Vorgabewertes (F_0) mit den zugehörigen drei Toleranzbändern (Tol_1 - Tol_3) in der Eingabemaske der Bediensoftware (Abbildung 12).

Der Vorgabewert definiert dabei, mit welcher Kraft das Lenkrad vom Fahrer festzuhalten ist. Die Toleranzbänder definieren einen Bereich, um welchen die aufgebrachte Haltekraft schwanken darf. Wird der festgelegte Toleranzbereich verlassen, so bekommt der Fahrer eine entsprechende Rückmeldung.

Die Probandenrückmeldung erfolgt optisch (über sechs im Messadapter integrierten Leuchtdioden (LED) wie aus Abbildung 11 (Mitte) hervorgeht) und akustisch. Die Probandenrückmeldung kann beliebig deaktiviert werden, um so genannte Blindversuche, ohne Systemrückmeldung jederzeit zu realisieren.

Zu Beginn dieser Arbeit wurde die Nutzbarkeit des Systems durch statische und dynamische Untersuchungen, bei denen unter anderem das Übertragungsverhalten des Messsystems analysiert wurde, überprüft und bestätigt [Stalter,2010].

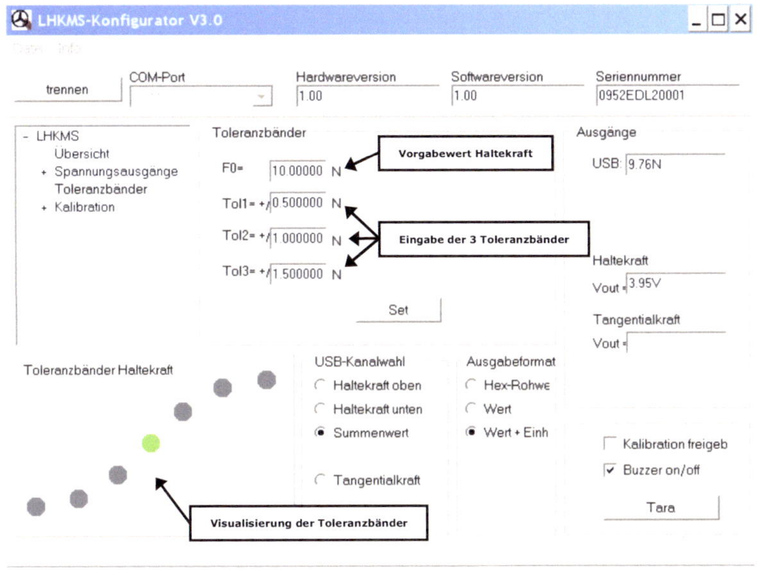

Abbildung 12: Bedienoberfläche LHKMS

Die gesamte Messdatenerfassung (Beschleunigungen und Kräfte) erfolgt mit dem Messsystem MKII der Firma Müller-BBM VibroAkustik Systeme GmbH.

4.2 Kennwertgenerierung mittels Modellbildung

Als Basis liegen die erfassten Messdaten in Form von Zeitrohdaten jeder einzelnen Koordinatenrichtung vor, welche im Rahmen der Kennwertgenerierung weiter verarbeitet werden. Ziel der Modellbildung ist es, sinnvolle Einzahlkennwerte zur Beschreibung komfortrelevanter Fahrzeugschwingungen zu generieren. In den nachfolgenden Teilkapiteln wird die Modellbildung für beide Fahrer-Fahrzeug-Schnittstellen (Hand-Lenkrad; Gesäß-Sitz) separat durchgeführt.

4.2.1 Fahrer-Fahrzeug-Schnittstelle „Hand-Lenkrad"

Die analytische Trennung vorliegender Lenkradschwingungen in einen translatorischen und einen rotatorischen Anteil erfolgt anhand der Verrechnung der Vertikalkomponenten. Der translatorische Beschleunigungsanteil ergibt sich nach Gleichung (Gl. 20) zu:

$$a_{LRD\_transZ}(t) = \frac{a_{LRD\_li\_z}(t) + a_{LRD\_re\_z}(t)}{2} \qquad \text{(Gl. 20)}$$

Der rotatorische Schwingungsanteil berechnet sich aus:

$$a_{LRD\_rot}(t) = \frac{a_{LRD\_li\_z}(t) - a_{LRD\_re\_z}(t)}{d_{li-re}} \qquad \text{(Gl. 21)}$$

Hierbei wird unter d_{li-re} der Abstand zwischen beiden Beschleunigungssensoren verstanden. Der nach Gleichung (Gl. 21) berechnete rotatorische Beschleunigungsanteil beschreibt einen Kennwert, welcher die am Lenkrad auftretende Drehbeschleunigung näherungsweise erfasst. Aufgrund der in Kapitel 4.1.1 beschriebenen Sensorpositionierung sowie der Ausrichtung nach dem in Abbildung 6 definierten Fahrzeugkoordinatensystem kommt es zu einer Beschleunigungsamplitude, welche den Wert der tatsächlich vorliegenden Lenkraddrehbeschleunigung unterschreitet. Da jedoch bei allen Messungen die gleiche Sensorpositionierung realisiert wurde, wird von einer Korrekturrechnung abgesehen. Im Weiteren Verlauf dieser Arbeit wird trotz der beschriebenen Abweichung von der Lenkraddrehbeschleunigung gesprochen, wobei sich immer auf den nach Gleichung (Gl. 21) berechneten Näherungswert bezogen wird.

4.2.2 Fahrer-Fahrzeug-Schnittstelle „Gesäß-Sitz"

Die Bildung des arithmetischen Mittelwerts der vorliegenden Konsolenbeschleunigung repräsentiert den geometrischen Mittelpunkt des Fahrersitzes auf derselben Ebene, in der die Konsolenpunkte liegen. Die jeweiligen Koordinatenrichtungen lassen sich mit

$$a_{FS-Kons\_Mitte_x}(t) = \frac{1}{4} \cdot \left[a_{FS-Kon\_VL_x}(t) + a_{FS-Kon\_VR_x}(t) + a_{FS-Kon\_HL_x}(t) + a_{FS-Kon\_HR_x}(t) \right] \quad \text{(Gl. 22)}$$

$$a_{FS-Kons\_Mitte_y}(t) = \frac{1}{4} \cdot \left[a_{FS-Kon\_VL_y}(t) + a_{FS-Kon\_VR_y}(t) + a_{FS-Kon\_HL_y}(t) + a_{FS-Kon\_HR_y}(t) \right] \quad \text{(Gl. 23)}$$

$$a_{FS-Kons\_Mitte_z}(t) = \frac{1}{4} \cdot \left[a_{FS-Kon\_VL_z}(t) + a_{FS-Kon\_VR_z}(t) + a_{FS-Kon\_HL_z}(t) + a_{FS-Kon\_HR_z}(t) \right] \quad \text{(Gl. 24)}$$

berechnen. Im weiteren Verlauf dieser Arbeit wird dieser Punkt als Fahrersitzkonsolenmittelpunkt (FS-Konsole_Mitte) bezeichnet.

Zusätzlich lassen sich die auftretenden Rotationsbeschleunigungen im Konsolenmittelpunkt nach Gleichung (Gl. 22) bis Gleichung (Gl. 24) erfassen. Zur Beschreibung der rotatorischen Messgrößen werden die in der Fachliteratur verbreiteten Begrifflichkeiten Nicken (Rotation um Y-Achse), Wanken (Rotation um X-Achse) und Gieren (Rotation um Z-Achse) verwendet.

$$a_{FS-Kons.\_Nicken}(t) = \frac{1}{2} \cdot \left(\frac{a_{FS-Kon.\_VL_z}(t) - a_{FS-Kon.\_HL_z}(t)}{A} + \frac{a_{FS-Kon.\_VR_z}(t) - a_{FS-Kon.\_HR_z}(t)}{A} \right) \quad \text{(Gl. 25)}$$

$$a_{\text{FS-Kons.\_}Wanken}(t) = \frac{1}{2} \cdot \left(\frac{a_{\text{FS-Kon.\_VR}_z}(t) - a_{\text{FS-Kon.\_VL}_z}(t)}{B} + \frac{a_{\text{FS-Kon.\_HR}_z}(t) - a_{\text{FS-Kon.\_HL}_z}(t)}{B} \right) \qquad \text{(Gl. 26)}$$

$$a_{\text{FS-Kons.\_}Gieren}(t) = \frac{1}{2} \cdot \left(\frac{a_{\text{FS-Kons.\_HL}_y}(t) - a_{\text{FS-Kons.\_VL}_y}(t)}{A} + \frac{a_{\text{FS-Kons.\_HR}_y}(t) - a_{\text{FS-Kons.\_VR}_y}(t)}{A} \right) \qquad \text{(Gl. 27)}$$

Die Maße A und B beschreiben die geometrischen Abstände zwischen vorderem und hinterem bzw. linkem und rechtem Beschleunigungssensor an der Fahrersitzkonsole. Da der Bereich der Sitzanbindung an den Fahrzeugboden nur bis ca. $10Hz$ als Starrkörper zu betrachten ist, wird als zusätzliche Größe die torsionale Bewegung der Sitzkonsole bestimmt [Grimm et al.,2010]. Sie berechnet sich nach Gleichung (Gl. 28) aus der Differenz der Rotation um die Längsachse.

$$a_{FS-Kons.\_Torsion}(t) = \frac{1}{A} \cdot \left(\frac{a_{FS-Kons.\_HR_z}(t) - a_{FS-Kons.\_HL_z}(t)}{B} - a_{FS-Kons.\_VR_z}(t) - a_{FS-Kons.\_VL_z}(t) \right) \qquad \text{(Gl. 28)}$$

Anhand der ermittelten translatorischen sowie rotatorischen Beschleunigungsgrößen werden unter Annahme eines Starrkörperansatzes weitere Auswertepunkte, an denen nicht gemessen wurde, generiert. Da der gewählte Starrkörperansatz physikalisch in diesem Frequenzbereich nicht ganz korrekt ist, wird durch Hinzunahme der torsionalen Konsolenbewegung der Fehler angenähert. In Abbildung 13 sind die transformierten Auswertepunkte dargestellt.

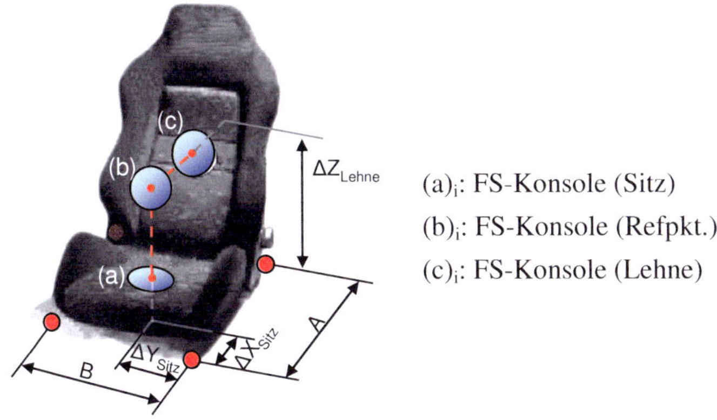

Abbildung 13: geometrische Abmaße und Lage der transformierten Konsolenkennwerte

Anhand der konsolenbasierten Sitz- und Lehnenkissenbeschleunigungen ist ein Vergleich mit tatsächlich gemessenen Beschleunigungswerten auf Sitz und Lehne realisierbar. Aufgrund der Transformation und der damit entstehenden Hebelarme, liefern die vorliegenden Rotationsbeschleunigungen einen zusätzlichen translatorischen Beitrag. Die Einzelrichtungen der konsolenbasierten Kennwerte (FS-Konsole (Sitz); FS-Konsole (Refpkt.); FS-Konsole (Lehne)) lassen sich durch nachfolgend allgemeingültig aufgestellte Formeln berechnen:

$$
\begin{aligned}
a_{\text{FS-Kons.\_Punkt\_i-X}}(t) = &\left[a_{\text{FS-Kons.\_VL}_x}(t) \cdot \left(1 - \frac{\Delta Y_i}{B}\right) + a_{\text{FS-Kons.\_VR}_x}(t) \cdot \left(\frac{\Delta Y_i}{B}\right) \right] \cdot \left(1 - \frac{\Delta X_i}{A}\right) \\
&+ \left[a_{\text{FS-Kons.\_HL}_x}(t) \cdot \left(1 - \frac{\Delta Y_i}{B}\right) + a_{\text{FS-Kons.\_HR}_x}(t) \cdot \left(\frac{\Delta Y_i}{B}\right) \right] \cdot \left(\frac{\Delta X_i}{A}\right) \\
&+ \left[\frac{a_{\text{FS-Kons.\_VL}_z}(t) - a_{\text{FS-Kons.\_HL}_z}(t)}{A} \cdot \left(1 - \frac{\Delta Y_i}{B}\right) + \frac{a_{\text{FS-Kons.\_VR}_z}(t) - a_{\text{FS-Kons.\_HR}_z}(t)}{A} \cdot \left(\frac{\Delta Y_i}{B}\right) \right] \cdot \Delta Z_i
\end{aligned}
$$

(Gl. 29)

$$
\begin{aligned}
a_{\text{FS-Kons.\_Punkt\_i-Y}}(t) =\; & \left[a_{\text{FS-Kons.\_VL}_y}(t) \cdot \left(1 - \frac{\Delta Y_i}{B}\right) + a_{\text{FS-Kons.\_VR}_y}(t) \cdot \left(\frac{\Delta Y_i}{B}\right) \right] \cdot \left(1 - \frac{\Delta X_i}{A}\right) \\[2mm]
& + \left[a_{\text{FS-Kons.\_HL}_y}(t) \cdot \left(1 - \frac{\Delta Y_i}{B}\right) + a_{\text{FS-Kons.\_HR}_y}(t) \cdot \left(\frac{\Delta Y_i}{B}\right) \right] \cdot \left(\frac{\Delta X_i}{A}\right) \\[2mm]
& + \left[\begin{aligned} &\frac{a_{\text{FS-Kons.\_VR}_z}(t) - a_{\text{FS-Kons.\_VL}_z}(t)}{B} \cdot \left(1 - \frac{\Delta X_i}{A}\right) + \\ &\frac{a_{\text{FS-Kons.\_HR}_z}(t) - a_{\text{FS-Kons.\_HL}_z}(t)}{B} \cdot \left(\frac{\Delta X_i}{A}\right) \end{aligned} \right] \cdot \Delta Z_i
\end{aligned}
$$

$$\text{(Gl. 30)}$$

$$
\begin{aligned}
a_{\text{FS-Kons.\_Punkt\_i-Z}}(t) =\; & \left[\begin{aligned} &a_{\text{FS-Kons.\_VL}_z}(t) \cdot \left(1 - \frac{\Delta Y_i}{B}\right) + \\ &a_{\text{FS-Kons.\_VR}_z}(t) \cdot \left(\frac{\Delta Y_i}{B}\right) \end{aligned} \right] \cdot \left(1 - \frac{\Delta X_i}{A}\right) \\[2mm]
& + \left[\begin{aligned} &a_{\text{FS-Kons.\_HL}_z}(t) \cdot \left(1 - \frac{\Delta Y_i}{B}\right) + \\ &a_{\text{FS-Kons.\_HR}_z}(t) \cdot \left(\frac{\Delta Y_i}{B}\right) \end{aligned} \right] \cdot \left(\frac{\Delta X_i}{A}\right)
\end{aligned}
$$

$$\text{(Gl. 31)}$$

Der Fahrersitzkonsolenreferenzpunkt (FS-Konsole (Refpkt.)) ist aktueller Bestandteil der Standardauswerteroutine in Fachabteilungen des Konzerns. Der virtuelle Kennwert befindet sich ca. auf Brusthöhe des Fahrers (siehe Abbildung 13). Ziel dieses Wertes ist es, die vorfindbare Beschleunigung, resultierend aus Translation und Rotation, in einem Einzahlkennwert abzubilden. Der Referenzpunkt wird im Rahmen der durchgeführten Probandenstudie zur Identifikation wesentlicher Kennwerte zur Beschreibung der Fahrer-Fahrzeug-Schnittstelle (Kapitel 8) zusätzlich berücksichtigt und bezüglich seiner Eignung reifenungleichförmigkeitserregte Fahrzeugschwingungen mit einer hohen Korrelationsgüte zu erfassen, evaluiert.

4.2.3 Anregungseinleitung „Radträger"

Zur analytischen Beurteilung der Schwingungseinleitung ins Kraftfahrzeug wird aus den aufgezeichneten Radträgerbeschleunigungen die Betriebsschwingungen der Vorder- sowie der Hinterachse in Längsrichtung ermittelt Gleichung (Gl. 32) – Gleichung (Gl. 35).

$$a_{VA\_WS_x} = \frac{a_{Rad\_VL_x} - a_{Rad\_VR_x}}{2} \qquad \text{(Gl. 32)}$$

$$a_{VA\_GS_x} = \frac{a_{Rad\_VL_x} + a_{Rad\_VR_x}}{2} \qquad \text{(Gl. 33)}$$

$$a_{HA\_WS_x} = \frac{a_{Rad\_HL_x} - a_{Rad\_HR_x}}{2} \qquad \text{(Gl. 34)}$$

$$a_{HA\_GS_x} = \frac{a_{Rad\_HL_x} + a_{Rad\_HR_x}}{2} \qquad \text{(Gl. 35)}$$

Die wechselseitige Anregung stellt physikalisch eigentlich eine rotatorische Beschleunigung dar. Aus Gleichung (Gl. 33) sowie Gleichung (Gl. 34) resultiert jedoch aufgrund der ausbleibenden Division durch den Sensorabstand eine translatorische Beschleunigung. Analog der Berechnung der gleich- und wechselseitigen Achslängsbewegung, werden die Achsbewegungen in Vertikalrichtung ermittelt. Diese ergeben sich aus den vertikalen Radträgerbeschleunigungen.

4.2.4 Auswertealgorithmus zur Kennwertbildung

Mittels Fast-Fourier-Transformation (FFT) werden die Zeitrohdaten der Einzelrichtungen sowie die Daten der berechneten Kenngrößen in den Frequenzbereich überführt. In Tabelle 5 sind die verwendeten FFT-Parameter dargestellt. Die phasenrichtige Bildung der Beschleunigungsvektoren unter Berücksichtigung des Real- und Imaginäranteils der Einzelrichtungen erfolgt im Frequenzspektrum. Dabei wird der Vektor für jeden

Zeitblock separat berechnet. Im Rahmen der optimierten Messmethode (siehe Kapitel 6.1) ändert sich die relative Radstellung zwischen linkem und rechtem Rad der analysierten Versuchsachse über der Messzeit. Hierbei ist die zeitliche Änderung der Radstellung so gering, dass zur Vereinfachung der Kennwertbildung eine konstante Radstellung innerhalb eines Zeitblockes angenommen werden kann. Die Auswahl der zu verwendeten Fensterfunktion ergibt sich aus dem Kompromiss zwischen Amplitudentreue und Frequenzauflösung. Zur Erfassung reifenungleichförmigkeitserregter Fahrzeugschwingungen ist die Beschleunigungsamplitude ein wichtiger Parameter. Zur Analyse von Messdaten im Frequenzspektrum ist die Flattop-Fensterfunktion geeignet. Sie zeichnet sich durch eine hohe Amplitudentreue aus, hat jedoch ihre Schwächen in der Frequenzauflösung. Da während einer Versuchsreihe eine konstante Fahrgeschwindigkeit vorliegt, womit die Analysefrequenz, welche aus der Raddrehzahl resultiert, nicht variiert, eignet sich eine Flattop-Fensterfunktion zur Datenauswertung.

Frequenzauflösung	0,25Hz
resultierende Blocklänge	4 Sekunden
Fensterüberlappung	80%
Fensterfunktion	Flattop
Amplitudenart	Amplitude RMS

Tabelle 5: FFT-Parameter für Auswertealgorithmus

Die genaue Analysefrequenz ergibt sich aus der entsprechenden Radordnung. Wie zu Beginn dieser Arbeit bereits erwähnt, liegt der Fokus auf der 1. Radordnung (1.RO). Im weiteren Verlauf werden primär diese Radordnung ausgewertet und nur in Einzelfällen zusätzlich höhere Radordnungen betrachtet (2.-5.RO). Unter Verwendung einer Bandpassfunktion wird die Analysefrequenz gefiltert. Die Größe des genutzten Bandpasses resultiert aus der Frequenzlage der Analysefrequenz. Das gewählte Kriterium lautet

dabei ±5% um die entsprechende Frequenz. Im Bereich dieses Frequenz-
bandes wird für jeden Zeitblock die betragsmäßig größte Beschleunigungsamplitude ausgelesen. Der Zeitblock mit der größten Amplitude über der
gesamten Messreihe, wird herangezogen. In diesem Zeitblock sind alle
notwendigen Informationen zur Bildung des Einzahlkennwertes enthalten.
Die genaue Fahrzeuggeschwindigkeit sowie die relative Radstellung ergeben sich aus der zeitlichen Mittelung über den gewählten Zeitblock. Alle
weiteren Zeitblöcke werden verworfen. Der beschriebene Algorithmus
wird für jede Einzelrichtung sowie für jeden Vektor separat durchgeführt.

Das Resultat des Auswerteprozesses ist die Bildung von Einzahlkennwerten, die sich aus der maximalen Anregung der Einzelrichtung bzw. des
Beschleunigungsvektors ergeben.

4.3 Versuchsumgebung

Zur Analyse und Bewertung reifenungleichförmigkeitserregter Fahrzeugschwingungen sind verschiedene Ansätze realisierbar. Bei einer Versuchsdurchführung im freien Versuchsfeld (Straßenmessung) besteht die Möglichkeit Schwingungen im Versuchsfahrzeug unter kundenrelevanten Fahrsituationen objektiv zu erfassen und subjektiv zu bewerten. Eine Subjektiv-
rückmeldung durch Versuchsingenieure im Rahmen des Entwicklungsprozesses ist unerlässlich. Auftretende Messwertstreuungen erschweren dieses
Vorgehen jedoch unter Umständen. Aufgrund der eingeschränkten Reproduzierbarkeit im freien Versuchsfeld kann eine Analyse auf geeigneten
Gesamtfahrzeugprüfständen mit allen damit verbundenen Unzulänglichkeiten sinnvoll sein. Beide Möglichkeiten (Straßen- und Prüfstandsmessung)
zur Erfassung reifenungleichförmigkeitserregter Fahrzeugschwingungen
sind durch Vor- bzw. Nachteile geprägt. Im weiteren Verlauf dieser Arbeit
wird darauf detailliert Bezug genommen. Auch Komponentenprüfstände
liefern wichtige Beiträge im Rahmen einer Gesamtfahrzeugentwicklung.

Im Rahmen der angefertigten Arbeit werden Untersuchungen auf dem Komponentenprüfstand, auf dem Gesamtfahrzeugprüfstand sowie im freien Versuchsfeld durchgeführt. In den nachfolgenden Teilkapiteln wird die jeweilige Versuchsumgebung, in der einzelne Untersuchungen durchgeführt wurden, vorgestellt.

4.3.1 Flachbahn-Reifen-Prüfstand

Der Flachbahn-Reifen-Prüfstand (FRP) gehört in die Gruppe der so genannten Hochgeschwindigkeitsprüfstände, welche die Analyse des Schwingungsverhaltens von abrollenden Fahrzeugrädern in einem Geschwindigkeitsbereich von $0-250 km/h$ ermöglicht. Gegenüber herkömmlichen Trommelprüfständen zeichnet sich der FRP durch seine hydraulisch angetriebene Flachbahneinheit aus. Die beim Abrollen des Rades auf der Flachbahn erzeugten Kraftschwankungen sind dabei aufgrund nahezu gleicher Latschbildung mit realen Straßenmessungen vergleichbar. Diese Eigenschaft trifft ebenfalls auf den im Anschluss erläuterten Flachbahn-Fahrzeug-Prüfstand zu (siehe Kapitel4.3.2). Bei der Entwicklung des FRP wurde bewusst auf Funktionalitäten wie automatische Sturzverstellung, dynamische Schräglaufwinkel und Eigenantrieb des Rades verzichtet, um zusätzliche Unwuchtanregung zu vermeiden und Schwingungsuntersuchungen bis $120 Hz$ zu ermöglichen. Der in Abbildung 14 dargestellte Prüfstand setzt sich aus folgenden Grundbausteinen zusammen [Grimm et al.,2010]:

- Schwingfundament
- hydraulisch angetriebene Flachbahneinheit
- Messschlitten der Firma ZF-Passau mit integrierter 6-Komponentenmessnabe

Der gesamte FRP ist auf einem Schwingfundament mit einer Gesamtmasse von $310 t$ fest verschraubt. Das Fundament wird weiter über Luftfedern vollständig vom Gebäude abgekoppelt. Aufgrund dieser Konstruktion sind Störanregungen vom Prüfstand selbst sowie Anregungen welche von außerhalb auf den Prüfstand wirken könnten nahezu ausschließbar.

Die hydraulisch angetriebene Flachbahneinheit besteht aus einem Luftkissenunterstützten Stahlflachband, welches im Rechts- wie auch im Linkslauf mit einer Geschwindigkeitsauflösung von $< 0.125 km/h$ getrieben werden kann. Ein in der Flachbahneinheit integrierter Hydropulszylinder ermöglicht zusätzlich weggeregelte Vertikalanregungen im Bereich $\pm 20mm$. Dies erlaubt beispielsweise die Ermittlung dynamischer Radialsteifigkeiten bei drehendem Rad. Das verwendete Stahlband ist mit einem Schleifbelag (beschichtete Körnung 100) überzogen.

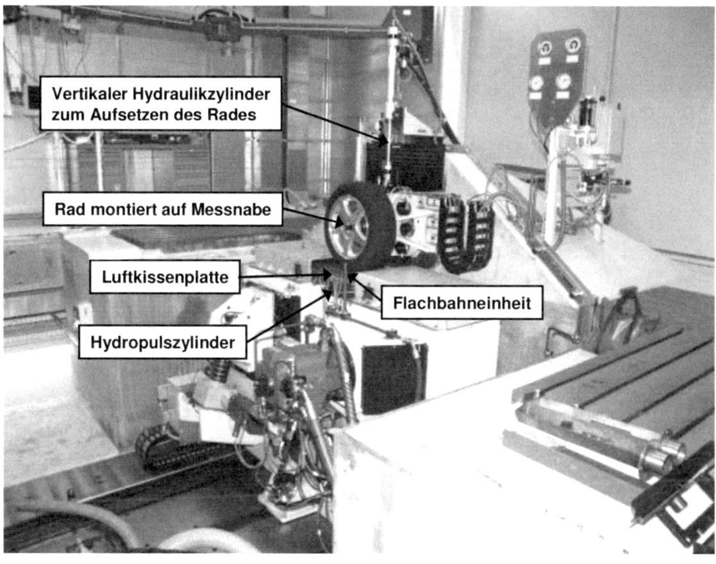

Abbildung 14: Flachbahn-Reifen-Prüfstand (FRP)

Um Montagefehler zu vermeiden, wird das Rad mittels Spreizdorn mitten-zentriert an der Messnabe montiert. Dabei dient der Spreizdorn ausschließlich zur Zentrierung, die Kraftübertragung erfolgt analog zum Fahrzeug über die entsprechenden Radschrauben. Messschlitten inklusive Messnabe lassen sich über einen Hydraulikzylinder vertikal verschieben. Radlasten bis zu $10kN$ mit einer Auflösung von $<15N$ sind realisierbar. Um bei geschwindigkeitsabhängiger Zunahme des Rollradius konstante Radlasten zu realisieren, erfolgt eine niederfrequente Radlastregelung ($<4Hz$) ohne zusätzliche Klemmung. Auftretende Kraft- und Momentenschwankungen werden mit Hilfe von 4 triaxialen Quarzsensoren der Firma Kistler erfasst. In Abbildung 15 ist der schematische Aufbau der Messnabe dargestellt.

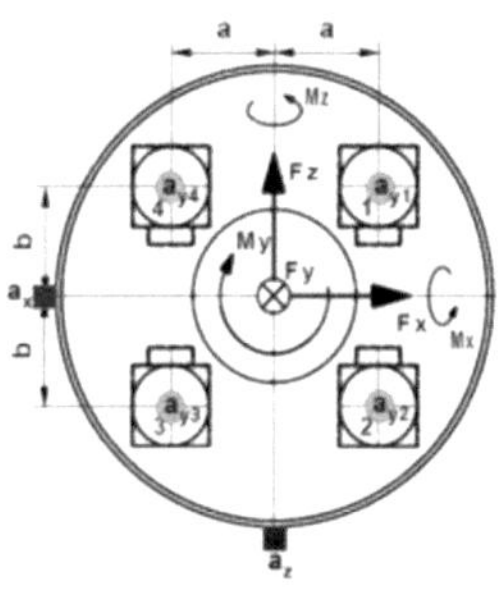

F_X = Längskraft

F_Y = Querkraft

F_Z = Vertikalkraft

M_X = Moment um X-Achse

M_Z = Moment um Z-Achse

a_X = Längsbeschleunigung

a_Y = Querbeschleunigung

a_Z = Vertikalbeschleunigung

Abbildung 15: Aufbau 6 Komponentenmessnabe

Zusätzlich zu den 4 triaxialen Quarzsensoren kommen weitere 6 uniaxiale Beschleunigungssensoren zum Einsatz. Diese dienen der Massenkompensation, um etwaige prüfstandbedingte Nachgiebigkeiten, welche von der Messnabe nicht erfasst werden können, korrigieren zu können. Dadurch wird realisiert, dass ausschließlich die auf das Rad zurückzuführenden Kraftschwankungsverläufe berücksichtigt werden.

Die Datenerfassung am FRP erfolgt ebenso wie im Kraftfahrzeug mit der Mess- und Auswertesoftware PAK der Firma Müller BBM. Dabei werden im ersten Schritt die erfassten Zeitrohdaten (Kräfte und Momente) mittels Fouriertransformation ins Frequenzspektrum transformiert. Die verwendeten FFT-Parameter sind mit jenen der beschriebenen Auswertung identisch (Tabelle 4-3). Als Ergebnis der nachfolgenden Ordnungsanalyse wird die erste Harmonische der Kraftschwankung (1. Ordnung Rad) über dem gesamten Geschwindigkeitsverlauf quantifiziert. Dabei wird die Amplitude der einhüllenden dynamischen Kraftschwankungsverläufe dargestellt. Die Ermittlung spezifischer Anregungspunkte (Hochpunkt, Tiefpunkt, Hochpunkt-X) wird bei einer genau definierten Geschwindigkeit durchgeführt. Unter dem Anregungspunkt wird in dieser Arbeit die Winkellage verstanden, an welcher eine Zusatzmasse für eine gezielte Fahrzeuganregung anzubringen ist. Die entsprechende Vorgehensweise sowie die Definition der relevanten Anregungspunkte wird in Kapitel 5.2.1 detailliert erläutert.

4.3.2 Flachbahn-Fahrzeug-Prüfstand

Der Flachbahn-Fahrzeug-Prüfstand (FFP) besteht aus vier unabhängig voneinander angetriebenen Bandeinheiten mit aerostatischer Bandunterstützung in den Radaufstandpunkten. Der Aufbau der einzelnen Flachbahneinheit ist identisch zu der des Reifenprüfstandes (Kapitel 4.3.1). Mittels Hydropulszylindern besteht ebenfalls die Möglichkeit, die Reifenaufstandsflache im Fahrbetrieb unter drehendem Rad in Vertikalrichtung $\pm 20mm$ anzuregen. Der abzubildende Fahrgeschwindigkeitsbereich liegt zwischen $0 - 250 km/h$. Der gesamte FFP ist wie der FRP zur Vermeidung von zusätzlichen Störgrößen über Luftfedern vom Restgebäude isoliert. Während der Versuchsreihe wird das Fahrzeug über Seile mit integrierten Kraftmessdosen bei geringer Vorspannkraft am Front- und Heckmodul jeweils in Längs- und Querrichtung gehalten. Diese Art der Fahrzeugverspannung ermöglicht es, die Schwingcharakteristik des Fahrzeuges ähnlich zum Stra-

ßenverhalten abzubilden. Die im Prüfstand implementierten Gebläse, dienen ausschließlich der Fahrzeugkühlung während des Messbetriebs und
nicht der Fahrtwindsimulation. Bei Nutzung des FFP wird ein mobiler
Messaufbau im Fahrzeug verwendet. Zusätzlich werden durch Radinkre-
mentalaufnehmer alle vier Raddrehzahlen erfasst. Diese Information ist zur
Steuerung der einzelnen Flachbahneinheiten und damit zur Umsetzung des
zu späterem Zeitpunkt beschriebenen Schwebungsdurchlaufes erforderlich
(siehe hierzu Kapitel 6.1.2). Aufgrund der variablen Bandverstellung lassen
sich Fahrzeuge mit einem Radstand zwischen $2400mm - 4000mm$ und
einer Spur von $1200mm - 1800mm$ montieren.

Abbildung 16: Versuchsfahrzeug (C-Klasse) aufgespannt auf Flachbahn-Fahrzeug-
Prüfstand (links); Flachbahneinheit (rechts oben); Hydropulszylinder (rechts unten)

Der Prüfstand ist in zwei verschiedenen Modifikationen zu betreiben:

- externer Antrieb über Flachbahneinheiten
- fahrzeugseitiges Antreiben (Fahrwiderstandssimulation)

Im freien Versuchsfeld lässt sich die Vortriebskraft an einem hinterachsge-
triebenen Fahrzeug nach Gleichung (Gl. 36) darstellen:

$$F_{Vortr.} = F_{HA} + F_{VA} = -m_{Fahr.} \cdot \frac{dv}{dt} - Q_F \cdot \frac{v^2}{v_0^2} - m_{Fahr.} \cdot g \cdot \sin\alpha_F \quad \text{(Gl. 36)}$$

mit:

$$Q_F = c_w \cdot A \cdot \frac{\rho}{2} \cdot v_0^2 \quad \text{(Gl. 37)}$$

Dabei stellt $m_{Fahr.}$ die Fahrzeugmasse, Q_F den quadratischen Faktor des Luftwiderstands und α_F den Steigungswinkel der Fahrbahn da. Messungen im Rahmen reifenungleichförmigkeitserregter Fahrzeugschwingungen werde stets auf ebener Fahrbahn durchgeführt. Aus diesem Grund ist die Annahme $\alpha_F = 0$ zu treffen.

Prüfstandsseitig lässt sich die Vortriebskraft $F_{Vort.}$ nach Abbildung 17 anhand Gleichung (Gl. 38) darstellen.

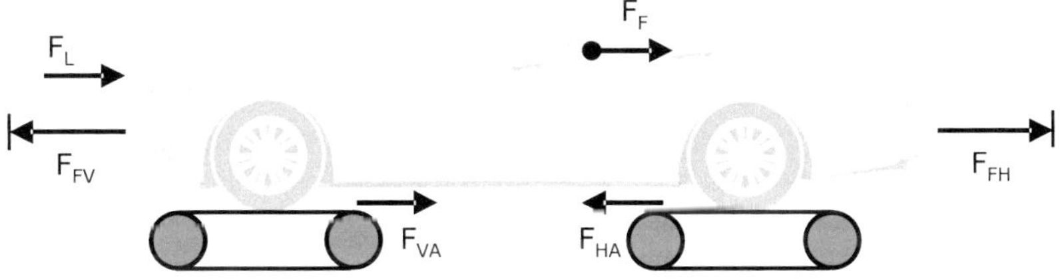

Abbildung 17: Prinzipskizze Fahrwiderstandsimulation (Kräftebilanz am Beispiel eines Fahrzeugs mit Heckantrieb)

$$F_{Vort.} = F_{HA} + F_{VA} = -(F_F + F_L) \qquad \text{(Gl. 38)}$$

Hierbei beschreibt F_F die notwendige Fahrzeughaltekraft in Längsrichtung. F_L stellt die zur Motorkühlung erforderliche Luftkraft dar. Durch Gleichsetzen von Gleichung (Gl. 36) und Gleichung (Gl. 38) lässt sich die Fahrgleichung zusammenstellen. Bei Nutzung der Fahrwiderstandssimulation lassen sich die notwendigen Bandgeschwindigkeiten durch Integration der Fahrzeughaltekräfte zu jedem beliebigen Zeitpunkt (beschleunigt, stationär, verzögert) aus der Fahrgleichung ermitteln (Gleichung (Gl. 39)).

$$v(t) = \frac{1}{m_{Fahr.}} \cdot \int \left(F_F + F_L - Q_F \cdot \frac{v^2}{v_0^2} - m_{Fahr.} \cdot g \cdot \sin\alpha_F \right) dt \qquad \text{(Gl. 39)}$$

Im Rahmen der angefertigten Arbeit werden beide Antriebsarten genutzt. Bei prüfstandsseitiger Ansteuerung ist es möglich, einzig die zu analysierende Achse anzutreiben. Dadurch sind achsselektive Betrachtungen ohne zusätzliche Störeinflüsse der weiteren Achse umsetzbar. Gezielt wird darauf in Kapitel 7 eingegangen.

Der Vorteil von FFP-Messungen gegenüber Straßenmessungen liegt in der Einstellung der erforderlichen Raddrehzahldifferenz zwischen linkem und rechtem Rad der Analyseachse. Generiert wird diese über unterschiedliche Bandgeschwindigkeiten und nicht wie im freien Versuchsfeld anhand von Reifenfülldruckdifferenzen. Dies hat den Vorteil, dass der Zeitraum eines gesamten Schwebungsdurchlaufes $t_{Schwebungsdurchlauf}$ fahrgeschwindigkeitsunabhängig konstant gehalten werden kann.

4.3.3 ATP-Prüfgelände Papenburg

Sämtliche Versuchsreihen zur Erfassung komfortrelevanter Fahrzeugschwingung im freien Versuchsfeld werden auf dem Testgelände in Papenburg auf dem Ovalrundkurs (ORK) durchgeführt.

Um Fahrzeugschwingungen, welche auf Reifenungleichförmigkeiten zurückzuführen sind, detektieren zu können, ist es erforderlich die aus der Fahrbahn resultierend Anregungen gering zu halten. Die hier gewählten asphaltierten Fahrbahnabschnitte weisen nur geringe Unebenheiten auf und sind daher für die im Rahmen dieser Arbeit durchgeführten Versuchsreihen geeignet. Der ausgewählte Streckenabschnitt (schraffierter Bereich in Abbildung 18) weist eine Länge von $3.8km$ auf. Die Verbindung beider Geraden ist durch eine Steilkurve umgesetzt. Dies ermöglicht eine vollständige Nutzung des markierten Bereiches, da eine höhere Kurvengeschwindigkeit realisierbar ist.

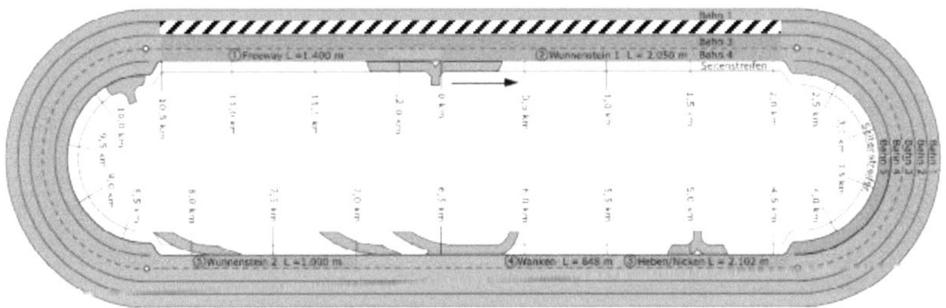

Abbildung 18: Ovalrundkurs auf ATP Prüfgelände (im Versuch genutzter Streckenabschnitt ist durch Schraffur gekennzeichnet)

5. Anregungsinput zur Darstellung reifenungleichförmigkeitserregter Fahrzeugschwingungen

Die Basis zur Bewertung und Analyse reifenungleichförmigkeitserregter, komfortrelevanter Fahrzeugschwingungen ist ein definierter Anregungsinput, wie er von Kunden auf der Straße vorfindbar ist. Um diesen Anregungsinput kundenrelevant darstellen zu können, ist eine Größenabschätzung der einzelnen verantwortlichen Anregungsparameter notwendig. Dies soll in den nachfolgenden Kapiteln aufgezeigt werden.

5.1 Quantifizierung komfortrelevanter Anregungsarten

Aufbauend auf den in Kapitel 2.2 erläuterten Grundlagen, werden nachfolgend die komfortrelevanten Anregungsarten aufgezeigt und quantifiziert. Diese Quantifizierung erfolgt zum einen auf Basis durchgeführter Versuche sowie zum anderen durch theoretische Betrachtungen. Zur beispielhaften Darstellung wurde nachfolgend ein vom Kunden häufig bestelltes C-Klasse-Referenzrad mit der Dimension 225/45 R17 herangezogen. Der Grund für die Auswahl eines solchen Rades liegt darin begründet, dass der Großteil der Untersuchungen im Rahmen dieser Arbeit an Fahrzeugen aus dem C-Klasse-Segment durchgeführt wurde. Des Weiteren zählt die C-Klasse laut der Kundenzufriedenheitsstudie JD Power zum meistverkauften Fahrzeug aus dem Produktportfolio der Daimler AG und repräsentiert das Mittelklassesegment damit ideal.

5.1.1 Ungleichförmigkeit der Masse

Massenungleichförmigkeiten am Rad lassen sich nicht gänzlich vermeiden. Selbst bei vollständiger Einhaltung vorgegebener Herstellungstoleranzen kommt es zu Unwuchten, welche beim Montieren durch entsprechende Wuchtprozesse zwar minimiert, jedoch nicht vollständig eliminiert werden können. Im Rahmen des industriellen Reifenmontageprozesses werden alle Reifen einer Prüfung auf statische und dynamische Unwucht unterzogen (Wuchtprozess). Das montierte Komplettrad rotiert dabei in horizontaler Ebene mit einer Drehzahl von ~300 $U/\min$. Dies entspricht in etwa einer Abrollgeschwindigkeit von 50 km/h. Das zu erfüllende Kriterium bezüglich statischer und dynamischer Unwucht liegt bei dem beschriebenen Prozess bei 8 g, bezogen auf eine Referenzposition des zu bewertenden Rades (siehe Abbildung 19).

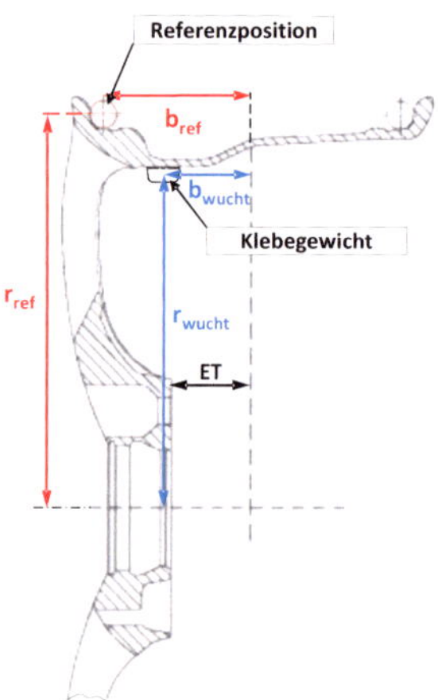

Abbildung 19: Bezugsebenen beim Wuchtprozess (industrieller Reifenmontageprozess)

Unter Referenzposition wird hier eine definierte Position am Felgenhorn verstanden. Entsprechend liegt der tatsächliche Wert der vorhandenen zulässigen Restunwucht in einer Größenordnung welche um die angegebenen $8\,g$ schwankt. Diese Schwankung ist eine Folge des Felgendesigns und der damit verbundenen Lage der anzubringenden Wuchtmasse. Beim verwendeten Referenzrad ergibt sich somit eine statische Restunwucht von $9{,}22\,g$ und eine dynamische Restunwucht von $13{,}61\,g$.

Das Anbringen einer Zusatzmasse an einem statisch gewuchteten Rad verursacht einen Schwerpunktversatz in Richtung der angebrachten Zusatzmasse (Abbildung 20).

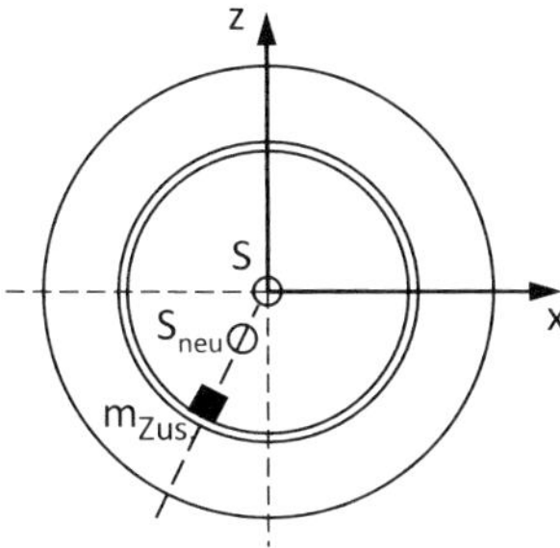

Abbildung 20: Schwerpunktversatz durch Anbringen einer Zusatzmasse

Die Koordinaten des neuen Schwerpunktes S_{neu} lassen sich mit

$$x_{s\_neu} = \frac{x_{s\_alt} \cdot m_{Rad} + x_{Zus.} \cdot m_{Zus.}}{m_{Rad} + m_{Zus.}} = \frac{x_{Zus.} \cdot m_{Zus.}}{m_{Rad} + m_{Zus.}} \qquad \text{(Gl. 40)}$$

$$y_{s\_neu} = \frac{z_{s\_alt} \cdot m_{Rad} + z_{Zus.} \cdot m_{Zus.}}{m_{Rad} + m_{Zus.}} = \frac{z_{Zus.} \cdot m_{Zus.}}{m_{Rad} + m_{Zus.}} \qquad \text{(Gl. 41)}$$

darstellen. Die Entfernung des neuen Schwerpunktes von der Rotationsachse wird durch die Exzentrizität der Gesamtmasse (Radmasse inklusive angebrachter Zusatzmasse) repräsentiert.

$$e_{Zus} = \sqrt{x_{s\_neu}^2 + z_{s\_neu}^2} = \frac{m_{Zus}}{m_{Rad} + m_{Zus}} \sqrt{x_{Zus}^2 + z_{Zus}^2} = \frac{m_{Zus}}{m_{Rad} + m_{Zus}} \cdot r_{Zus} \qquad \text{(Gl. 42)}$$

Berechnet man die auftretende Fliehkraft, welche durch eine Zusatzmasse entsteht, so wird deutlich, dass diese radmassenunabhängig ist und sich ausschließlich aus dem Betrag der Unwuchtmasse, dem Wuchtebenenradius zur Rotationsachse, sowie der Rotationsgeschwindigkeit im Quadrat zusammensetzt. Diese Annahme setzt voraus, dass das Komplettrad vor Anbringung der Zusatzmasse vollständig ausgewuchtet war.

$$F_{ZK} = (m_{Rad} + m_{Zus.}) \cdot e_{Zus.} \cdot \omega^2 = m_{Zus.} \cdot r_{Zus.} \cdot \omega^2 \qquad \text{(Gl. 43)}$$

Somit ist der Anregungsinput, welcher durch eine Zusatzmasse ins Fahrzeug übertragen wird, losgelöst von der Radmasse, bei jedem Rad mit gleichem Felgendesign und damit gleichem Wuchtradius identisch. Hierbei ist darauf hinzuweisen, dass die getroffene Annahme nur dann Gültigkeit hat, wenn das Rad nach Anbringung einer Zusatzmasse um dieselbe Drehachse rotiert. Dies ist genaugenommen nur dann der Fall, wenn es sich um eine festgesetzte Achse handelt. Am Kraftfahrzeug ist dies nicht der Fall. Die Achse wird zwar infolge auftretender Elastizitäten, Trägheiten, Steifigkeiten, etc. gehalten, jedoch bewirkt dies keine starre Anbindung [Gauterin,2011]. Das Rad folgt am Fahrzeug einer Bahnkurve, was zu einer veränderten, fahrzeugabhängigen Krafteinleitung führen kann.

Wird ein Rad exzentrisch am Fahrzeug montiert, hat die Radmasse erheblichen Einfluss auf dadurch entstehende Fliehkräfte. Bereits kleine Exzentrizitäten können den Anregungsinput entscheidend beeinflussen. In

Abhängigkeit der vorliegenden Exzentrizität in Verbindung mit der Radmasse kann die auftretende Fliehkraft für ein vor der exzentrischen Montage ausgewuchtetes Rad durch Gleichung (Gl. 44) beschrieben werden.

$$F_{ZK} = m_{Rad} \cdot e_{Versatz} \cdot \omega^2 \qquad \text{(Gl. 44)}$$

Durch Gleichsetzen der Gleichung (Gl. 43) und Gleichung (Gl. 44) kann
diejenige Zusatzmasse bestimmt werden, welche die gleiche Wechselkraft
erzeugt wie eine vorliegende Exzentrizität.

$$m_{Zus.} = m_{Rad} \cdot \frac{e_{Versatz}}{r_{Zus.}} \qquad \text{(Gl. 45)}$$

mit

$$e_{Versatz} = D(Felge) - d(Radnabe) \qquad \text{(Gl. 46)}$$

In Abbildung 21 ist der in Gleichung (Gl. 46) beschriebene Zusammenhang
visualisiert.

Zur Ermittlung kundenrelevanter Restunwuchten infolge exzentrischer
Radmontage wurden im Rahmen dieser Arbeit Felgen und Radnaben vermessen. Untersucht wurden hierbei sowohl neuwertige, als auch dauerlauf-
erprobte Komponenten. Bei den Felgen handelt es sich ausschließlich um
Leichtmetallfelgen. Tabelle 6 zeigt die verwendeten Felgen und Radnaben.

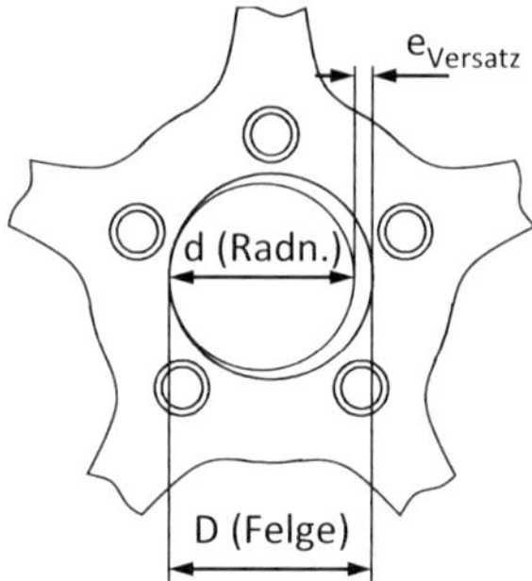

Abbildung 21: Exzentrische Lagerung der Felge auf der Radnabe

Ziel der Untersuchung ist die Erfassung, des kundenrelevanten Anregungsfalles infolge auftretender Exzentrizitäten. Aus diesem Grund wurden überwiegend Felgen aus dem Versuchsbestand herangezogen, welche mehrfach am Fahrzeug montiert wurden. Gerade bei der Kombination zwischen „Leichtmetallfelge – Stahlnabe", kommt es regelmäßig zu Toleranzverletzungen, was auf eine Aufweitung des Felgenlochdurchmessers zurückzuführen ist. Das im Gegensatz zu Stahl wesentlich weichere Material der Felge wird bei unsachgemäßer Montage schnell deformiert. Gerade bei Segmentzentrierungen, welche den Zweck haben Korrosionsbildung aufgrund diverser Freiräume zu minimieren, ist daher eine sachgerechte Montage unabdingbar.

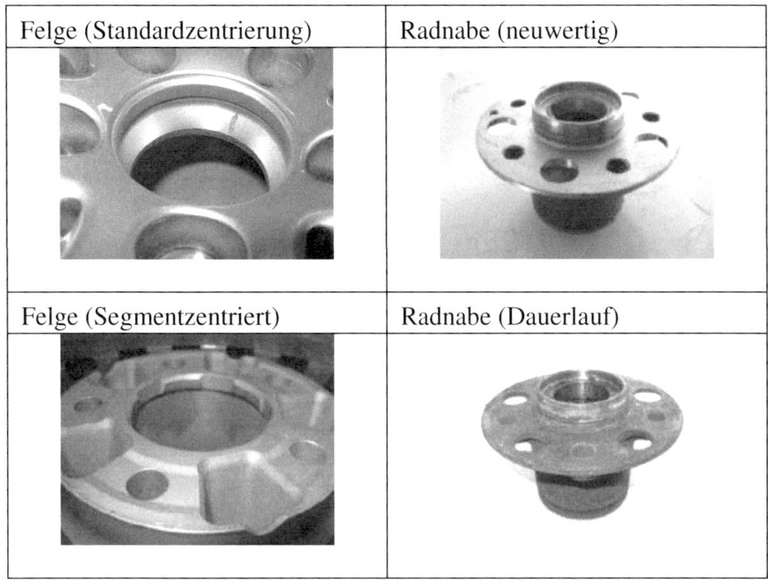

Tabelle 6: Übersicht der vermessenen Felgen- und Radnaben

Nenndurchmesser und zugehörige Fertigungstoleranzen sind Baureihen-übergreifend gleich. Im Rahmen der Vermessung wurden 147 Felgen sowie 73 Radnaben kontrolliert. Um Messfehler weitgehend ausschließen zu können wurde jedes Bauteil dreimal vermessen und der entsprechende Mittelwert gebildet. Beide Stichprobenumfänge wurden mit Hilfe des Shapiro-Wilk-Test positiv auf Normalverteilung getestet. In Abbildung 22 sind die Versuchsergebnisse graphisch dargestellt.

Den Grafiken ist zu entnehmen, dass es bei sämtlichen Radnaben zu keinen Toleranzverletzungen kommt. Die Mittelwertschwankungen der neuwertigen Radnaben ist sehr gering. Auffallend ist die Annäherung der oberen Toleranzgrenze bei dauerlauferprobten Komponenten. Dies ist eine Folge eingesetzter Korrosionsbildung, welche im Rahmen von Nachbehandlungsmaßnahmen einfach zu beseitigen ist.

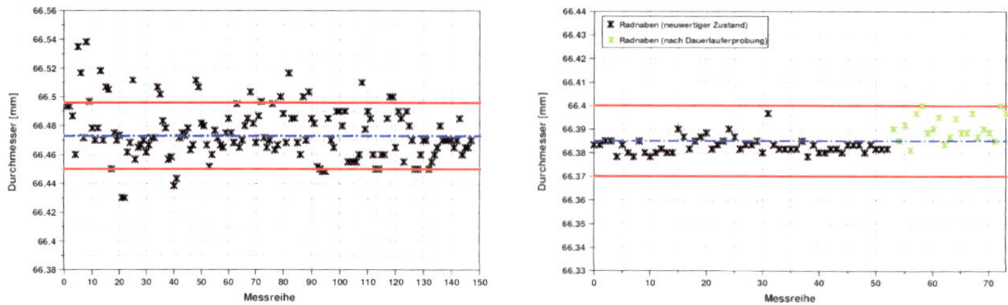

Abbildung 22: Darstellung erfasster Istmaße: Felgen (links); Radnaben (rechts)

Das Ergebnis der Felgenvermessung zeigt eine wesentlich größere Streuung um den mittleren Nenndurchmesser. Zudem kommt es zu häufiger Überschreitung der oberen Toleranzgrenze, was das Auftreten einer Exzentrizität weiter begünstigt.

Zur Darstellung eines kundenrealistischen Anregungszustands wurde ein statistischer Ansatz gewählt. Der kundenrelevante Anregungsfall soll verhältnismäßig hohe Exzentrizitäten berücksichtigen, welche jedoch mit einer höheren Wahrscheinlichkeit im Fahrbetrieb unter realen Bedingungen auftreten als der aus den Versuchsergebnissen generierte kritischste Fall. Aufgrund der vorliegenden normalverteilten Messergebnisse bietet sich hier eine Beschreibung durch Mittelwert und zugehöriger Standardabweichung an. In Tabelle 7 sind die berechneten Intervalle der Felge, der Radnabe und der daraus resultierenden Exzentrizität zusammengefasst.

Zur Beschreibung eines realistischen Anregungsfalls wird die maximal resultierende Exzentrizität unter Berücksichtigung der einfachen Standardabweichung (68.27% Vertrauensbereich für Messwerte) herangezogen.

Standardabweichung	Felge		Radnabe		resultierende Exzentrizität	
	oberes Abmaß	unteres Abmaß	oberes Abmaß	unteres Abmaß	max. Exzentrizität	min. Exzentrizität
σ (68.27%)	66,494	66,456	66,39	66,38	0,114	0,065
2σ (95.45%)	66,513	66,437	66,396	66,374	0,138	0,041
3σ (99.73%)	66,532	66,418	66,401	66,369	0,163	0,017

Tabelle 7: resultierende Exzentrizität unter Berücksichtigung der statistischen Standardabweichung (Angabe in mm)

Nach Gleichung (Gl. 46) ergibt sich so eine mögliche Exzentrizität von $0.114\,mm$. Unter Berücksichtigung der Radmasse des Referenzrades von $20.55\,kg$ resultiert nach Gleichung (Gl. 45) eine statische Unwucht infolge auftretender Exzentrizitäten von $11.96\,g$.

Durch den schiefen Sitz eines völlig ausgewuchteten Rades kommt es infolge asymmetrischer Massenverteilung zu auftretenden dynamischen Unwuchten. Ein schiefer Sitz kann auf zwei Hauptursachen zurückzuführen sein. Allein im Rahmen der zulässigen Fertigungstoleranzen der beteiligten Komponenten (Felge, Bremsscheibe, Radflansch) können Schrägstellungswinkel von bis zu $\alpha = 0.0365°$ auftreten. Zusätzlich sind weitere Winkelveränderungen durch Verschmutzung, Korrosion oder fehlerhafte Montage denkbar.

Aufgrund dieser Schrägstellung wird die Rotationsachse des Rades gegenüber der Symmetrieachse geneigt, was die Entstehung eines Deviationsmomentes zur Folge hat.

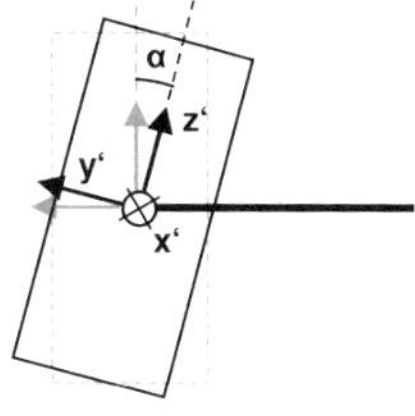

Abbildung 23: Prinzipskizze eines unter Schrägstellung montierten Rades

In Abbildung 23 ist eine vereinfachte Darstellung eines unter dem Schrägstellungswinkel α montierten Rades skizziert.

Analog zum Rechenansatz nach Neureder [Neureder,2002] wird nachfolgend die durch Schiefstellung resultierende dynamische Unwucht quantifiziert.

Der Trägheitstensor eines schiefen Rades setzt sich in seinem Hauptachsensystem (HAS) aus den gemessenen Massenträgheiten Θ_{xx} und Θ_{yy} zusammen. Θ_{yy} stellt dabei die Massenträgheit um die Rotationsachse des Rades dar. Aufgrund der vorliegenden Rotationssymmetrie sind die Massenträgheiten bezüglich X- und Z-Koordinatenrichtung identisch.

$$\Theta_{Rad(HAS)} = \begin{bmatrix} \Theta_{xx} & 0 & 0 \\ 0 & \Theta_{yy} & 0 \\ 0 & 0 & \Theta_{zz} \end{bmatrix} \qquad \text{(Gl. 47)}$$

Die Schrägstellung ergibt sich durch die Transformation des Trägheitstensors mit der Rotationsmatrix $T_{\alpha,x}$ ins fahrzeugfeste Inertialsystem (Gleichung (Gl. 48)).

$$\Theta_{Rad,Inert.} = T_{\alpha,x}^{T} \cdot \Theta_{Rad,HAS} \cdot T_{\alpha,x} \qquad \text{(Gl. 48)}$$

Der resultierende transformierte Tensor des schiefen Rades im Inertialsystem kann durch

$$\Theta_{RadInert} = \begin{bmatrix} \Theta_{xx} & 0 & 0 \\ 0 & \Theta_{yy} \cdot \cos^2\alpha + \Theta_{zz} \cdot \sin^2\alpha & \left(\Theta_{zz} - \Theta_{yy}\right)\sin\alpha \cdot \cos\alpha \\ 0 & \left(\Theta_{zz} - \Theta_{yy}\right)\sin\alpha \cdot \cos\alpha & \Theta_{yy} \cdot \sin^2\alpha + \Theta_{zz} \cdot \cos^2\alpha \end{bmatrix} \qquad \text{(Gl. 49)}$$

dargestellt werden.

Um die Auswirkung der Schiefstellung mit einer dynamischen Unwucht ins Verhältnis setzen zu können, wird ein Ersatzmodell aus zwei Zusatzmassen generiert. Zur Vereinfachung werden im Modell Punktmassen angenommen, welche den gleichen Abstand zur Rotationsachse haben und exakt über den Umfang um 180° verschoben sind. Für das Hauptachsensystem der beiden Massen gilt daher, dass beide Punktmassen auf der transformierten Z'-Achse des Hauptachsensystems liegen.

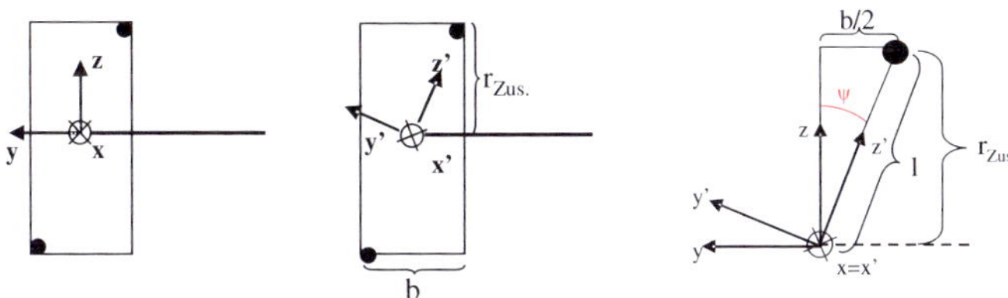

Abbildung 24: Auswirkung eines schiefen Sitzes auf dynamische Unwucht

Der Trägheitstensor für beide Massen in deren HAS wird durch Gleichung (Gl. 50) beschrieben.

$$\Theta_{Massen,HAS} = \begin{bmatrix} 2m_{Zus.}l^2 & 0 & 0 \\ 0 & 2m_{Zus.}l^2 & 0 \\ 0 & 0 & 0 \end{bmatrix} \qquad \text{(Gl. 50)}$$

Analog zur Vorgehensweise bei Betrachtung der Schiefstellung wird mit Hilfe der Rotationsmatrix T_Ψ der Massenträgheitstensor aus seinem HAS ins fahrzeugfeste Inertialsystem transformiert (Gleichung (Gl. 51)).

$$\Theta_{Massen,Inert.} = T_{\Psi,x}^{T} \cdot \Theta_{Massen,HAS} \cdot T_{\Psi,x} \qquad \text{(Gl. 51)}$$

Der resultierende transformierte Trägheitstensor lautet im Falle der Punktmassen:

$$\Theta_{Massen,Inert.} = \begin{bmatrix} 2m_{Zus.}l^2 & 0 & 0 \\ 0 & 2m_{Zus.}l^2 \cdot \cos^2\Psi & -2m_{Zus.}l^2 \cdot \sin\Psi \cdot \cos\Psi \\ 0 & -2m_{Zus.}l^2 \cdot \sin\Psi \cdot \cos\Psi & 2m_{zus.}l^2 \cdot \sin^2\Psi \end{bmatrix} \qquad \text{(Gl. 52)}$$

mit

$$\Psi = \arctan\left(\frac{b}{2r_{Zus.}}\right) \qquad \text{(Gl. 53)}$$

$$l = \sqrt{r_{Zus.}^2 + \left(\frac{b}{2}\right)^2} \qquad \text{(Gl. 54)}$$

Da die angenommenen Punktmassen gleiche Unwuchten erzeugen, wie das schiefgestellte Rad, können beide Trägheitstensoren gleichgesetzt werden. Das Gleichsetzen der vorliegenden Deviationsmomente $\Theta_{yz} = \Theta_{zy}$ liefert den Zusammenhang zwischen resultierende dynamischer Restunwucht und Schrägstellungswinkel α.

$$\left(\Theta_{zz} - \Theta_{yy}\right) \cdot \sin\alpha \cdot \cos\alpha = -2ml^2 \cdot \sin\Psi \cdot \cos\Psi \qquad \text{(Gl. 55)}$$

Die aufgrund von Schrägstellung entstehende dynamische Unwucht kann durch Gleichung (Gl. 56) beschrieben werden:

$$m_{zus.} = \frac{\left(\Theta_{yy} - \Theta_{zz}\right)\cdot\sin\alpha\cdot\cos\alpha}{r_{Zus.}\cdot b} \qquad \text{(Gl. 56)}$$

Zur Quantifizierung der möglichen Schrägstellung wird ein Ansatz analog zur Beschreibung auftretender Unwuchtmassen infolge exzentrischer Felgen-Naben-Verbindungen gewählt. Die Bestimmung der dynamischen Unwucht wurde im Rahmen dieser Arbeit rein theoretisch hergeleitet. Eine Erfassung möglicher Toleranzverletzungen war technisch nicht umsetzbar. Zudem ist es sinnvoll statistische Verfahren zur Quantifizierung einzusetzen, da die reine Betrachtung der Fertigungstoleranzen ohne Berücksichtigung der Lage zueinander, Schrägstellungswinkel verursacht, welche so mit nur sehr geringen Wahrscheinlichkeiten in diesen Kombinationen auftreten. Tritt der kritischste Überlagerungsfall auf, so kommt es, wie bereits erwähnt, zu Winkel von $\alpha = 0.0365°$. Es wird die Annahme getroffen, dass die Schiefstellung des Rades der Standardnormalverteilung unterliegt. Weiter wird angenommen, dass die am Fahrzeug auftretenden Winkel im Bereich $-0.0365° < \alpha > 0.0365°$ liegen. Dieser Bereich wird durch die dreifache Standardabweichung ($99,73\%$) definiert. Daraus resultiert zur Quantifizierung kundenrelvanter Fahrzeuganregungen (repräsentiert durch die einfache Standardabweichung) ein Schrägstellungswinkel von $0.0122°$. Bezogen auf das Referenzrad resultieren nach Gleichung (Gl. 56) dynamische Restunwuchten von $8,69\,g$

Zur Prüfung des gewählten Ansatzes wurde die Auswirkung einer exzentrischen Lagerung ebenfalls theoretisch ermittelt und mit den vorliegenden Messergebnissen verglichen. Theorie und Praxis liegen hier ca. 8% auseinander. Aus diesem Grund kann der ermittelte Winkel als realistisch angenommen werden.

Zusammenfassend sind die am Rad möglichen Massenungleichförmigkeiten in Tabelle 8 dargestellt.

	statische Unwucht	dynamische Unwucht
Restunwucht bei Montageprozess	0...9,22g	0...13,61g
exzentrische Felgen-Naben-Verbindung	~ 12g	/
Schiefstellung des Rades	/	~ 8.7g
resultierende Restunwuchten	0...21,22g	0...22,31g

Tabelle 8: Quantifizierung auftretender Massenungleichförmigkeiten (Angaben beziehen sich auf Referenzrad)

Die resultierenden Restunwuchten ergeben sich aus der Superpositionierung der Einzeleffekte. Dies bedeutet, dass dieser Anregungsfall, unter Berücksichtigung der statistischen Auftrittswahrscheinlichkeiten, einer Überlagerung entspricht, welche ein Worst-Case-Szenario darstellt. In Einzelfällen kann es jedoch zu noch größeren Restunwuchten kommen.

5.1.2 Auswirkung einer Exzentrizität bei abrollendem Rad

Eine vorliegende Exzentrizität liefert neben der zuvor beschriebenen auftretenden Massenungleichförmigkeit einen zusätzlichen Beitrag zur Schwingungsanregung. Eine auftretende dynamische Radialkraftschwankung setzt sich hier zusammen aus der Größe der Exzentrizität und der dynamischen Radialsteifigkeit des Reifens.

$$RKS_{Exzentrizität} = e_{Versatz} \cdot c_{dyn.} \tag{Gl. 57}$$

Liegt demnach ein exzentrischer Felgen-Radnaben-Versatz von $0.1mm$ in Richtung des Punktes vor, bei dessen Latschdurchlauf bei Abrollen des Rades die größte Kraft, bezogen auf die 1. Radordnung, in positiver vertikaler Richtung in Fahrzeug eingeleitet wird, so resultiert bei einer dynamischen Radialsteifigkeit von $250N/mm$ eine zusätzliche dynamische Radialkraftschwankung von $25N$. Nachfolgend wird der beschriebene Punkt am Reifenumfang als Hochpunkt (HP) bezeichnet (siehe hierzu auch Kapitel 5.2.1). Ein Exzentrizitätsfehler in Richtung des HP verursacht an einem am Fahrzeug gewuchtetem Rad die größte Zunahme der dynamischen Radialkraftschwankung. Ein exzentrischer Versatz in eine andere Richtung (Winkellage) kann ggf. auch kompensierend wirken. Grundsätzlich lässt sich festhalten, dass die Auswirkung einer exzentrischen Lagerung immer von der Winkellage des Zentrierfehlers abhängig ist.

Exemplarisch wird der beschriebene Effekt anhand des verwendeten Referenzrades versuchsseitig am FRP dargestellt.

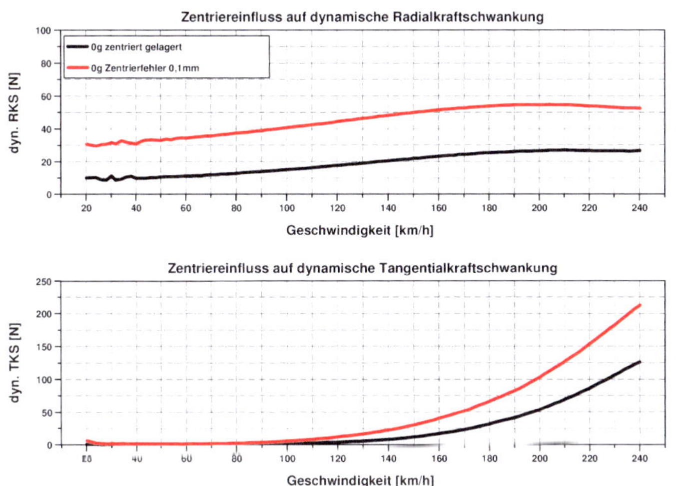

Abbildung 25: Einfluss auftretender Montagetoleranzen auf dyn. Radialkraftschwankung und dyn. Tangentialkraftschwankung

Die ermittelte dynamische Radialsteifigkeit des Versuchsrades beträgt $\sim 250N/mm$. Das Rad wird um $0.1mm$ in Richtung des Hochpunktes verschoben. Um den Effekt zusätzlich auftretender Massenungleichförmigkeiten bei frei drehendem Rad auszuschließen, wird das versetzte Rad wiederholt bei einer Raddrehfrequenz, welche einer Fahrgeschwindigkeit von $120km/h$ entspricht, dynamisch gewuchtet. Hierbei wird eine Wuchtgüte von $<1g$ erreicht. Abbildung 25 zeigt die Auswirkung der geometrischen Lageveränderung auf Radial- und Tangentialkraftschwankung.

Aufgrund des Versatzes kommt es über dem gesamten Geschwindigkeitsverlauf zu einer Zunahme der Radialkraftschwankung von $\sim 25N$. Eine Zunahme dieser Größenordnung hat einen wesentlichen Einfluss auf die Entstehung komfortrelevanter Fahrzeugschwingungen im Kraftfahrzeug. Vergleichbar ist diese Radialkraftschwankungszunahme mit der Auswirkung einer Zusatzmasse von $\sim 15g$ bei einer Fahrzeuggeschwindigkeit von $100km/h$.

Änderungen der dynamischen Tangentialkraftschwankung (Abbildung 25) sind auf zwei Effekte zurückzuführen. Im Reifenlatsch werden Massenungleichförmigkeiten auf einen kleineren Radius (Rollradius) gezwungen. Über den übrigen Reifenumfang werden die Massenungleichförmigkeiten auf einen geringfügig größeren Radius gezwungen. Der Reifen verändert mit zunehmender Fahrgeschwindigkeit seine geometrische Form. Hierfür sind unter anderem die Federsteifigkeiten des Reifens verantwortlich. Da die Federsteifigkeit über den Reifenumfang ungleichmäßig verteilt ist, hat dies zur Folge, dass sich das Massengleichgewicht verändert, wodurch zusätzliche Kraftschwankungen in Längsrichtung erzeugt werden. Des Weiteren kommt ein Beitrag der Corioliskraft hinzu. Betrachtet man zur vereinfachten Darstellung eine Punktmasse welche sich in Winkellage des Hochpunktes (Winkellage in welche das Rad exzentrisch verschoben wurde) befindet, so ändert diese bei Latschdurchlauf ihren Radius aufgrund der vorliegenden Exzentrizität am stärksten. Durch eine Änderung des Abstandes der Massenungleichförmigkeit vom Drehzentrum resultiert eine zusätzliche Kraft in Längsrichtung. Mechanisch lässt sich dieser Effekt als Coriolis-Effekt beschreiben [Barz,1988]. Mathematisch kann die Längskomponente der Corioliskraft durch

$$F_{Cx} = 2 \cdot m \cdot v \cdot \omega \cdot \cos\varphi_c \qquad \text{(Gl. 58)}$$

beschrieben werden. Der Winkel φ_c beschreibt dabei den Winkel zwischen der Strecke von der Radmitte zur Mitte der Reifenaufstandsfläche und der Strecke von der Radmitte zum Massenpunkt. v stellt die Ein- bzw. Ausfedergeschwindigkeit dar, wie Abbildung 26 zeigt.

Das Maximum der Corioliskraft tritt zum Zeitpunkt der größten Ausfedergeschwindigkeit, entsprechend in der Mitte der Ausfederungsphase auf. In Kapitel 5.2.1 wird der Effekt der Corioliskraft ein weiteres Mal diskutiert.

Die Kombination beider Effekte (Corioliskräfte und durch Massenungleichförmigkeiten separat verursachte Längskräfte) ist für den veränderten Kraftverlauf über der Geschwindigkeit verantwortlich.

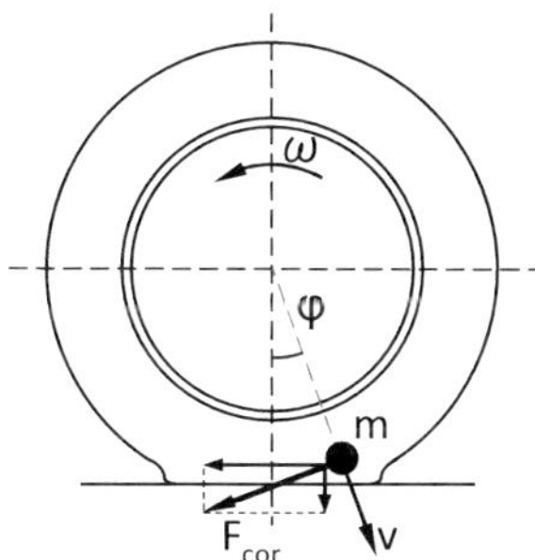

Abbildung 26: Corioliseffekt beim Durchlauf einer Punktmasse durch den Reifenlatsch

5.2 Reifenanalyse

Bei abrollendem Rad entstehen Kraft- sowie Momentenschwankungen welche über die Radnabe ins Fahrzeug eingeleitet werden. Verantwortlich hierfür sind die in Kombination auftretenden, in Kapitel 2.2.1 beschriebenen, Ungleichförmigkeiten (Masse, Geometrie, Steifigkeit). Grundlage für weitere Analysen am Fahrzeug hinsichtlich der Quantifizierung und Bewertung komfortmindernder Fahrzeugschwingungen ist eine definierte Einleitung der Anregung über das Rad ins Kraftfahrzeug. Gerade zur Nachbildung eines kundenrelevanten Anregungsinputs, welcher durch Zusatzmassen (Unwucht) umgesetzt wird, ist die Bestimmung der entsprechenden Anregungspunkte notwendig. Wie bereits zu Beginn dieser Arbeit erläutert, resultieren, durch Zusatzmassen welche am Felgenhorn angebracht werden, einzig Veränderungen der 1. Radordnung (1.RO). Höhere Radordnungen werden durch Massenungleichförmigkeiten infolge angebrachter Zusatzmassen nicht beeinträchtigt. Aus diesem Grund werden nachfolgend ausschließlich die Kraft- und Momentenschwankungsverläufe der ersten Radordnung betrachtet.

Die zur Erfassung der relevanten Anregungspunkte notwendigen Versuche werden am bereits beschriebenen Flachbahn-Reifen-Prüfstand (FRP) (Kapitel 4.3.1) durchgeführt.

5.2.1 Erfassung relevanter Anregungspunkte am Rad

Vor Beginn der Messreihe zur Erfassung relevanter Anregungspunkte am FRP durchläuft jedes Versuchsrad bei einem Fülldruck von $2.4 bar$ (kalt eingestellt) eine $15 min$. Warmlaufphase unter Nennradlast bei einer konstanten Geschwindigkeit von $140 km/h$. Ziel dabei ist es einen stationären Temperaturzustand ($\sim 40°C$) des Reifens zu erreichen. Im Anschluss werden die Versuchsräder statisch und dynamisch auf eine Wuchtgüte $< 1g$, bezogen auf die Wuchtebene, gewuchtet. Dieser Prozess erfolgt bei einer festgelegten Geschwindigkeit von $120km/h$. Da der Reifen durch sein elastisches Verhalten nicht als Starrkörper betrachtet werden kann, lässt sich die Wuchtgüte ausschließlich auf eine Geschwindigkeit beziehen. Schwankungen der Raddrehzahl führen, individuell abhängig vom Reifen, zu einer Zunahme der angreifenden Restunwucht. Da die Radaufnahme über einen Spreizdorn realisiert wird, ist ein mittenzentrierter Sitz garantiert und somit zusätzliche montagebedingte Restunwuchten vollständig auszuschließen. Zu Beginn der Messreihe wird das Rad mit geringer Radlast ($\sim 200N$) auf die stehende Bandeinheit ($0km/h$) aufgesetzt und die Startgeschwindigkeit von $20km/h$ angefahren. Nach Aufbringung der Nennradlast ($4000N$ bei verwendetem C-Klasse-Rad) wird das Rad auf eine konstante Geschwindigkeit von $120km/h$ beschleunigt. In diesem Zustand werden jene Anregungspunkte ermittelt, an denen die maximale Kraftschwankung in Vertikal- und Längsrichtung bezüglich der ersten Radordnung während einer Umdrehung auftritt. Die Winkellage auf dem Reifenumfang, bei welcher beim Durchgang durch die Bodenaufstandsfläche die größte Vertikalkraft erzeugt wird, wird als Hochpunkt (HP) definiert. Um $180°$ versetzt zum HP befindet sich der Tiefpunkt (TP), bei dessen Latschdurchlauf die geringste Vertikalkraft erzeugt wird. Die Winkenllagen der bei $120km/h$ ermittelten Punkte können sich mit zu- bzw. abnehmender Fahrgeschwindigkeit ändern. Dies ist auf den inhomogenen Reifenaufbau zurückzuführen.

Weiter wird im Rahmen der Messreihe jener Punkt (Winkellage) am Reifenumfang ermittelt, der sich beim Auftreten der maximalen Längskraft auf der Längsachse in Fahrtrichtung befindet. Im weiteren Verlauf dieser Promotionsschrift wird dieser Punkt als Hochpunkt-X (HP-X) bezeichnet. Durch das Anbringen einer Zusatzmasse in dieser Winkellage ist eine definierte maximale Fahrzeuglängsanregung realisierbar. In der Literatur ist dieser Anregungspunkt bislang nicht bekannt und wird in der angefertigten Arbeit neu eingeführt. Analog zu HP und TP ist der weist die Winkellage des HP-X ebenfalls eine Geschwindigkeitsabhängigkeit auf. Hochpunkt und Hochpunkt-X liegen über den Umfang betrachtet häufig an ähnlicher Stelle. Die ermittelten Anregungunspunkte (HP; TP; HP-X) werden an der Reifenflanke entsprechend markiert, wie Abbildung 27 zu entnehmen ist.

Die erfassten Anregungspunkte HP, TP sowie HP(X) unterliegen einer Rollrichtungsabhängigkeit. Daher ist auf der Felge jeweils die bezogene Laufrichtung angegeben. Nur bei Einhaltung dieser Laufrichtungsvorgabe ist ein definierter Anregungsinput gewährleistet.

Abbildung 27: Versuchsreifen mit markierten Anregungspunkten (HP; TP; HP-X)

Im Anschluss an die Bestimmung der Anregungspunkte werden drei Messreihen gefahren, wobei jeweils eine Zusatzmasse von $20\,g$ an der äußeren Wuchtebene auf Position des zuvor ermittelten Anregungspunktes angebracht wird. Zusätzlich wird eine weitere Messung ohne Zusatzmasse durchgeführt um den Ausgangszustand zu erfassen. Die Wahl der Zusatzmasse von $20\,g$ resultiert aus den vorangegangenen Betrachtungen hinsichtlich des kundenrelevanten Anregungsfalls durch Massenungleichförmigkeit (Kapitel 5.1.1). Bei der Messung wird eine Geschwindigkeitsrampe von $20km/h - 240km/h$ durchfahren. Die Geschwindigkeitsänderung liegt hier bei $\leq 2km/h$ *pro sek.*. Die resultierende Radlast ist aufgrund einer niederfrequenten Radlastregelung während der gesamten Messung konstant.

Durch Anbringung einer Zusatzmasse am Felgenhorn ändert sich der Kraftschwankungsverlauf der ersten harmonischen Radordnung signifikant. Wie in Abbildung 28 und Abbildung 29 illustriert, spielt dabei die Lage der angebrachten Zusatzmasse eine entscheidende Rolle. Durch eine Zusatzmasse platziert im Tiefpunkt resultiert die größte Anregung in Vertikalrichtung. Dieser Verlauf stellt eine Überlagerung zweier Effekte dar. Bei Durchlaufen des Hochpunktes durch den Reifenlatsch wird wie beschrieben die größte Vertikalkraft im Reifen erzeugt. Zusätzlich wird diese Kraftschwankung durch den Fliehkraftanteil der um 180° versetzten Zusatzmasse im TP verstärkt. Aus der Aufsummierung beider Kraftverläufe resultiert der in Abbildung 28 visualisierte Verlauf (Anregung mit Zusatzmasse im TP).

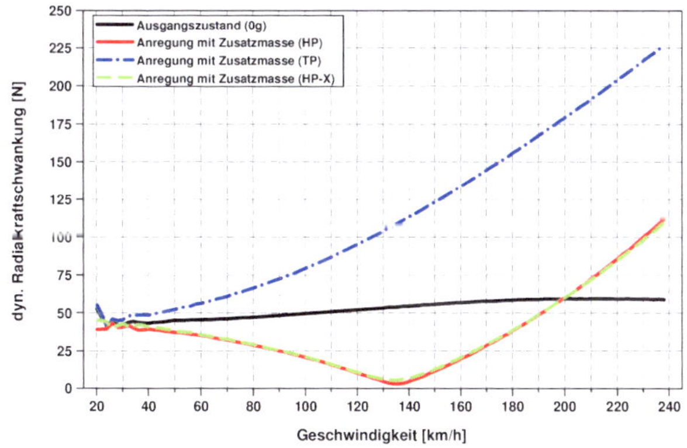

Abbildung 28: Radialkraftschwankungsverlauf in Abhängigkeit angebrachter Zusatzmassen

Bei Anbringung der Zusatzmasse im Hochpunkt lässt sich bis zu einer Geschwindigkeit von ca. $135 km/h$ ein abnehmender Vertikalkraftschwankungsverlauf feststellen. Oberhalb dieser Geschwindigkeit steigt die dyn. Radialkraftschwankung kontinuierlich an. Analog zur vorherigen Betrachtung wird beim Durchlaufen des Hochpunktes die maximale Kraft in vertikaler Richtung erzeugt. Die Zusatzmasse, welche ebenfalls im Hochpunkt platziert ist, erzeugt eine Fliehkraft die der im Reifen erzeugten Kraft entgegen wirkt. Durch die Überlagerung beider Effekte kommt es zu dem in Abbildung 28 dargestellten Kurvenverlauf bei Anregung im HP. Da zur Visualisierung der Kraftschwankung nur die Betragsamplitude der Kraftschwankungseinhüllenden aufgetragen wird, kommt es zu dem geschilderten Wendepunkt bei ca. $135 km/h$. Der Kraftschwankungsanstieg ist auf die auftretende Fliehkraft zurückzuführen.

Bei dem hier verwendeten Versuchsrad liegt eine Winkeldifferenz zwischen HP und HP-X von $< 5°$ vor. Daher liegen die resultierenden Kraftschwankungsverläufe (radial- sowie tangentialseitig) qualitativ und quantitativ auf sehr ähnlichem Niveau.

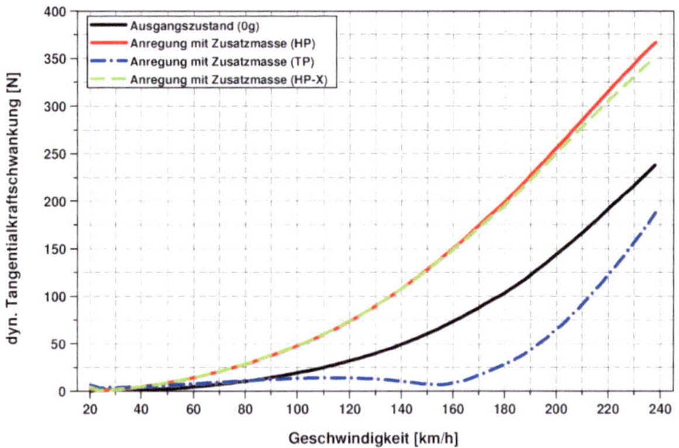

Abbildung 29: Tangentialkraftschwankungsverlauf in Abhängigkeit angebrachter Zusatzmassen

Bei Betrachtung der Tangentialkraftschwankungsverläufe ist erkennbar, dass die größte Längskraft durch das Anbringen einer Zusatzmasse im Hochpunkt bzw. im Hochpunkt-X umgesetzt wird. Auffällig ist der Kraftanstieg über der Geschwindigkeit im Ausgangszustand (ohne Zusatzmasse). Dies ist auf die erste Eigenfrequenz des Rades zwischen $35Hz - 45Hz$ in tangentialer Richtung zurückzuführen. Laut Barz [Barz,1988] ist diese dem Reifengürtel zuzuordnen. Bereits bei Anregungsfrequenzen von $\sim 10Hz$, gleichbedeutend mit einer Fahrgeschwindigkeit von $\sim 80km/h$ gerät das System in Resonanzeinfluss.

Wie bereits in Kapitel 5.1.2 diskutiert, kann der Verlauf der Tangentialkraftschwankung nicht auf einen einzelnen Effekt zurückgeführt werden. Eine Kombination aus auftretender Corioliskräfte im Reifenlatsch, Deformationen aufgrund unterschiedlicher Federsteifigkeiten, sowie reifenspezifischer Massenungleichförmigkeiten sind für den Verlauf der Kraftschwankung in tangentialer Richtung verantwortlich. Daher kann es auch zu Lagedifferenzen zwischen HP und HP-X kommen. Abbildung 30 illustriert den möglichen Kraftschwankungsverlauf bei abweichender Lage zwischen HP und HP-X. Dabei muss erwähnt werden, dass diese Verläufe beispielhaft einen möglichen Unterschied darstellen. Vorliegende Abweichungen können unter realen Bedingungen weit größere Ausmaße annehmen. Im Grenzfall kann es zu einer Überlagerung von Tiefpunkt und Hochpunkt-X kommen. Es wird deutlich, dass bei einer Anregung im HP-X die Tangentialkraft mit steigender Geschwindigkeit zunimmt und gleichzeitig größere Kräfte in vertikaler Wirkrichtung entstehen als bei Anregung im HP. Im Rahmen der in dieser Arbeit durchgeführten Versuche, wurden zur Umsetzung der verbesserten Trennung zwischen Vertikal- und Längsanregung ausschließlich Räder mit maximalen Differenzen zwischen HP und HP-X $< 10°$ herangezogen und die entsprechende Zusatzmasse am HP und nicht am HP-X angebracht. Eine Ausnahme liegt während der Untersuchung des menschlichen Einflusses auf Lenkradschwingungen vor. Hierbei wurden notwendige Zusatzmassen am HP-X platziert (siehe hierzu Kapitel 7).

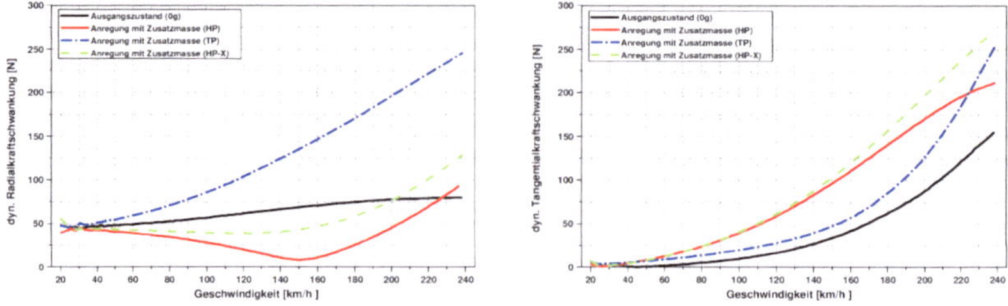

Abbildung 30: Kraftschwankungungsverläufe bei unterschiedlicher Lage von Hochpunkt und Hochpunkt (X): dynamische Radialkraftschwankung (links); dynamische Tangentialkraftschwankung (rechts)

Zusammenfassend lässt sich festhalten, dass durch eine Zusatzmasse im HP/HP-X die maximale Tangentialkraft bei gleichzeitig minimaler Radialkraft generiert werden kann. Wird eine entsprechende Zusatzmasse im TP montiert, liegt der umgekehrte Effekt vor. Es wird die maximale Radialkraft bei gleichzeitig geringster Tangentialkraft erzeugt. Diese Trennung der Anregungsrichtung ist zur Analyse und Bewertung reifenungleichförmigkeitserregter Fahrzeugschwingungen sehr vorteilhaft. Gerade für auftretende Lenkradschwingungen ist, wie [Neureder,2002] bereits feststellen konnte, die dynamische Tangentialkraft eine wesentliche Stellgröße. Sitzschwingungen werden meist durch die in vertikaler Richtung ins Kraftfahrzeug eingeleitete Schwingungsanregung komfortmindernd beeinflusst. Diese Zusammenhänge werden in Kapitel 8 vertieft diskutiert.

Ein Einfluss montierter Zusatzmassen auf Lateralkraftschwankungen konnte im Versuch nicht festgestellt werden, wie Abbildung 31 zeigt.

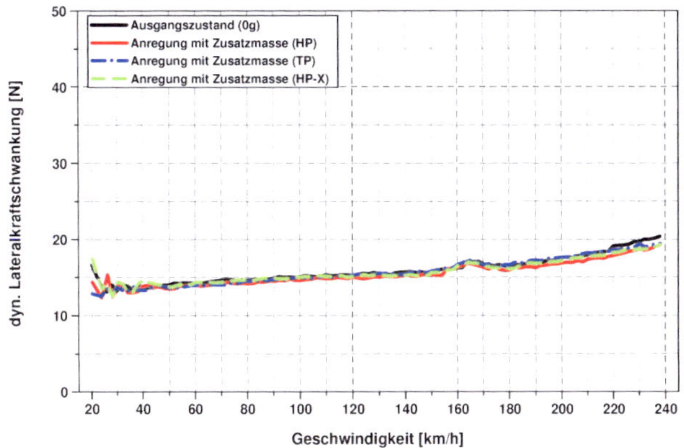

Abbildung 31: Lateralkraftschwankungsverlauf in Abhängigkeit angebrachter Zusatzmassen

Verglichen mit dem Kraftschwankungsniveau der dynamischen Radial- bzw. der dynamischen Tangentialkraft kann die Annahme getroffen werden, dass die Lateralkraftschwankung in ihrer Wirkung unterzuordnen ist. Diese Annahme deckt sich mit der Schlussfolgerung, welche [Neureder,2002] in seiner Arbeit bezüglich verantwortlicher Kraftschwankungsparameter und deren Beitrag zu auftretenden Lenkradschwingungen trifft. Aus diesem Grund findet diese im weiteren Verlauf dieser Arbeit keine Berücksichtigung mehr.

Zusätzlich zu auftretenden Kraftschwankungsverläufen werden zur Vollständigkeit die Momentschwankungsverläufe um die Längsachse (man spricht vom dynamischen Moment Mx) sowie um die Vertikalachse (man spricht vom dynamischen Moment Mz) quantifiziert.

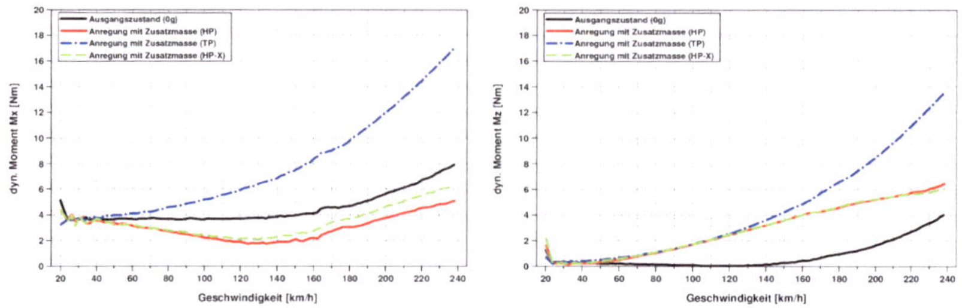

Abbildung 32: Momentenschwankungsverläufe in Abhängigkeit angebrachter
Zusatzmassen: Mx (links); Mz (rechts)

Da das Anbringen von Zusatzmassen an den zuvor definierten Anregungspunkten aus Platz- und Sicherheitsgründen (Zusatzmasse kann mit Brems-
anlage kollidieren) nicht in der Mittenebene des Rades möglich ist (Zusatzmasse erzeugt in dieser Position keine Momentenschwankung), werden
diese an der dafür vorgesehenen äußeren Wuchtebene der Felge angebracht. Dies hat zur Folge, dass die vom Rad erzeugten Momentenschwankungen, je nach Lageposition der angebrachten Zusatzmasse, beeinflusst
werden. Abbildung 32 zeigt beispielhaft Momentenschwankungsverläufe,
welche beim Anbringen von Zusatzmassen im HP, im TP sowie im HP-X
entstehen.

Im Fokus der angefertigten Promotionsschrift liegen auftretende Kraftschwankungsverläufe und deren Auswirkungen auf den Fahrkomfort. Auf
Momentenschwankungen wird daher im weiteren Verlauf nicht weiter
eingegangen.

5.2.2 Einfluss der Winkellage auf den Anregungsinput

Die vorangegangenen Betrachtungen machen deutlich, dass die Lage der anzubringenden Zusatzmassen einen signifikanten Einfluss auf die resultierenden Kraftschwankungsverläufe hat. Dies zeigt sich in untenstehender Abbildung 33.

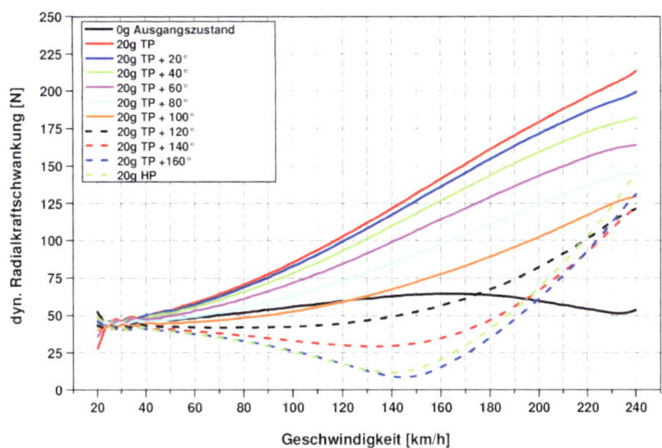

Abbildung 33: Einfluss der Winkellage auf Anregungsinput am Beispiel der dyn. Radialkraftschwankung

Bereits geringe Abweichungen der Massenpositionierung wirken sich entscheidend auf den jeweiligen Kraftschwankungsverlauf aus. In Abbildung 33 ist die Auswirkung einer abweichenden Positionierung einer Zusatzmasse auf den Radialkraftschwankungsverlauf dargestellt. Hierbei wurde für jede durchgeführte Messung die gewählte Zusatzmasse von $20\,g$ ausgehend vom ermittelten TP um jeweils 20° versetzt am Felgenhorn angebracht. Die maximale dynamische Radialkraftschwankung liegt bei geklebter Zusatzmasse im TP vor, der minimale Verlauf resultiert aus der Position der Zusatzmasse im Hochpunkt. Alle weiteren Kraftschwankungsverläufe befinden sich zwischen diesen Grenzkurven. Veränderte Kraftschwankungsverläufe der Tangentialkraft in Abhängigkeit der Massenposition sind vergleichbar. Um reproduzierbare sowie vergleichbare Messergebnisse zu gewährleisten, ist auf die Bestimmung der Anregungspunkte sowie deren Einhaltung beim Positionieren nicht zu verzichten.

5.2.3   Selektierung der Versuchsräder

Die ausgewählten Versuchsräder schwanken im gewuchteten Zustand bezüglich der dynamischen Radialkraftschwankung in einem Bereich von $10N - 80N$. Aufgrund dieser Schwankung ist eine vergleichbare Fahrzeuganregung (linkes Rad vs. rechtes Rad; Fahrzeug A vs. Fahrzeug B) schwierig umsetzbar.

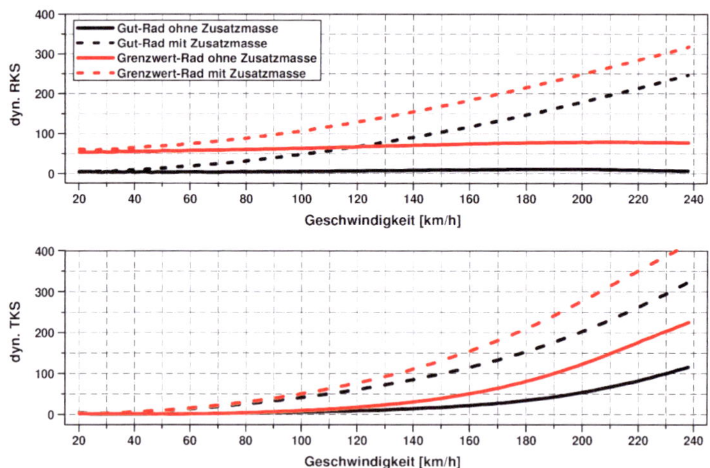

Abbildung 34: Gegenüberstellung Gut-Rad / Grenzwert-Rad am Beispiel der dyn. Radial- und Tangentialkraftschwankung

Da die durch Zusatzmassen generierte Fliehkraft quadratisch mit der Fahrgeschwindigkeit ansteigt, sind vorhandene Differenzen der Kraftschwankung gerade im unteren Geschwindigkeitsbereich nicht überwindbar (Abbildung 34).

Aufgrund der gewonnen Erkenntnisse, wird im weiteren Verlauf der vorliegenden Arbeit eine Reifenselektierung umgesetzt. Per Definition werden Reifen im Rahmen dieser Arbeit mit einer dynamischen Radialkraftschwankung $< 25N$ als Gut-Rad, Reifen mit Radialkraftschwankungen zwischen $50N - 75N$ als Grenzwert-Rad deklariert. Der festgelegte Kraftschwankungsbereich ist nach Möglichkeit über den gesamten Geschwindigkeitsbereich einzuhalten. Die gewählte Differenz von $25N$ zwischen Gutbereifung und Grenzwertbereifung resultiert hierbei aus den vorangegangenen Betrachtungen. Eine mögliche beim Kunden nicht ausschließbare exzentrische Montage von $0,1mm$ bewirkt diese zusätzliche Vertikalkraft von $25N$. Die Unterscheidung zwischen Gut- und Grenzwertbereifung ist für die Trennung der Fahrzeugachsen zwischen Gut- und Grenzwertachse sinnvoll. Da die Untersuchungen im Rahmen dieser Arbeit auf die Analyse und Bewertung von Sitz- wie auch von Lenkradschwingungen abzielt, wird die Anregung über die Vorderachse ins Fahrzeug eingeleitet. Um weitere Störeinflüsse, welche die Reproduzierbarkeit verringern zu vermeiden, wird die Hinterachse mit guten Messrädern ausgestattet.

5.3 Festlegung einer kundenrelevanten Fahrzeuganregung

Im Rahmen der vorangegangenen Betrachtungen wird deutlich, dass bereits geringe Montagefehler in Kombination mit Restunwuchten, basierend auf dem seriellen Reifenmontageprozess, zu Kraftschwankungsverläufen führen, welche den Fahrzeuginsassen komfortmindernd beeinflussen können. Zusammenfassend wird der Anregungsinput zur Erfassung reifenungleichförmigkeitserregter Fahrzeugschwingungen im Rahmen dieser Arbeit wie folgt definiert:

- Vorderachse: Grenzwertbereifung ($50N - 75N$ RKS)
- Hinterachse: Gutbereifung ($< 25N$ RKS)
- Zusatzmasse: $20\,g$ positioniert an äußerer Wuchtebene
- Fülldruck: (Ausgangszustand bei Raumtemperatur)

An dieser Stelle sei zu erwähnen, dass sich die dargestellte Zusatzmasse von $20\,g$ auf die Anregung für Fahrzeuge im C-Klasse-Segment bezieht. Für spätere Untersuchungen mit einem Fahrzeug aus dem S-Klasse-Segment wurde mit der beschriebenen Methode eine Zusatzmasse von $30\,g$ detektiert. Grundsätzlich ermöglicht der beschriebene Ansatz die Ermittlung erforderlicher Zusatzmassen zur Nachstellung reifenungleich-förmigkeitserregter Fahrzeugschwingungen für jede beliebige Baureihe bzw. jedes beliebige Fahrzeug.

Um weitere Veränderungen des definierten Anregungsinputs zu minimie-ren, werden sämtliche Versuchsräder vor Beginn der Untersuchung am Fahrzeug gefinished. Unter Finish-Balancing wird ein Wuchtprozess ver-standen, der direkt am Fahrzeug durchgeführt wird. Ziel dabei ist es das Rad mittenzentriert am Fahrzeug zu montieren. Das Erreichen der Wucht-güte wird hier ausschließlich durch die Verschiebung des Rades auf der Radnabe realisiert. Eine Verwendung von Zusatzmassen würde eine unde-finierte Verschiebung der Anregungspunkte Hochpunkt, Tiefpunkt und Hochpunkt-X verursachen und somit keine eindeutige sowie reproduzier-bare Abbildung reifenungleichförmigkeitserregter Fahrzeugschwingungen gewähren. Durch den Finish-Balancing-Prozess wird das Rad bis auf Restunwuchten von $< 1g$ gebracht. Bei dieser Methode wird nicht allein die Massenungleichförmigkeit welche auf das Rad zurückzuführen sind detektiert, sondern die gesamte rotierende Baugruppe (Rad; Radnabe; Bremsscheibe) analysiert. Aus diesem Grund ist es zwingend erforderlich, durch Kontrollmessungen mit entsprechenden Kalibriergewichten das Ergebnis zu verifizieren. Bei Einhaltung der definierten Parameter bezüglich der Fahrzeugkonditionierung ist ein kundenrelevanter reproduzierbarer Anregungsinput vollständig umzusetzen.

6. Erfassung reifenungleichförmigkeitserregter Fahrzeugschwingungen

Die Grundlage zur Beurteilung, Analyse oder Bewertung reifenungleichförmigkeitserregter Fahrzeugschwingungen ist neben der genauen Kenntnis
über die Anregung an den Rädern die verlässliche Erfassung auftretender
Schwingungsphänomene. Ein unerlässliches Kriterium hierfür ist die Reproduzierbarkeit von Einzelergebnissen der durchgeführten Versuchsreihe.

Im folgenden Kapitel werden diverse Möglichkeiten diskutiert, reifenungleichförmigkeitserregte Fahrzeugschwingungen zu erfassen. Dabei steht
die reproduzierbare Messung vorliegender Sitz- und Lenkradschwingungen
im Vordergrund. Per Definition müsste hierbei eigentlich von der Wieder-
holbarkeit gesprochen werden, da die im Rahmen der Analyse durchgeführten Versuche von einer Versuchsperson generiert wurden. Von Reproduzierbarkeit wird gesprochen, wenn mehrere Personen die vorliegenden
Messergebnisse genieren. Im Zusammenhang der angefertigten Promotionsschrift wird allgemein, unabhängig von der Anzahl der beteiligten Personen, von der Reproduzierbarkeit gesprochen.

6.1 Erfassung komfortrelevanter Fahrzeugschwingungen im freien Versuchsfeld

Bei der Erfassung reifenungleichförmigkeitserregter Fahrzeugschwingungen im freien Versuchsfeld tragen verschiedene Faktoren zu auftretenden
Messunsicherheiten bei. Ein wesentlicher Faktor ist die Fahrbahnbeschaffenheit, welche in Form von Unebenheiten sowie einer variierenden Nei-
gung in Querrichtung (meist liegt eine Fahrbahnneigung nach rechts vor)
störenden Einfluss hat. Unterschiedliche Fahrbahnzustände wirken sich
unterschiedlich auf den Anregungsinput aus. Diese Auswirkungen lassen

sich trotz der in Kapitel 4.2.4 beschriebenen Frequenzfilterung über der ersten Radordnung (1.RO) feststellen. Ein zu großer Neigungswinkel der Fahrbahn wirkt sich aufgrund des damit verbundenen Lenkeingriffs zur Fahrtrichtungskorrektur auf das Schwingungsverhalten des Lenkrades aus. Dieser Effekt wird im weiteren Verlauf dieses Kapitels veranschaulicht.

Die Versuche zur Erfassung reifenungleichförmigkeitserregter Fahrzeugschwingungen im freien Versuchsfeld werden auf dem in Kapitel 4.3.3 beschriebenen und in Abbildung 18 schraffiert dargestellten Abschnitt des Prüfgeländes in Papenburg durchgeführt.

Zusätzlich zu den Fahrbahnbeschaffenheiten können als weitere, nicht vernachlässigbare Einflussparameter die Größen:

- Wind
- Temperatur
- Niederschlag

erwähnt werden.

Auf das Fahrzeug wirkende Seitenwinde haben einen vergleichbaren Effekt wie der beschriebene Fahrbahnneigungswinkel. Gerade böiger Wind kann das Schwingungsverhalten des Lenkrades durch variierendes Gegenlenken empfindlich stören. Beim Auftreten solcher böiger Windeffekte wurden die im Rahmen dieser Arbeit durchgeführten Messreihen abgebrochen und entsprechend wiederholt.

Die Umgebungstemperatur kann ebenfalls entscheidenden Einfluss auf das Versuchsergebnis haben. Bereits ein geringer Temperaturanstieg wirkt sich verändernd auf den Reifenfülldruck aus, wodurch der Reifen zum einen seine Schwingcharakteristik verändert und zum anderen die notwendige in Kapitel 6.1.2 beschriebene Schwebungsdurchlaufgeschwindigkeit beeinträchtigt. Durch die starke Temperaturabhängigkeit der Elastomere im Reifen, verändert sich weiter der Elastizitätsmodul, was einen deutlichen Einfluss auf die Wechselkräfte durch Reifenungleichförmigkeit hat. Auch die Elastomerlager im Fahrwerk sind stark temperaturabhängig und verändern so die Empfindlichkeit des Fahrzeuges gegenüber reifenungleichförmigkeitserreten Schwingungen. Bei sämtlichen Versuchsreihen wurde darauf geachtet, dass ein Temperaturdelta von $\pm 5°C$ nicht überschritten wurde.

Auf nasser Fahrbahn, ändert sich der Reibbeiwert „Fahrbahn-Reifen-Kontakt". Ein Vergleich zwischen Varianten welche auf trockener Fahrbahn und auf nasser Fahrbahn untersucht wurden ist somit nicht zulässig. Versuchsreihen im Rahmen dieser Dissertation wurden aus diesem Grund ausschließlich auf trockener Fahrbahn durchgeführt.

6.1.1   Randbedingungen der Versuchsdurchführung

Zu Beginn jeder Messreihe wird das Versuchsfahrzeug auf dem Ovalrundkurs (ORK) entsprechend der Messprozedur auf dem FRP $15\,\mathrm{min}$. bei einer Geschwindigkeit von $120 km/h$ warm gefahren. Der Prozess des Warmfahrens hat hierbei nicht nur die Funktion den Reifen auf einen vergleichbaren Temperaturbereich zu erwärmen, sondern wirkt auch eventuell auftretenden Standplatten (Flat-spot) entgegen. Zusätzlich werden die Fahrwerkskomponenten wie z.B. Dämpfer, Lager, etc. auf Betriebstemperatur gebracht. Im Rahmen der Untersuchungen werden verschiedene Geschwindigkeiten in einem Bereich zwischen $80 km/h - 200 km/h$ angefahren, wobei während eines einzelnen Versuchs die Fahrgeschwindigkeit nicht variiert wird. Die Fahrzeuganregung wurde entsprechend der in Kapitel 5.3 getroffenen Festlegung am Fahrzeug umgesetzt. Dabei wurden je nach Versuchsvariante beide Grenzwert-Räder mit einer Zusatzmasse von $20 g$ im Hochpunkt bzw. im Tiefpunkt bestückt.

Aus Gründen des zeitlichen Aufwandes, war es im Rahmen der angefertigten Arbeit nicht realisierbar, sämtliche Versuchsreihen zu wiederholen sowie den gesamten Geschwindigkeitsbereich zu durchfahren, um so die dargestellten Ergebnisse zu verifizieren. Aus diesem Grund wurden vorab die wesentlichen Geschwindigkeitsbereiche ermittelt und Wiederholungen bei vereinzelten repräsentativen Versuchsvarianten, welche den allgemeinen Anregungsfall darstellen, umgesetzt. Die gesamte Versuchsreihe wurde mit Fahrzeug 3 (Tabelle 3) durchgeführt.

6.1.2 Erfassung reifenungleichförmigkeitserregter Fahrzeugschwingungen

Zur Darstellung der Reproduzierbarkeit reifenungleichförmigkeitserregter Fahrzeugschwingungen im freien Versuchsfeld wurde im Rahmen der definierten Randbedingungen eine Versuchsreihe bei einer Geschwindigkeit von $140 km/h$ mehrmals hintereinander aufgezeichnet. Dabei wurde die Messreihe 19-fach wiederholt. Zur Veranschaulichung der vorliegenden Messwertstreuung wurde die nach Gleichung (Gl. 21) ermittelte maximale Lenkraddrehbeschleunigung über der fortlaufenden Messreihe aufgetragen (Abbildung 35). Da die wesentliche Stellgröße für die Ausbildung rotatorischer Lenkradschwingungen die Tangentialkraftkomponente ist, werden die Räder mit Zusatzmassen im Hochpunkt beaufschlagt (vergleiche hierzu Kapitel 5.2.1).

Trotz der Beachtung sämtlicher Randbedingungen unterliegen die erfassten Messergebnisse einer großen Streuung. Der Maximalwert der auftretenden Lenkraddrehbeschleunigung schwankt in einem Messbereich zwischen $0,3 rad/s^2 - 4,5 rad/s^2$. Eine reproduzierbare Abbildung des auftretenden Phänomens ist so nicht zu realisieren.

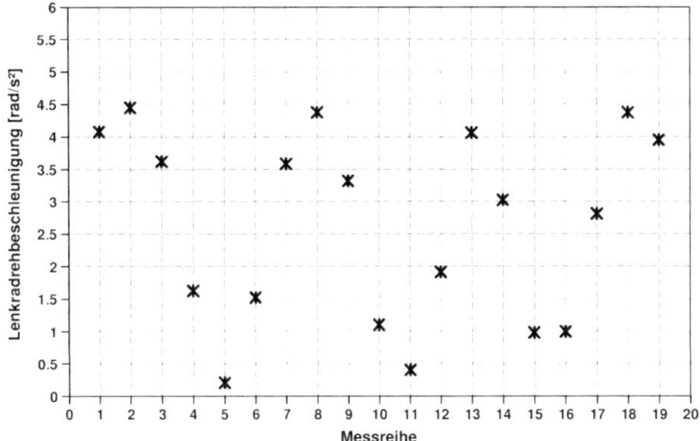

Abbildung 35: Streuung der Lenkraddrehbeschleunigung im freien Versuchsfeld

Bei Auftragung der Maximalwerte über der zum Zeitpunkt des Auftretens vorliegenden relativen Radstellung wird deutlich, dass ein Zusammenhang zwischen Maximalwert und Radstellung vorliegt (Abbildung 36 (links)). Diese Form der Darstellung zur Visualisierung der Lenkraddrehschwingungsamplitude in Abhängigkeit der relativen Radstellung wurde bereits von [Nowicki,2007] zur Darstellung auftretender Messwertstreuung angewandt. Der Maximalwert der vorliegenden Drehbeschleunigung resultiert aus einer gegenphasigen Radstellung (Anordnung der Zusatzmasse um 180° versetzt). Man spricht auch von einer wechselseitigen Achsanregung. Zur reproduzierbaren Abbildung des Schwingungsphänomens muss folglich während jeder Messreihe diese Radstellung realisiert werden. Betrachtet man die Beschleunigung an der vorderen linken Fahrersitzkonsole (FS-Kons._VL) bei Anregung im Tiefpunkt, so lässt sich der Maximalwert der Konsolenbeschleunigung mit einer so genannten gleichseitigen Achsanregung (relative Radstellung von 0° bzw. 360°) in Zusammenhang bringen. Der entsprechende Beschleunigungsverlauf ist in Abbildung 36 rechts dargestellt.

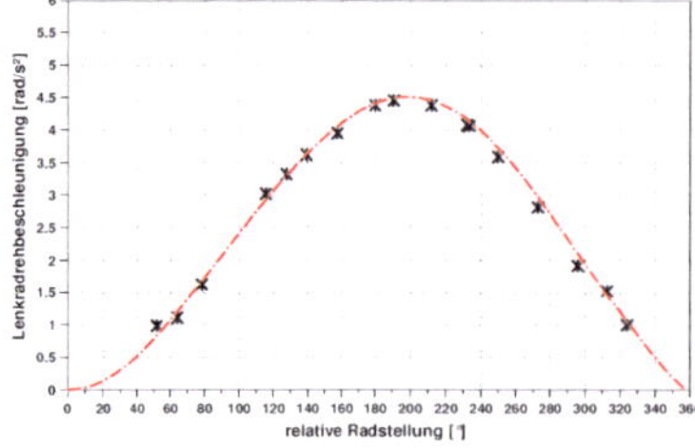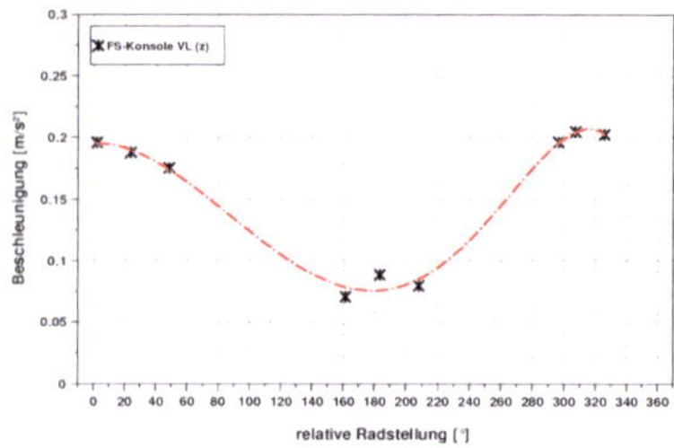

Abbildung 36: Auftretende Messwertstreuung in Abhängigkeit der relativen Radstellung: Lenkraddrehbeschleunigung (links); Beschleunigungsvektor an der vorderen linken Fahrersitzkonsole (rechts)

Zur vollständigen Beschreibung komfortrelevanter Fahrzeugschwingungen welche auf Reifenungleichförmigkeiten zurückzuführen sind, muss demnach ein vollständiger Schwebungsdurchlauf der Vorderachse ($0° - 360°$) gewährleistet und umgesetzt werden. Die Problematik, dass dadurch eine Schwebung der komfortrelevanten Schwingungsamplitude auftritt, welche im Gegensatz zur konstant vorliegenden Amplitude zu einer abweichenden Subjektivbewertung führen kann, wurde bereits von [Haas-noot&Mansfield,2003] analysiert. Sie kamen dabei zu der Erkenntnis, dass in dem für reifenungleichförmigkeitserregte Fahrzeugschwingungen (in Abhängigkeit der ersten Radordnung) relevanten Frequenzbereich zwischen $10Hz - 30Hz$ der Proband für beide Signale die gleiche Subjektivbeurteilung abgibt. Aus diesem Grund wird auch bei sämtlichen im Rahmen dieser Arbeit durchgeführten Probandenversuchen ein vollständiger Schwebungsdurchlauf generiert.

Für Versuchsreihen im freien Versuchsfeld wird üblicherweise der vollständige Schwebungsdurchlauf über eine Reifenfülldruckdifferenz realisiert. Dabei wird zwischen linkem und rechtem Rad der Reifenfülldruck derart differenziert, dass während einer Messreihe mindestens ein vollständiger Schwebungsdurchlauf gewährleistet ist. Um dabei eine Veränderung der Reifeneigenschaften in einem vertretbaren Rahmen zu halten, wird der eingestellte Basisfülldruck von $2,4bar$ maximal um $\pm0,2bar$ variiert. Die notwendige Fülldruckdifferenz wird zu Beginn der gesamten Versuchsreihen einmalig eingestellt und im Anschluss nicht mehr verändert.

Dem Ansatz, den erforderlichen Schwebungsdurchlauf mit einem abgeschälten Rad umzusetzen, wurde im Rahmen dieser Arbeit nachgegangen. Aufgrund der signifikanten Veränderung der Reifeneigenschaften welche mit dem Abschälvorgang verbunden ist, wurde diese Vorgehensweise nicht weiter verfolgt. Bei einem so genannten Abschälprozess verliert der Reifen seine ursprüngliche, produktionsbedingte Form. Er wird so zusagen von außen „ideal rund" gedreht, was dazu führt, dass ein zuvor als grenzwertig deklariertes Rad näherungsweise die Kraftschwankungsverläufe eines guten Rades annimmt. Somit ist ein kundenrelevanter Anregungsinput gerade im unteren Geschwindigkeitsbereich nicht realisierbar, wie bereits in Kapitel 5.2.3 gezeigt wurde. Die Problematik besteht weiter darin, dass sich die im abgeschälten Zustand ermittelten Kraftschwankungsverläufe über der zurückgelegten Laufstrecke massiv verändern. Der Reifen gewinnt seine ursprüngliche Form und somit seine alten Kraftschwankungsverläufe wieder zurück. Dieser Vorgang ist zur reproduzierbaren Darstellung reifenungleichförmigkeitserregter Fahrzeugschwingungen nicht vertretbar. Im Rahmen weiterer Untersuchungen konnte der Einfluss der Schwebungsdurchlaufgeschwindigkeit als vernachlässigbar eingestuft werden. Das entsprechende Diagramm ist im Anhang (A.3) abgebildet. Um die Bewertung auftretender Sitz- und Lenkradschwingungen gewährleisten zu können, sollte die Schwebungsdurchlaufgeschwindigkeit jedoch nicht zu groß gewählt sein, um der bewertenden Person einen deutlich spürbaren Schwebungsdurchlauf präsentieren zu können. Im Rahmen der weiteren

Untersuchungen wurde eine vollständige Schwebungsperiode in einer Zeit $> 30 sek.$ generiert.

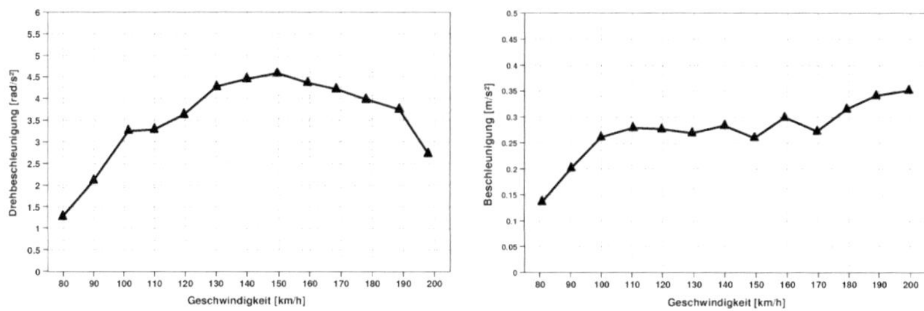

Abbildung 37: Ergebniskurven der maximalen Beschleunigungsamplituden bei entsprechender Fahrgeschwindigkeit: Lenkraddrehbeschleunigung (links); Vektor FS-Konsole (VL) (rechts)

Die beschriebene Vorgehensweise wird bei jeder ausgewählten Fahrgeschwindigkeit zwischen $80 km/h$ und $200 km/h$ durchgeführt. Die in Abbildung 37 dargestellten Ergebnisverläufe visualisieren den bei der jeweiligen Geschwindigkeit resultierenden Maximalwert, wobei der Bereich zwischen zwei Maximalwerten linear interpoliert wird. Da wie erwähnt die Auswertung auf Basis der 1. Radordnung erfolgt, könnte anstelle der Fahrgeschwindigkeit auf der Abszisse ebenso die Radfrequenz aufgetragen werden, da diese beiden physikalischen Größen im direkten Verhältnis stehen, wenn man vernachlässigt, dass sich der Rollradius mit zunehmender Geschwindigkeit geringfügig vergrößert.

6.1.3 Analyse der Reproduzierbarkeitseinflüsse

6.1.3.1. Reproduziergüte im freien Versuchsfeld

Zur Darstellung der Reproduziergüte komfortrelevanter Sitzschwingungen im freien Versuchsfeld wurde mit der Wahl eines Konsolenpunktes ein robuster, vom Fahrer relativ unabhängiger Kennwert herangezogen. Im Verlauf dieses Teilkapitels ist zur Visualisierung von Sitzschwingungen der vordere linke Fahrersitzkonsolenwert dargestellt. Wie bereits erwähnt war es zeitlich nicht realisierbar jede Fahrzeuggeschwindigkeit anzufahren. Sowohl bei Anregung im TP als auch im HP wurden daher jeweils fünf repräsentative Geschwindigkeiten aus dem gesamten Geschwindigkeitsbereich von $80 km/h - 200 km/h$ ausgewählt. Bei jeder der ausgewählten Geschwindigkeiten wurde die Messreihe fünfmal wiederholt.

Abbildung 38 zeigt die vorliegende Messwertstreuung bei Anregung im Tiefpunkt. Aufgetragen sind die jeweiligen Mittelwerte mit der zugehörigen einfachen Standardabweichung von 68% .

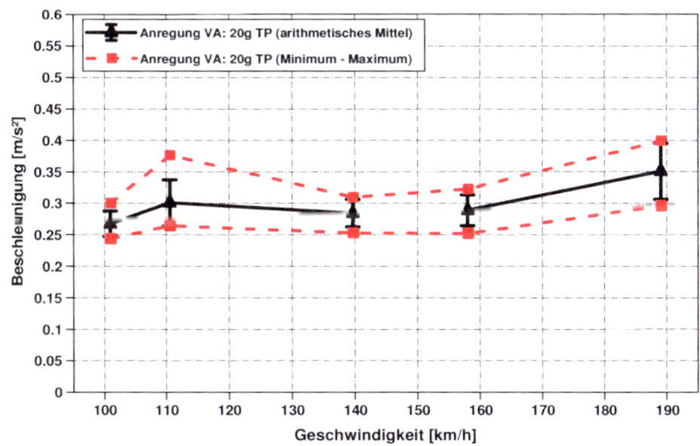

Abbildung 38: Reproduzierbarkeit im freien Versuchsfeld bei Anregung im Tiefpunkt (Beschleunigungsvektor Fahrersitzkonsole vorne links)

Zusätzlich sind die während einer Messreihe ermittelten Minimal- bzw. Maximalbeschleunigungen an der Fahrersitzkonsole dargestellt. Es ist feststellbar, dass die Streuung über der Geschwindigkeit willkürlich variiert. Es lässt sich kein Zusammenhang zwischen auftretender Streuung und Fahrgeschwindigkeit erkennen. Die maximale Streuung liegt hier bei einer Geschwindigkeit von $110 km/h$ vor. Die Differenz zwischen Minimal- und Maximalwert beträgt $\sim 0{,}125 m/s^2$. Dies entspricht in etwa 40% des Absolutwertes, welcher durch den Mittelwert mit $0.3 m/s^2$ repräsentiert wird. Anhand der Betrachtung der Radträgerbeschleunigungen, über welche die Schwingung ins Fahrwerk und von dort ins Fahrzeug übertragen wird, lässt sich als Grund für die schlechte Reproduzierbarkeit die Vertikalanregung identifizieren (Abbildung 39 – rechts). Die Messwertstreuung der Radträgerlängsbeschleunigung liegt auf sichtbar geringem Niveau. Die deutliche Mittelwertdifferenz zwischen Längs- und Vertikalbeschleunigung ist auf die Tiefpunktanregung zurückzuführen und wurde bereits in Kapitel 5.2.1 ausführlich diskutiert.

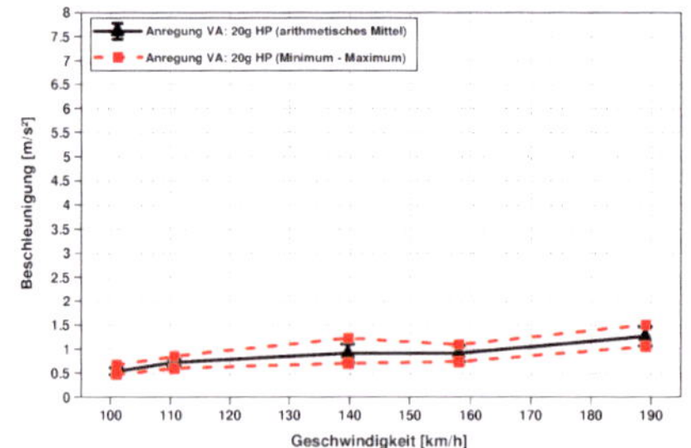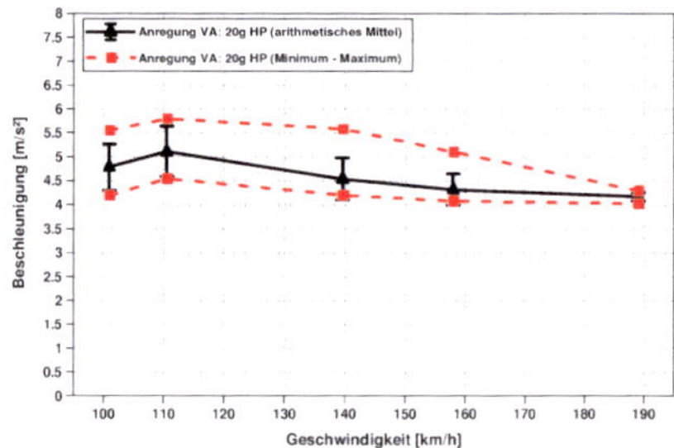

Abbildung 39: Reproduzierbarkeit im freien Versuchsfeld am Beispiel des Beschleunigungsvektors am Radträger vorne links bei gezielter Anregung im tiefpunkt: Längsbeschleunigung (links); Vertikalbeschleunigung (rechts)

Der beschriebene Effekt ist bei beiden Vorderrädern identisch. Als Ursache für die deutliche Messwertstreuung in vertikaler Anregungsrichtung ist die Fahrbahn zu nennen, welche durch ihre stochastischen Unebenheiten, zu wesentlichen Schwankungen der vertikalen Radträgerbeschleunigungen beiträgt. Zur Vollständigkeit sind die Beschleunigungsverläufe in Längs- und Vertikalrichtung beider Radträger im Anhang (A.7) aufgetragen.

Analog zur Tiefpunktanregung kommt es bei reiner Hochpunktanregung zu deutlichen Messwertschwankungen an der Sitzkonsole, wie Abbildung 40 zeigt.

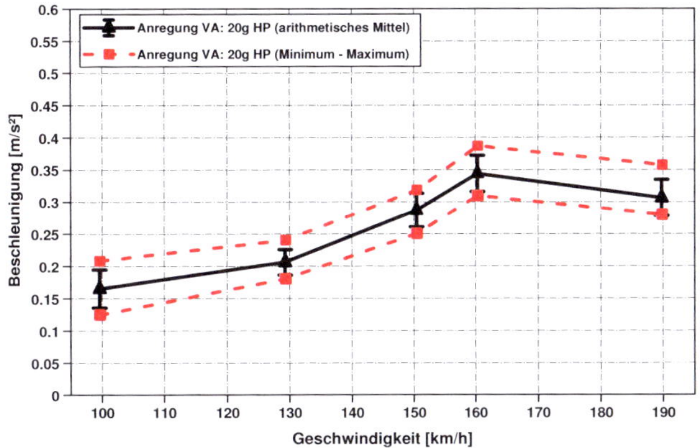

Abbildung 40: Reproduzierbarkeit im freien Versuchfeld bei Anregung im Hochpunkt (Beschleunigungsvektor Fahrersitzkonsole vorne links)

Betrachtet man die Radträgerbeschleunigungen, so lassen sich ebenfalls deutliche Messwertstreuungen in vertikaler Richtung feststellen. Die Reproduzierbarkeit der Anregung in Fahrzeuglängsrichtung stellt kein Problem dar. Zur Vollständigkeit sind auch hier beide Radträgersignale in Längs- und Vertikalrichtung im Anhang (A.7) visualisiert.

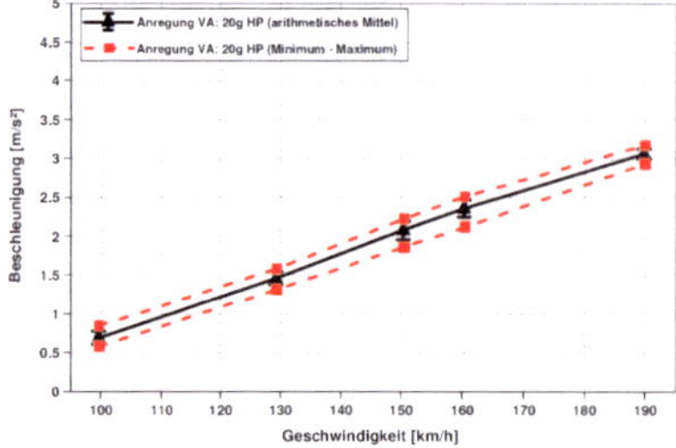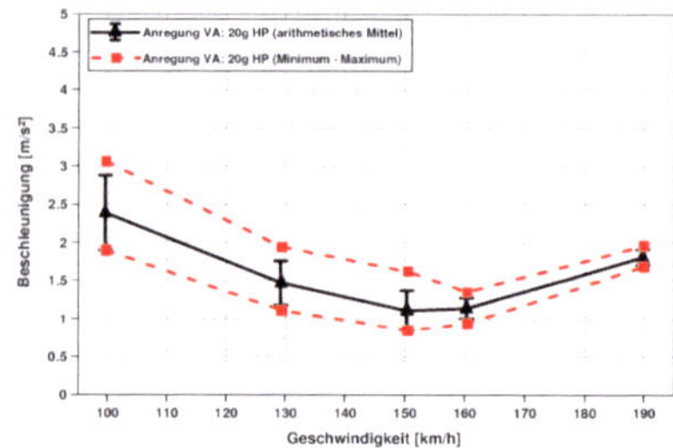

Abbildung 41: Reproduzierbarkeit im freien Versuchsfeld am Beispiel des Beschleunigungsvektors am Radträger vorne links bei gezielter Anregung im Hochpunkt: Längsbeschleunigung (links); Vertikalbeschleunigung (rechts)

An dieser Stelle sei erwähnt, dass die Wiederholmessungen jeder Fahrgeschwindigkeit unmittelbar hintereinander durchgeführt wurden und somit keine Veränderung der Randbedingungen vorliegt. Dies bedeutet, dass die quantifizierte Messwertstreuung in diesem Fallbeispiel nicht unbedingt den schlechtesten Zustand repräsentiert. Unter Umständen kann es zu deutlich größerer Messwertstreuung auf der Straße kommen, was im Rahmen dieser Arbeit nicht weiter verfolgt wurde.

6.1.3.2. Einfluss der Haltetechnik auf Lenkraddrehschwingungen

Als eine der größten Schwierigkeiten stellt sich die reproduzierbare Erfassung auftretender Lenkradschwingungen heraus. Im Gegensatz zu den ermittelten fahrerunabhängigen Beschleunigungen an der Fahrersitzkonsole, werden auftretende komfortrelevante Lenkradbeschleunigungen in unmittelbarer Umgebung der Fahrer-Fahrzeug-Schnittstelle „Hand-Lenkrad" quantifiziert. Bereits geringfügige Handlungsaktionen des Fahrers, in Form einer veränderten Haltetechnik des Lenkrades, welche mit einer Variation der aufgebrachten Haltekraft in Verbindung gebracht werden kann, führen hierbei zu signifikanten Veränderungen auftretender Lenkradbeschleunigungsamplituden. Der linke Kurvenverlauf in Abbildung 42 verdeutlicht die große Messwertstreuung am Beispiel auftretender Lenkraddrehbeschleunigungen. Aufgetragen sind wieder die Mittelwerte, resultierend aus fünf Einzelmessungen mit der zugehörigen einfachen Standardabweichung von 68%, sowie die im Rahmen der fünf Einzelmessungen auftretenden minimalen bzw. maximalen Beschleunigungsamplituden.

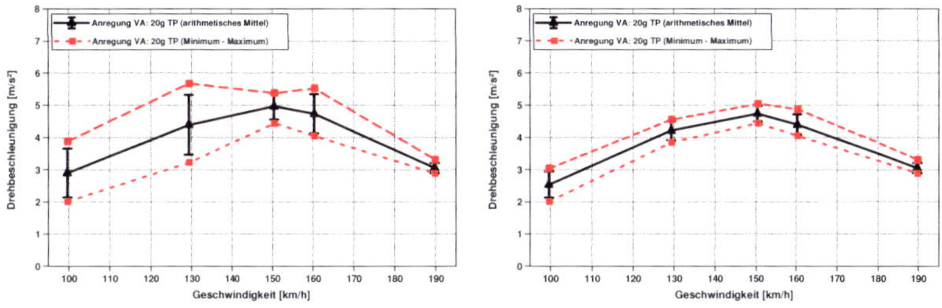

Abbildung 42: Ausprägung auftretender Lenkradrotationsschwingungen in Abhängigkeit der Haltetechnik: ohne Berücksichtigung der Haltekraft (links); mit Berücksichtigung der Haltekraft (rechts)

Betrachtet man den rechten Kurvenverlauf in Abbildung 42, so lässt sich erkennen, dass die im Fahrversuch auftretende Messwertstreuung deutlich verbessert wurde. Im Zuge dieser Messreihen wurde das in dieser Arbeit entwickelte Lenkradhaltekraftmesssystem (LHKMS) eingesetzt (Kapitel 4.1.3). Dem Fahrer (bei beiden Versuchen wurde der gleiche Fahrer eingesetzt) wurde eine explizite Haltekraftvorgabe kommuniziert. Die aufzubringende Haltekraft lag bei einem Wert von $20N$, welcher maximal in einem Bereich von $\pm 1N$ schwankte. Zusätzlich wurde während des Versuchs eine maximale statische Tangentialkraft von $-0.5N$ aufgebracht. Das negative Vorzeichen ergibt sich aus der getroffenen Richtungsdefinition bei der Umsetzung des Messsystems. Dabei entspricht eine negativ aufgebrachte statische Tangentialkraft einer erzwungenen Linksdrehung des Lenkrades, eine positiv aufgebrachte statische Tangentialkraft kommt einer Rechtsdrehung des Lenkrades gleich. Im Rahmen von Straßenmessungen lässt sich das Aufbringen statischer Tangentialkräfte kaum vermeiden. Die zur Gewährleistung des Wasserablaufens gewünschte Rechtsneigung der Fahrbahnoberflächen muss je nach verwendetem Fahrzeug mehr oder weniger vom Fahrer ausgeglichen werden. Zusätzlich vorliegender Seitenwind verstärkt oder kompensiert diesen Effekt. Die Auswirkung der statisch aufgebrachten Tangentialkraft auf die Ausprägung der Lenkraddrehbeschleunigungen ist in Abbildung 43 illustriert.

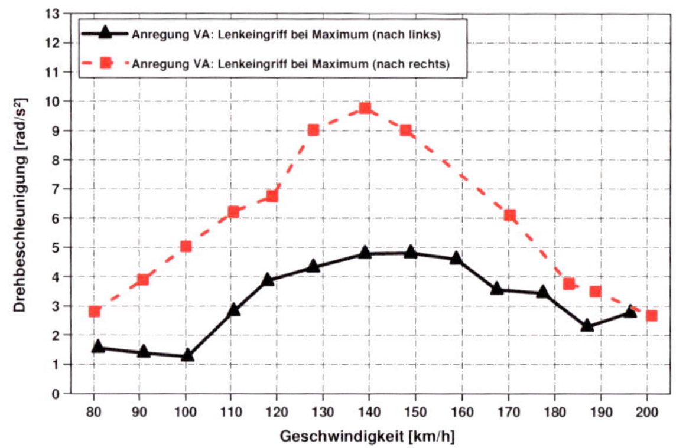

Abbildung 43: resultierende Lenkraddrehbeschleunigung in Abhängigkeit des Lenkverhaltens

Hierbei wurde das Lenkrad mit einer Haltekraft von $20N$ beaufschlagt, welche während des Versuchs nicht variiert wurde. Zusätzlich wurde zum Zeitpunkt der maximalen Drehbeschleunigung (relative Radstellung zwischen $150° - 210°$) eine statische Tangentialkraft von $+1N$ bzw. $-1N$ aufgebracht. Dies entspricht in etwa einem Lenkmoment von $0,2Nm$.

Durch Aufbringen dieses Momentes kam es zu maximalen Lenkradver-drehwinkeln von $\pm 5°$. Als Folge des vorgenommenen Lenkeingriffs lassen sich bei dem verwendeten Versuchsfahrzeug Messwertstreuungen von bis zu $4 rad / s^2$ detektieren. Es wird deutlich, dass diese vom Fahrer verur-sachten Lenkeingriffe, welche unter gewissen Umständen bei Fahrversu-chen im freien Versuchsfeld nicht zu vermeiden sind, große Auswirkung auf den resultierenden Lenkradkennwert haben kann. Auch [Neure-der,2002] stellt eine solche Auswirkung infolge leichter Lenkbewegungen fest. Als Gründe hierfür nennt er beispielsweise die Beendigung einseitigen Anliegens von Spielen in den Übertragungsgliedern, durch Rücknahme aufgebrachter Lenkmomente. Ausführlich wird der menschliche Einfluss auf die Ausbreitung von Lenkradschwingungen in Kapitel 7 diskutiert.

Festzuhalten ist, dass infolge kontrollierter Halte- sowie Tangentialkräfte, welche mit Hilfe des entwickelten Messsystems zu realisieren sind, die Reproduzierbarkeit auftretender Lenkradschwingungen deutlich verbessert werden kann, eine gewisse Reststreuung im freien Versuchsfeld jedoch nicht vollständig auszuschließen ist.

6.1.3.3. Reifenveränderung in Abhängigkeit zurückgelegter Laufstrecken

Während, zur Erfassung komfortrelevanter Fahrzeugschwingungen im freien Versuchsfeld, absolvierter Versuchsreihen wurde eine Laufstrecke von $\sim 8500 km$ zurückgelegt. Die am Fahrzeug mittenzentriert angebrach-ten Räder wurden während des Gesamten Versuchs nicht demontiert. Im Anschluss an den Straßenversuch kam es zur erneuten Erfassung auftreten-der Kraftverläufe auf dem Flachbahn-Reifen-Prüfstand. In Abbildung 44 sowie Abbildung 45 sind die dynamischen Kraftschwankungsverläufe in radialer (RKS) und tangentialer (TKS) Wirkrichtung vor (Ausgangszu-stand) und nach dem Versuch (Endzustand) visualisiert.

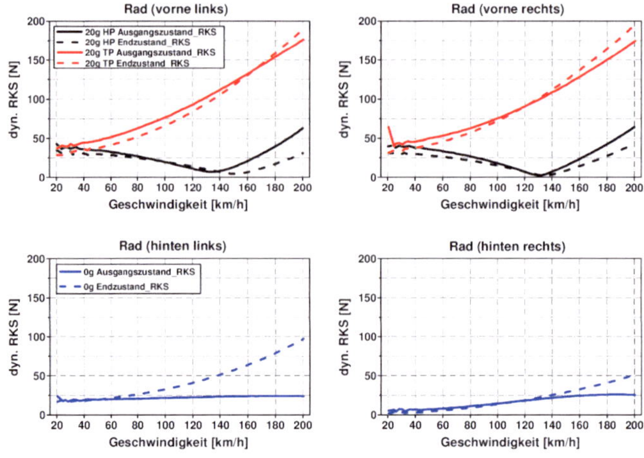

Abbildung 44: Veränderung der dynamischen Radialkraftschwankung in Abhängigkeit der zurückgelegten Laufstrecke

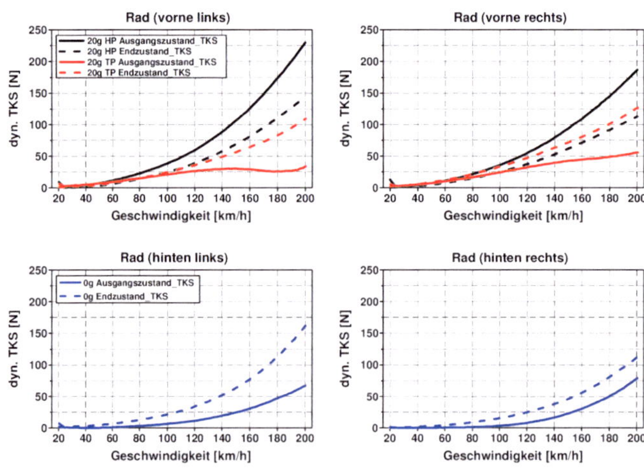

Abbildung 45: Veränderung der dynamischen Tangentialkraftschwankung in Abhängigkeit der absolvierten Laufstrecke

Sowohl die Verläufe der dynamischen RKS als auch die der dynamischen TKS zeigen Veränderungen welche auf den Zeitraum der zurückgelegten Strecke von $\sim 8500km$ zurückzuführen sind. Kritisch zu betrachten sind die Veränderungen der dynamischen TKS an den Rädern, die während des Versuchs mit Zusatzmassen zur gezielten Fahrzeuganregung beaufschlagt wurden. War im Ausgangszustand noch eine eindeutige Trennung zwischen beiden Anregungsfällen (Zusatzmasse im HP bzw. im TP) möglich, so werden im Endzustand (nach absolvierter Laufstrecke) Kraftschwankungsverläufe erfasst, die auf ähnlichem Niveau liegen. Am vorderen rechten Rad werden zeitweise sogar geringfügig höhere Tangentialkraftschwankungen bei gezielter TP-Anregung erzeugt (Abbildung 45 (oben rechts)). Dies hat zur Folge, dass in diesem Anregungsfall die maximale Längskraft bei gleichzeitig größter Vertikalkraft ins Fahrzeug eingeleitet wird. Die in Kapitel 5.2 beschriebene umgesetzte Trennung der Anregungsrichtung durch gezielte Massenpositionierung ist so nicht mehr umsetzbar.

Bei Betrachtung der Hinterachse, welche mit Gutbereifung ausgestattet wurde, lässt sich eine deutliche Veränderung beider Kraftschwankungsverläufe am linken Rad feststellen. Das zuvor als „Gut" deklarierte Rad, erreicht hier infolge der über der Laufstrecke aufgetretenen radialen Kraftschwankungsveränderung ab einer Geschwindigkeit von $140km/h$ den Status eines Grenzwertrades. Somit kommt es zu einer zusätzlichen Fahrzeuganregung über die Hinterachse. Da ausschließlich bei der Analyseachse der Schwebungsdurchlauf generiert wird, bringt die Hinterachse in Abhängigkeit der relativen Radstellung je Versuchreihe einen undefinierten Anregungsinput ins Kraftfahrzeug. Dies kann zur erheblichen Minderung der Reproduzierbarkeit reifenungleichförmigkeitserregter Fahrzeugschwingungen beitragen. Die deutlichere Veränderung des linken Rades lässt sich mit der Fahrtrichtung auf dem ORK erklären. Das Fahrzeug wird ausschließlich im Uhrzeigersinn bewegt. Beim Durchfahren der Rechstkurven, welche auf dem ORK als Steilkurven konzipiert sind, wirkt auf das äußere (linke) Rad eine deutlich erhöhte Seitenkraft. Zusätzlich legt das kurvenäußere Rad pro gefahrene Runde auf dem ORK eine größere Wegstrecke zurück, als es beim kurveninneren Rad der Fall ist. Bezogen auf eine Gesamtlaufstrecke von ~ 8500km ist diese Laufstreckendifferenz nicht unerheblich.

Bereits verhältnismäßig geringe Kraftschwankungsveränderungen wirken sich wesentlichen auf die ins Fahrzeug eingeleitete Schwingungsanregung aus. Dabei kommt es während der zurückgelegten Laufstrecke nicht nur zu Veränderungen der Massen-, Geometrie- und Steifigkeitsungleichförmigkeit. Die Winkellagen der zuvor bestimmten Anregungspunkte (HP, TP, HP-X) ändern sich ebenfalls. Da jedoch während der gesamten Versuchsreihe erforderliche Zusatzmassen immer am ursprünglich bestimmten Anregungspunkt angebracht werden, kommt es über der Laufstrecke zu einem veränderten Anregungsinput.

Die im Ausgangszustand statisch und dynamisch $< 1g$ gewuchteten Versuchsräder weisen im Endzustand deutliche Restunwuchten auf, wie Tabelle 9 veranschaulicht.

Versuchsrad	Ausgangszustand		Endzustand	
	statisch	dynamisch	statisch	dynamisch
vorne links (VL)	0,4g	0,5g	8,8g	3,8g
vorne rechts (VR)	0,5g	0,5g	6,3g	3,5g
hinten links (HL)	0,6g	0,5g	15,0g	3,0g
hinten rechts (HR)	0,8g	0,6g	11,8g	0,8g

Tabelle 9: Veränderung des Wuchtzustandes in Abhängigkeit der absolvierten Laufstrecke

Bei der Verwendung von Versuchsrädern, welche Veränderungen in dieser Größenordnung aufweisen, sind Vergleichsmessungen gerade über mehrere

Fahrzeuge hinweg nicht zu realisieren. Eine wiederholte mittenzentrierte Radmontage am Fahrzeug wird durch die vorliegenden Restunwuchten verhindert. Werden diese Unwuchten anstelle der geometrischen Radverschiebung direkt am Fahrzeug durch weitere Zusatzmassen beseitigt, so kommt es zu einer weiteren nicht vernachlässigbaren Verschiebung der ermittelten Anregungspunkte. Die Auswirkung dieser Verschiebung wurde bereits in Kapitel 5.2.2 ausführlich diskutiert.

Der beschriebene Effekt, dass die ermittelten Reifeneigenschaften in Abhängigkeit der Laufstrecke signifikante Veränderungen aufweisen, lässt sich auf weitere Versuchsfahrzeuge und somit auch auf andere Versuchsräder übertragen. Im Anhang (A.4) werden entsprechende Kraftschwankungsverläufe bezüglich der Laufstreckenabhängigkeit dargestellt. An dieser Stelle kann vorweg genommen werden, dass die aufgezeigten Veränderungen in diesem Umfang nur bei einer Versuchsdurchführung im freien Versuchsfeld auftreten. Reifenveränderungen im Zusammenhang mit Prüfstandmessungen konnten nicht festgestellt werden.

Um auftretenden Veränderungen entgegenwirken zu können, sind weitere Untersuchungen zu dieser Thematik von Nöten. Im Rahmen der angefertigten Arbeit wurden zwei Komplettradsätze vermessen und unter kundenrelevanten Fahrsituationen eingerollt. Zur Quantifizierung einer zeitlichen Veränderung werden sämtliche Versuchsräder nach jeweils $1000 km$ wiederholt vermessen. Dabei kommt es zu keiner Neukonditionierung der Räder, sondern einzig zur Erfassung des aktuellen Stands. Diese Versuchsreihe konnte im Laufe dieser Arbeit nicht abgeschlossen werden, und wird aus diesem Grund an dieser Stelle nicht weiter diskutiert. Auf die Problematik der Veränderung von Reifeneigenschaften und deren Auswirkung auf die Objektivierung komfortrelevanter Fahrzeugschwingungen konnte jedoch im Rahmen dieser Promotionsschrift hingewiesen werden und wird in Zukunft in der Fahrzeugentwicklung entsprechend berücksichtigt.

Um variierende Anregungsinputs infolge laufstreckenabhängiger Veränderungen weitgehend ausschließen zu können, wurde die verwendeten Versuchsräder nach Abschluss jedes durchgeführten Teilversuchs neu konditioniert.

6.1.4 Zusammenfassende Bemerkung zur Erfassung relevanter Schwingungsphänomene im freien Versuchsfeld

Die durchgeführten Untersuchungen zeigen, dass auf die Steigerung der Reproduzierbarkeit reifenungleichförmigkeitserregter Fahrzeugschwingungen die relative Radstellung einen entscheidenden Einfluss hat. Durch gezielte Reifendruckdifferenzen zwischen linkem und rechtem Analyserad ist der notwendige Schwebungsdurchlauf zu gewährleisten.

Trotz bester Versuchsvorbereitung ist eine Messwertstreuung nicht zu vermeiden. Als Ursache hierfür konnte die Fahrbahn ausgemacht werden, welche durch ihre stochastischen Unebenheiten, zu wesentlichen Schwankungen der vertikalen Radträgerbeschleunigungen beiträgt.

Eine der größten Herausforderungen ist die Quantifizierung auftretender Lenkradschwingungen, welche mit Hilfe des entwickelten Messsystems (LHKMS) grundsätzlich möglich ist, wie in 6.1.3.2 gezeigt wurde. Auswirkungen aufgrund individuellen Agierens des Fahrers in Folge unterschiedlicher Fahrsituationen (böiger Wind, veränderte Fahrbahnneigung, etc.) können jedoch auch mit dem System nicht vollständig kompensiert werden.

Veränderungen der Reifeneigenschaften im Zusammenhang mit zurückgelegten Laufstrecken konnten aufgezeigt werden. Um Auswirkungen, welche auf diese Veränderung zurückzuführen sind weitgehend ausschließen zu können, werden im weiteren Verlauf der angefertigten Arbeit verwendete Versuchsräder vor bzw. nach abgeschlossenen Teilversuchen neu konditioniert.

6.2 Prüfstandsnutzung zur Schwingungsobjektivierung

Aufgrund der auftretenden Messwertstreuung und der damit verbundenen Unzulänglichkeiten bei der Versuchsdurchführung unter optimalen Bedingungen im freien Versuchsfeld, besteht die Motivation, reifenungleichförmigkeitserregte Schwingungsphänomene auf einem dafür geeigneten Prüfstand darzustellen. Im Folgenden wird hierfür der in Kapitel 4.3.2 beschriebene Flachbahn-Fahrzeug-Prüfstand (FFP) genutzt.

6.2.1 Randbedingungen und Versuchsablauf

Analog zum Fahrversuch im freien Versuchsfeld wird zu Beginn jeder Messreihe das Fahrzeug $15\,min$ bei einer Geschwindigkeit von $120 km/h$ warm gefahren. Der mobile Messaufbau im Fahrzeug ist mit dem des Straßenversuchs identisch und vollständig in Kapitel 4.1 beschrieben. Die Untersuchungen, hinsichtlich der Möglichkeit, reifenungleichförmigkeitserregte Fahrzeugschwingungen auf dem FFP abzubilden, wurden anhand drei verschiedener Versuchsfahrzeuge, Fzg. 2, Fzg. 5 und Fzg. 6 durchgeführt. Die technischen Daten der verwendeten Versuchsfahrzeuge sind in Kapitel 4.1, Tabelle 3 zusammengefasst.

6.2.2 Möglichkeiten der Erfassung reifenungleichförmigkeitserregter Fahrzeugschwingungen auf dem Flachbahn-Fahrzeug-Prüfstand

Aufgrund der vier getrennt voneinander angetriebenen Flachbahneinheiten auf dem FFP (Kapitel 4.3.2), besteht die Möglichkeit das Fahrzeug analog der Versuchsdurchführung auf der Straße anzutreiben. Darüber hinaus können weitere Antriebsarten realisiert werden:

- externe Antriebssteuerung durch Prüfstandspersonal
- fahrzeugseitiges Antreiben (Fahrwiderstandssimulation)

Anstelle der im Straßenversuch notwendigen Fülldruckdifferenz, lässt sich auf dem FFP über Bandgeschwindigkeitsdifferenzen (linkes Flachband – rechtes Flachband) die gewünschte Schwebungsdurchlaufgeschwindigkeit generieren. Um mögliche Störeinflüsse von der mit Gutbereifung ausgestattete Hinterachse berücksichtigen zu können, ist es sinnvoll einen Schwebungsdurchlauf nicht nur an der Analyseachse, sondern an beiden Fahrzeugachsen zu realisieren. Idealerweise gilt hierbei t_Schwebungsdurchlauf (vorne) >> t_Schwebungsdurchlauf (hinten). Mit dieser Bedingung ist gewährleistet, dass zum Zeitpunkt des vorliegenden Maximums, resultierend aus der Vorderachse (VA), auch der größtmögliche Input über die Hinterachse (HA) ins Fahrzeug eingeleitet wird und somit die Messwertstreuung deutlich zu verringern ist.

Bei Nutzung der externen Antriebssteuerung besteht weiter die Möglichkeit die gutbereifte Fahrzeugachse (im Rahmen der angefertigten Arbeit ist dies immer die Hinterachse) quasistatisch mitlaufen zu lassen. Unter quasistatisch wird eine Bandanregung verstanden, bei der die Räder der Hinterachse mit einer Drehfrequenz von $\sim 0{,}7 Hz$ bewegt werden. Dies entspricht einer Fahrgeschwindigkeit von ca. $5 km/h$. Bei dieser Geschwindigkeit kann ein Anregungsinput über die gutbereifte Achse vollkommen ausgeschlossen werden. In Abbildung 46 sind die drei beschriebenen Möglichkeiten, reifenungleichförmigkeitserregte Fahrzeugschwingungen auf der Flachbahn darzustellen unter Nutzung von Fahrzeug 6 visualisiert. Dabei ist wieder der arithmetische Mittelwert, resultierend aus fünf Einzelmessungen mit der zugehörigen einfachen Standardabweichung von 68% aufgetragen.

Bei Betrachtung der linken Abbildung wird deutlich, dass die Hinterachse auch bei Ausstattung mit Gutreifen immer einen zusätzlichen Schwingungsbeitrag im Fahrzeug liefert. Dieser Effekt begründet die Differenz der Amplitudenverläufe zwischen 4-Rad-Betrieb und 2-Rad-Betrieb (keine Anregung an der Hinterachse). Bei einer Überlagerung der Vorderachsschwebung durch eine deutlich schnellere Hinterachsschwebung, wird über dem gesamten Geschwindigkeitsbereich die größte Beschleunigungsamplitude an der Fahrersitzkonsole erzeugt. Im Gesamten liegt jedoch im Gegensatz zu Messungen welche im freien Versuchsfeld generiert wurden, eine deutlich geringere Messwertstreuung vor (siehe hierzu Abbildung 38). Durch einen zusätzlichen Anregungsinput, welcher durch undefinierbare Radstellungen an der Hinterachse ins Fahrzeug eingeleitet wird, kommt es zur Verschlechterung der Reproduzierbarkeit reifenungleichförmigkeitserregter Fahrzeugschwingungen.

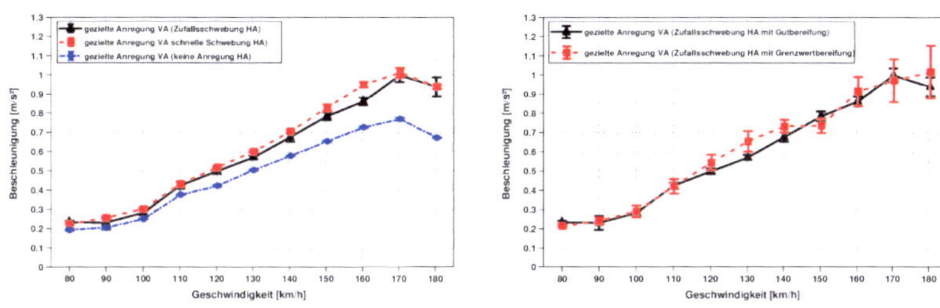

Abbildung 46: Vergleich der Auswirkung verschiedener Anregungsmöglichkeiten auf dem Flachbahn-Fahrzeug-Prüfstand (links); Auswirkung einer Zusatzanregung an der Hinterachse (rechts) am Beispiel des Beschleunigungsvektors an der Fahrersitzkonsole vorne links

Aufgrund der im Kapitel 6.1.3.3 aufgezeigten Reifenveränderung in Abhängigkeit der Laufstrecke, wurden auf der Flachbahn eventuell resultierende Auswirkungen analysiert (Abbildung 46 – rechts).

Ein weiterer Vorteil des Flachbahn-Fahrzeug-Prüfstands besteht in der Möglichkeit, eine bestimmte für Analysezwecke sinnvolle Radstellung anzufahren, welche während durchzuführender Messreihen konstant gehalten werden kann. So können kritische Schwingungszustände über eine beliebige Zeitdauer angeregt und analysiert werden. Diese Methode wurde im Rahmen der angefertigten Arbeit jedoch nicht weiterverfolgt, da bei den durchgeführten Messreihen jeder, in Abhängigkeit der relativen Radstellung mögliche Schwingungszustand erfasst werden sollte (siehe auch Abbildung 36).

6.2.3 Gegenüberstellung „Freies Versuchsfeld und Flachbahn-Fahrzeug-Prüfstand"

Um im Folgenden einen sauberen Vergleich zwischen Messreihen, generiert im freien Versuchsfeld, und Untersuchungen welche auf der Flachbahn durchgeführt wurden, durchführen zu können, wurde auf dem Prüfstand kein schneller Schwebungszustand an der Hinterachse sondern analog zum Straßenversuch eine zufällige Schwebung umgesetzt. Die Versuchsräder wurden vor Beginn der Messreihe neu konditioniert und während der gesamten Untersuchung am Fahrzeug nicht demontiert. Damit die in Kapitel 6.1.3.3 beschriebenen Reifenveränderungen in Abhängigkeit der zurückgelegten Laufstrecke während des Versuchs vernachlässigbar sind, wurde auf Wiederholmessungen verzichtet. Die Gegenüberstellung zwischen Straßenmessungen und Prüfstandsmessungen erfolgt mit Fahrzeug 2 (Tabelle 3).

Bei Betrachtung von Abbildung 47 lässt sich erkennen, dass unter idealen Bedingungen und der Nutzung des entwickelten Lenkradhaltekraftmesssystems die Darstellung auftretender Lenkraddrehbeschleunigungen auf dem Flachbahn-Fahrzeug-Prüfstand mit einer hohen Vergleichbarkeit zur Straße realisierbar ist.

Analog zur Lenkraddrehbeschleunigung liegen die Verläufe der auftretenden Lenkradtranslationsbeschleunigung bei gezielter Längsanregung (Anregung im Hochpunkt) sowohl qualitativ als auch quantitativ auf nahezu gleichem Niveau (Abbildung 48).

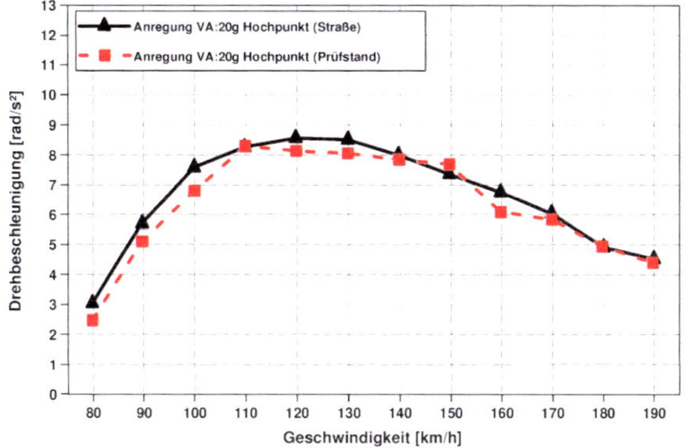

Abbildung 47: Vergleich Straße – Prüfstand am Beispiel der Lenkradrotation
(C-Klasse)

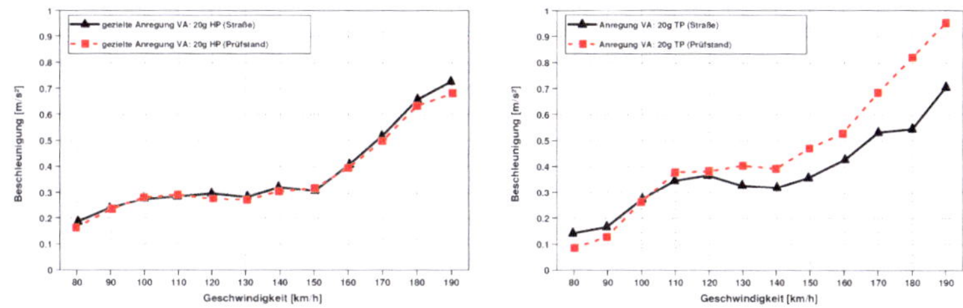

Abbildung 48: Vergleich Straße – Prüfstand am Beispiel des Beschleunigungsvektors der Lenkradtranslation (C-Klasse): gezielte Anregung im Hochpunkt (links);
gezielte Anregung im Tiefpunkt (rechts)

Der Verlauf der Lenkradtranslation bei gezielter Anregung im Tiefpunkt
zeigt deutliche Unterschiede zwischen Straßen- und Prüfstandsmessung.
Dabei lässt sich feststellen, dass die Differenz mit steigender Geschwindigkeit zunimmt. Auf Basis der gewonnenen Ergebnisse kann an dieser Stelle

155

die Aussage getroffen werden, dass sich auftretende Lenkradschwingungen, welche auf gezielte Längsanregung zurückzuführen sind (rotatorisch und translatorisch) sehr gut auf dem Prüfstand abbilden lassen. Auf die detektierten Unterschiede bei vorliegender Vertikalanregung wird im weiteren Verlauf noch mal detailliert eingegangen.

Die Gegenüberstellung der vorliegenden Sitzschwingungen erfolg wie bereits bei Betrachtung der möglichen Reproduzierbarkeit anhand der gemessenen Beschleunigungen im Bereich der vorderen linken Fahrersitzkonsole (FS-Konsole (VL)). Abbildung 49 visualisiert den Unterschied zwischen Straßen- und Prüfstandmessung bei Anregung im TP. Qualitativ lassen sich beide Verläufe miteinander vergleichen, wobei in einem Geschwindigkeitsbereich zwischen $110km/h - 140km/h$ geringfügig größere Beschleunigungswerte am Prüfstand erfasst werden. Verglichen mit der auftretenden Messwertstreuung im freien Versuchsfeld (Abbildung 38), können diese Unterschiede jedoch vernachlässigt werden.

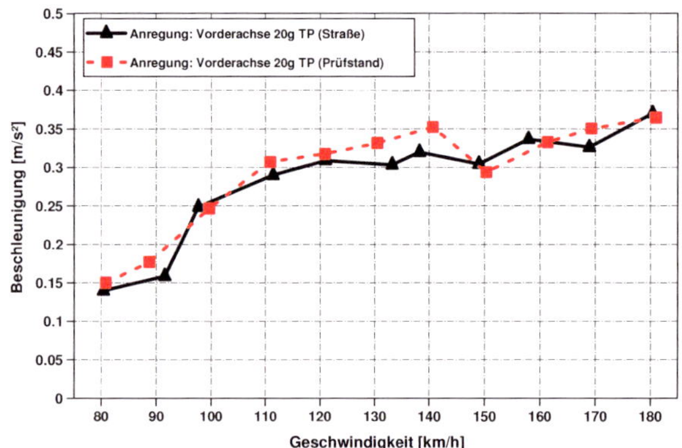

Abbildung 49: Vergleich Straße – Prüfstand am Beispiel des Beschleunigungsvektors an der Fahrersitzkonsole vorne links bei gezielter Anregung im Tiefpunkt (C-Klasse)

Auch die Beschleunigungsverläufe über der Geschwindigkeit welche auf gezielte Hochpunktanregung zurückzuführen sind, liegen qualitativ auf ähnlichem Niveau (Abbildung 50). Ferner sind auch hier im Geschwindigkeitsbereich zwischen ($110 km/h - 150 km/h$) quantitative Unterschiede erkennbar, welche sich unter Einbeziehung der auftretenden Messwertstreuungen jedoch relativieren.

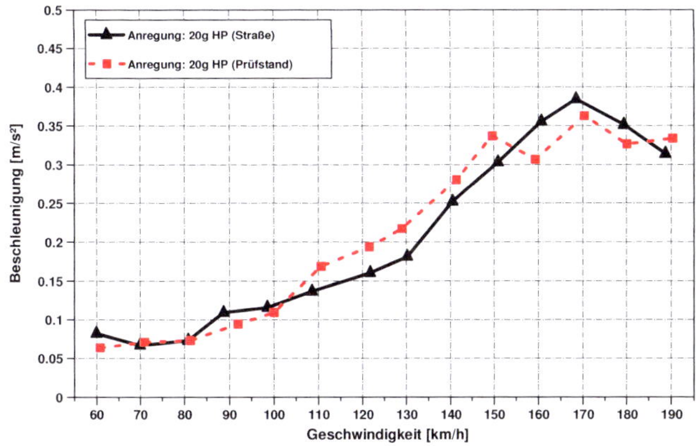

Abbildung 50: Vergleich Straße – Prüfstand am Beispiel des Beschleunigungsvektors an der Fahrersitzkonsole vorne links bei gezielter Anregung im Hochpunkt (C-Klasse)

Um der Ursache der vorliegenden Messwertunterschiede im identifizierten Geschwindigkeitsbereich nachgehen zu können, sind in Abbildung 51 Prüfstands- und Straßenmessungen ohne zusätzliche Anregung durch Massenungleichförmigkeiten aufgetragen. Diese Betrachtung hilft, auftretende Unterschiede zwischen Prüfstand und Straße, besser einordnen zu können, da der jeweilige Kurvenverlauf nicht von dem mit zunehmender Fahrgeschwindigkeit ansteigenden Masseneinfluss geprägt ist. Auch hier zeichnet sich ein Unterschied zwischen beiden Verläufen ab. Unterhalb sowie oberhalb der Geschwindigkeit von $110km/h$ bzw. $150km/h$ ist eine Abbildung der im freien Versuchsfeld auftretenden Sitzschwingungen auf dem Prüfstand gut realisierbar.

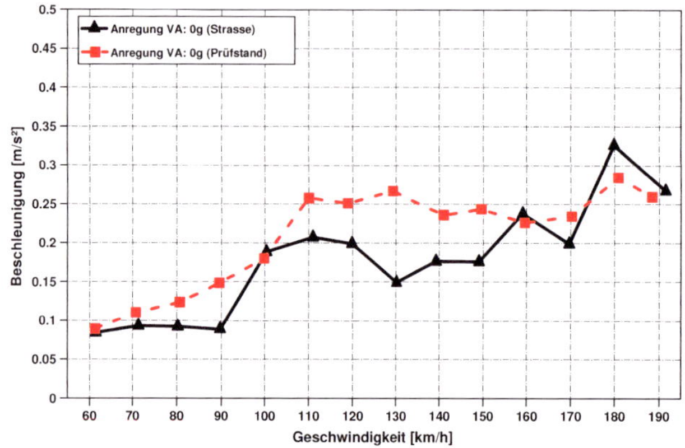

Abbildung 51: Vergleich Straße – Prüfstand am Beispiel des Beschleunigungsvektors an der Fahrersitzkonsole vorne links ohne Zusatzanregung [0g] (C-Klasse)

Die Analyse des Anregungsinputs, repräsentiert durch die Radträgerbeschleunigung der Vorderachse verdeutlicht, dass sich bei Prüfstandsnutzung der Verlauf der vertikalen Radträgerbeschleunigung im Vergleich zur Straßenmessung in Richtung höherer Fahrgeschwindigkeiten und somit in Richtung einer höheren Frequenz verschiebt. Zurückzuführen ist dies auf so genannte Haftreibungseffekte im Bereich der Fahrwerksdämpfer. Dieser Effekt tritt auf, wenn der Wert der auftretenden Haftreibung größer wird als jener, der vorhandenen Gleitreibung. Die Folge liegt in der Versteifung des Schwingsystems und der damit verbundenen Erhöhung der Resonanzschwingung.

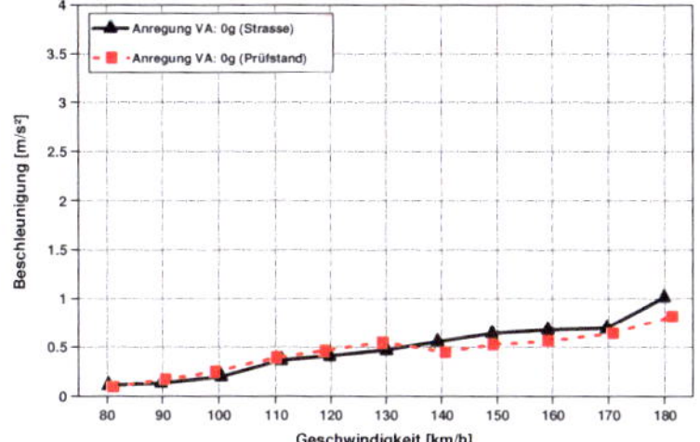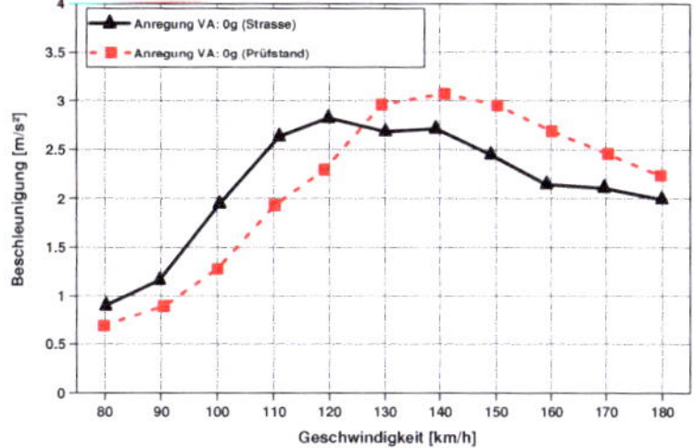

Abbildung 52: Vergleich Straße – Prüfstand am Beispiel des Beschleunigungsvektors am Radträger vorne links ohne Zusatzanregung [0g] (C-Klasse): Längsbeschleunigung (links); Vertikalbeschleunigung (rechts)

Der Grund für das Auftreten des beschriebenen Effekts ist eine zu geringe Vertikalanregung auf dem Prüfstand. Zwar wird mit Hilfe der in jeder Flachbahneinheit integrierten Hydropulszylinder ein tiefpassgefiltertes Rauschen ins Fahrzeug eingeleitet, welche das Freisetzen der Dämpfer gewährleisten soll, jedoch zeigen die Untersuchungen, dass die aufgebrachten Stempelwege von bis zu $1{,}5mm$ nicht ausreichen um das Schwingverhalten im Kraftfahrzeug wie es auf der Straße auftritt darzustellen. Der Grund für die Tiefpassfilterung ist die möglichst störungsfreie Anregung reifenungleichförmigkeitserregter Fahrzeugschwingungen, welche über die 1. Radordnung ins Fahrzeug eingeleitet wird. Der dabei relevante Frequenzbereich zwischen $10Hz$ – $30Hz$ sollte aus diesem Grund durch das Rauschen nicht beeinträchtigt werden. Im Anhang (A.5) sind die aufgebrachten Stempelwege exemplarisch für den vorderen linken Hydropulszylinder dargestellt. Die in Abbildung 52 dargestellten Effekte sind an beiden Radträgern (vorne links und vorne rechts) festzustellen. Zur Vollständigkeit sind die Längs- bzw. Vertikalbeschleunigungen der vorderen Radträger im Anhang (A.6) gegenübergestellt.

Da es auf dem Prüfstand im oberen Fahrgeschwindigkeitsbereich aufgrund der haftenden Dämpfer zu einer höheren Schwingungsübertragung über das Fahrwerk in die Karosserie und von dort auf die Lenksäule kommt, ist der in Abbildung 48 gezeigte Anstieg der Lenkradtranslationsbeschleunigung plausibel erklärbar. Zusätzlich wird die progressive translatorische Schwingungszunahme durch die konstruktionsbedingte Lenkradmantelrohrresonanz, welche bei diesem Fahrzeug im Bereich zwischen $30 Hz - 40 Hz$ liegt begünstigt.

Abschließend kann aus den gezeigten Betrachtungen abgeleitet werden, dass trotz vorliegender Unterschiede zwischen Prüfstand und Straße unter Einbeziehung der vorhandenen Messwertstreuung reifenungleichförmigkeitserregte Schwingungsphänomene der C-Klasse mit einer hohen Qualität auf dem Prüfstand abgebildet werden können.

6.2.4 Übertragbarkeit der Prüfstandsnutzung auf weitere Baureihen

Aufbauend auf den vorangegangenen Untersuchungen wurde ein weiterer Abgleich zwischen Flachbahn-Fahrzeug-Prüfstand und freiem Versuchsfeld durchgeführt. Dabei wurde ein Fahrzeug aus dem Oberklasse-Segment (S-Klasse) herangezogen. Aus Abbildung 53 geht hervor, dass der Unterschied zwischen Prüfstands- und Straßenmessung bei vorliegender Tiefpunktanregung deutlich stärker ins Gewicht fällt. Die maximal auftretende Messwertdifferenz liegt hier bei $0,25 m / s^2$. An dieser Stelle lässt sich die Vermutung anstellen, dass der zuvor beschriebene Haftreibungseffekt im Bereich der Dämpfer bei dem gewählten Versuchsfahrzeug für den Unterschied verantwortlich ist.

Im Rahmen eines nachgeschalteten Versuchs wurde durch Veränderung der Vertikalanregung, welche über die Stempel ins Fahrzeug eingeleitet wird, die Möglichkeit untersucht, die im freien Versuchsfeld entstehenden reifenungleichförmigkeitserregten Fahrzeugschwingungen auf den Prüfstand so abzubilden, dass der quantitative Beschleunigungsverlauf mit dem der Straße vergleichbar ist. Hierfür wurde ein vermessenes Straßenprofil auf die Hydropulszylinder aufgespielt. Da das vorhandene Signal auf einer so genannten Schlecht-Wege-Strecke aufgezeichnet wurde, zeichnet sich die Charakteristik des Signals durch deutliche Vertikalanregung aus. Um ein realistisches Anregungssignal auf dem Prüfstand abspielen zu können, wurde das Originalsignal um 80% reduziert. Die daraus resultierenden Stempelwege liegen in einem Bereich von bis zu $4mm$. Da es sich um ein vermessenes Straßensignal handelt, liegt ein breitbandigeres Anregungssignal als beim tiefpassgefilterten Rauschen, welches nachfolgend als Standardanregung deklariert wird, vor (siehe Kapitel 6.2.3). Ein Vergleich der vorliegenden Stempelwege bei Standardanregung bzw. beim durchgeführten Versuch, ist im Anhang (A.5) angefügt.

Abbildung 53 zeigt, dass durch eine Variation der Vertikalanregung die im freien Versuchsfeld auftretende Fahrersitzkonsolenbeschleunigung auf dem Prüfstand mit hoher Güte nachstellbar ist. Die Beschleunigungsdifferenz bei der Geschwindigkeit von $170km/h$ lässt sich nicht plausibel erklären, kann jedoch darauf zurückzuführen sein, dass während des erzwungenen Schwebungsdurchlaufes der über die Hydropulser aufgebrachte Streckenabschnitt der Schlecht-Wege-Strecke in einer Endlosschleife abgespielt wird. Aufgrund der Wiederholung des stochastischen Signals könnte eine ungünstige Kombination zwischen Vertikalanregung und relativer Radstellung die Ursache der Differenz sein.

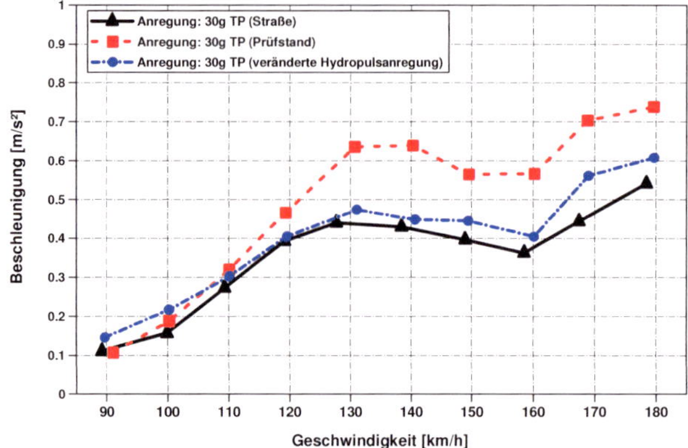

Abbildung 53: Vergleich Straße – Prüfstand am Beispiel des Beschleunigungsvektors an der Fahrersitzkonsole vorne links bei gezielter Anregung im Tiefpunkt (S-Klasse)

Der Versuch, mit einem auf dem Prüfstand nachgestellten Straßensignal die Beschleunigungsverläufe der Straße nachzustellen wurde bei Hochpunktanregung mit $30\,g$ (Abbildung 54) sowie bei Anregung ohne Zusatzmassen ($0\,g$) (Abbildung 55) wiederholt. Das Ergebnis zeigt, dass sich durch Anpassung der Vertikalanregung ein Beschleunigungsverlauf generieren lässt, welcher dem auf der Straße sehr ähnelt. Wichtig ist an dieser Stelle die Erkenntnis, dass mit der gleichen Vertikalanregung (20% der Schlecht-Wege-Strecke) auch dann ein straßenähnlicher Verlauf abgebildet werden kann, wenn die Beschleunigungsdifferenz zwischen Straße und Prüfstand bei Standardanregung auf geringem Niveau liegen (Abbildung 54). Bei gezielter Anregung im Hochpunkt wurden im Rahmen der angestellten Untersuchung ausschließlich zwei Geschwindigkeiten abgeprüft. Da die Niveauunterschiede zwischen Straße und Prüfstand bereits sehr gering waren, wurde die Stichprobe von zwei Geschwindigkeiten als ausreichend empfunden.

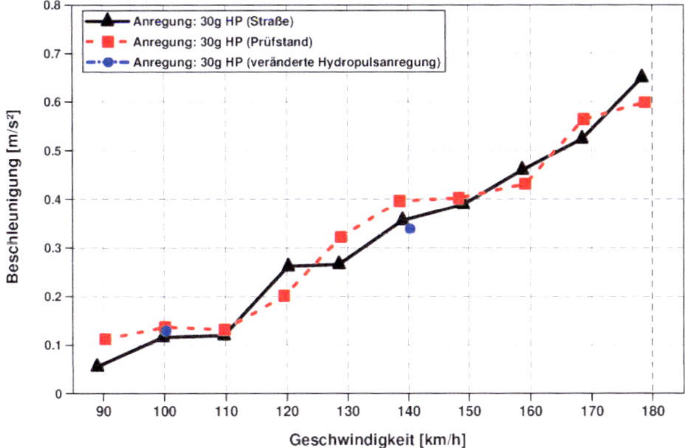

Abbildung 54: Vergleich Straße – Prüfstand am Beispiel des Beschleunigungsvektors an der Fahrersitzkonsole vorne links bei gezielter Anregung im Hochpunkt (S-Klasse)

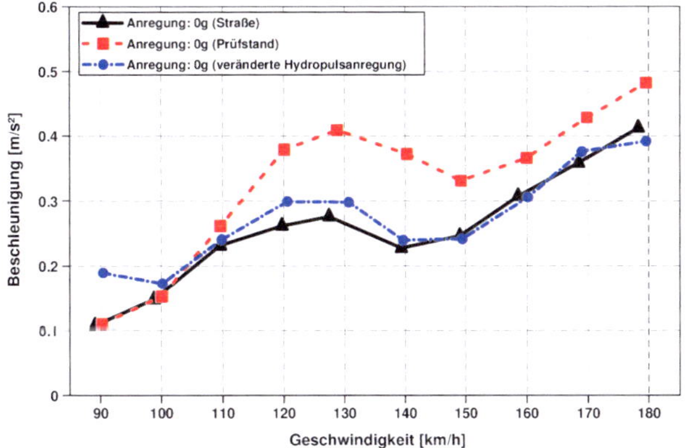

Abbildung 55: Vergleich Straße – Prüfstand am Beispiel des Beschleunigungsvektors an der Fahrersitzkonsole vorne links ohne Zusatzanregung [0g] (S-Klasse)

6.2.5 Abschließende Bewertung der Prüfstandsnutzung

Die Ergebnisse zeigen, dass die Nutzung des Flachbahn-Fahrzeug-Prüfstands zur Darstellung reifenungleichförmigkeitserregter Fahrzeugschwingungen geeignet ist.

Der Vorteil einer Prüfstandsnutzung liegt neben der erhöhten Potenzialausschöpfung hinsichtlich der Analysefähigkeit sowie der deutlichen Steigerung der Reproduzierbarkeit in einer erheblichen Zeit- und Kosteneinsparung. Gerade im heutigen Entwicklungsprozess ist der letzte Vorteil nicht zu unterschätzen. Bei Nutzung des Flachbahn-Reifen-Prüfstands ist eine deutliche Reduzierung der Nutzungsdauer von Versuchsfahrzeugen möglich.

Es ist festzuhalten, dass durch eine ausreichend große, über Hydropulser am Prüfstand eingeleitete Vertikalanregung gewährleistet ist, dass die Stoßdämpfer den Haftbereich verlassen und frei arbeiten können. Dies führt zu einem mit dem Straßenversuch (freies Versuchsfeld) sehr gut übereinstimmenden reifenungleichförmigkeitserregten Schwingungsniveau im Fahrzeug. Weiter ist zu erwähnen, dass die herangezogene Vertikalanregung jedoch dazu führt, dass ungleichförmigkeitserregte Schwingungen subjektiv nicht mehr vollständig wahrgenommen werden können.

Ob eine Vertikalanregung in dem Frequenzbereich und der Größenordnung wie sie hier verwendet wurde notwendig ist, um die zuvor beschriebenen Haftreibungseffekte zu unterbinden, ist zu hinterfragen. Im Rahmen dieser Arbeit war dies nicht zu klären. Weitere Untersuchungen zu dieser Thematik müssen an diese Arbeit angeschlossen werden. Ein möglicher Ansatz, welche hier verfolgt werden sollte, wäre eine tieffrequente Vertikalanregung, deren Frequenzbereich deutlich unter der Raddrehfrequenz liegt [Gauterin,2011].

Im weiteren Verlauf dieser Arbeit werden die Versuche jedoch ausschließlich mit der standardisierten Vertikalanregung durchgeführt um eine Subjektivbeurteilung der Probanden zu gewährleisten.

7. Menschlicher Einfluss auf Lenkradschwingungen

Gerade im Bereich der Fahrer-Fahrzeug-Schnittstelle „Hand-Lenkrad" spielt der menschliche Einfluss eine entscheidende Rolle. Zum einen werden durch variierende Haltekräfte sowie Haltetechniken komfortrelevante Lenkradschwingungen unterschiedlich wahrgenommen, zum anderen schwankt die Schwingungsamplitude in Abhängigkeit der Hand-Arm-Ankopplungen an das Lenkrad wie bereits in Kapitel 6.1.3.2 kurz diskutiert wurde.

7.1 Versuchsdurchführung und Randbedingungen

Die Untersuchungen zur Analyse des menschlichen Einflusses auf Lenkradschwingungen werden auf dem in Kapitel 4.3.2 vorgestellten Flachbahn-Fahrzeug-Prüfstand (FFP) durchgeführt. Zur Kompensation weiterer Störeinflüsse wird ein so genannter 2-Rad-Betrieb gewählt. Unter 2-Rad-Betrieb wird ein „externer" prüfstandsseitiger Antrieb der Flachbandeinheiten verstanden, bei dem nur jene Bandeinheiten angetrieben werden, welche zur durchgeführten Untersuchung notwendig sind. Im vorliegenden Fall wird ausschließlich die Vorderachse mit der gewünschten Geschwindigkeit angetrieben. Um eine prüfstandsbedingte Fahrzeugverspannung vollständig ausschließen zu können, wird zusätzlich die Hinterachse mit einer Geschwindigkeit von $3 km / h$ angetrieben. Die gewählte Geschwindigkeit ist dabei jedoch so gering, dass eine Anregung durch diese Achse ausgeschlossen werden kann. Ein weiterer Vorteil des „externen" Fahrzeugantreibens liegt in der Reproduzierbarkeit der Messergebnisse. Da das verwendete Versuchsfahrzeug (Fahrzeug 1, Tabelle 3) mit einem Dieselmotor ausgestattet ist, wäre eine Zusatzanregung, resultierend aus Motor und Triebstrang, unvermeidbar. Da das Fahrzeug bei gewähltem 2-Rad-Betrieb während der Messungen den Leerlaufbereich jedoch nicht verlässt, sind diese Zusatzanregungen vernachlässigbar gering.

In Abbildung 56 ist die Messwertstreuung der vorliegenden Lenkraddrehbeschleunigung bei losgelöstem Lenkrad visualisiert. Unter losgelöstem Lenkrad wird in diesem Zusammenhang ein Zustand verstanden, bei dem das Lenkrad nicht vom Fahrer festgehalten wurde. Aufgetragen ist der Mittelwert, resultierend aus jeweils 40 Einzelmessungen mit der zugehörigen einfachen Standardabweichung von 68,7%.

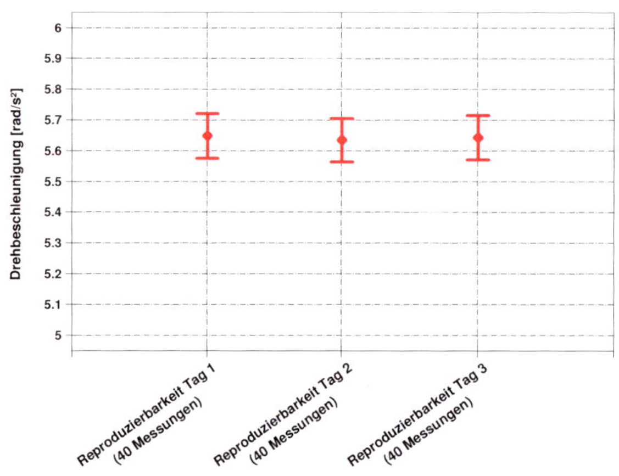

Abbildung 56: Messwertstreuung auftretender Lenkraddrehschwingungen bei frei schwingendem Lenkrad und einer Fahrgeschwindigkeit von 120km/h

Die geringe Messwertstreuung über mehrere Versuchstage hinweg zeigt, dass eine detaillierte Untersuchung auf dem Flachbahn-Fahrzeug-Prüfstand mit der gewählten „externen" Antriebsvariante gewährleistet ist. Eventuelle Schwankungen der vorliegenden Schwingungsamplitude können nicht auf

168

den Prüfstand zurückgeführt werden, sondern sind mit dem Einfluss des Fahrers in Verbindung zu setzen.

Um einen möglichen Einfluss der menschlichen Hand-Arm-Ankopplung auf das Lenkrad ermitteln zu können wird die aufgebrachte Haltekraftvariation mit Hilfe des in Kapitel 4.1.3 entwickelten Haltekraftmesssystems (LHKMS) gemessen. Dabei wurde das Messsystem im linken unteren Kranzbereich montiert. Die genaue Lage ist Abbildung 11 zu entnehmen.

Um bereits geringe Effekte quantifizieren zu können, muss eine reproduzierbar aufgebrachte Haltekraft gewährleistet sein. Zur Umsetzung wird die im Systemadapter integrierte optische sowie akustische Rückmeldung genutzt. Die drei Toleranzbänder wurden dabei auf $\pm0,25N$; $\pm0,5N$ und $\pm0,75N$ eingestellt. In Abbildung 57 ist die vorgegebene Haltekraft der tatsächlich aufgebrachten Haltekraft gegenübergestellt.

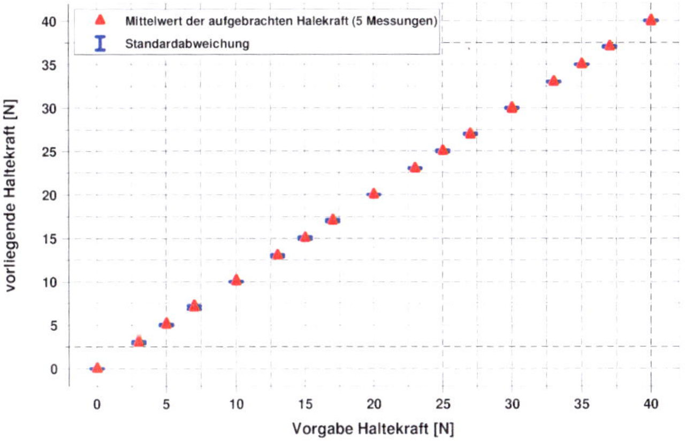

Abbildung 57: Reproduzierbarkeit der Haltekraft mit Hilfe des Lenkradhaltekraft-messsystems

Abbildung 57 zeigt den Mittelwert aus fünf Einzelmessungen mit zugehöriger einfacher Standardabweichung. Über den gesamten Haltekraftbereich von $0N$ - $40N$ kann die Vorgabe der gewünschten Haltekraft mit sehr hoher Reproduzierbarkeit erfüllt werden.

7.2 Einfluss der Haltekraft und Haltetechnik auf Lenkradschwingungen

Um eine Abhängigkeit der vom Fahrer aufgebrachten Haltekraft auf die Ausprägung komfortrelevanter Lenkradschwingungen aufzeigen zu können, wird im Folgenden bei einer konstanten Geschwindigkeit von $120km/h$ der zuvor festgelegte Haltekraftbereich von $0N$ - $40N$ analysiert. Um die Aussagekraft der erfassten Kurvenverläufe zu stärken, wird dabei jede Messung viermal wiederholt. Aufgetragen wird nachfolgend, analog zu den vorherigen Kurvenverläufen, der Mittelwert mit der zugehörigen Standardabweichung.

Zwischen der Zunahme der aufgebrachten Haltekraft und der Amplitude der Lenkraddrehbeschleunigung lässt sich ein linearer Zusammenhang detektieren, siehe Abbildung 58 (links). Der Korrelationskoeffizient beträgt $r = 0{,}98$. Die erfasste Lenkraddrehbeschleunigung steigt von einem Bezugswert bei losgelöstem Lenkrad (keine Hand-Arm-Ankopplung vorhanden) von $5{,}6rad/s^2$ auf einen Beschleunigungswert von $7{,}8rad/s^2$ bei einer aufgebrachten Haltekraft von $40N$. Dies entspricht einer Schwingungszunahme von $\sim 40\%$.

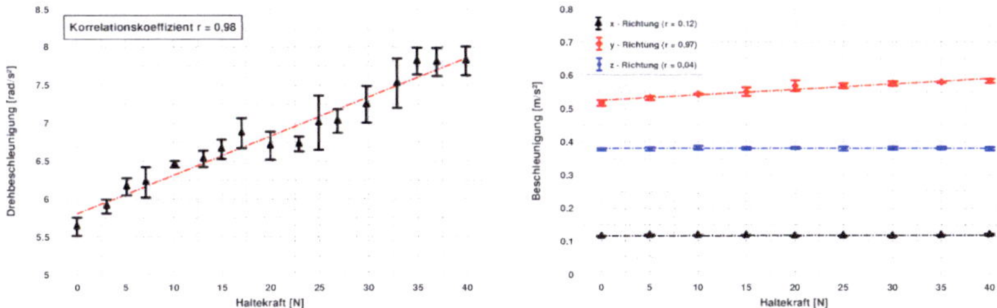

Abbildung 58: Einfluss der aufgebrachten Haltekraft auf Lenkradschwingungen:
Lenkraddrehbeschleunigung (links); Lenkradtranslationsbeschleunigung (rechts)

Eine Auswirkung der Haltekraftzunahme auf die Amplitude translatorischer Lenkradschwingungen lässt sich ausschließlich in y-Koordinatenrichtung feststellen, Abbildung 58 (rechts). Dieser Beschleunigungsanstieg ist jedoch nicht mit einer Haltekraftabhängigkeit auf translatorische Lenkradschwingungen in Verbindung zu bringen. Aufgrund der Lenkradspeichengeometrie ist es nicht möglich, die Beschleunigungssensoren derart zu positionieren, dass eine Gerade, welche die Sensorenmittelpunkte miteinader verbindet, exakt durch die Mittelachse des Lenkrades verläuft (siehe hierzu auch Kapitel 4.1.1, Abbildung 8). Durch den positionsbedingt auftretenden Versatz zwischen der Geraden welche durch die Mittelachse des Lenkrades verläuft und einer Geraden die beide Sensorenmittelpunkt miteinander verbindet entsteht bei einer Rotationsbewegung eine zusätzliche y-Komponente, welche fälschlicherweise einer translatorischen Lenkradschwingung zugeordnet wird, auf diese jedoch nicht zurückzuführen ist.

Aufgrund der gezeigten Ergebnisse lässt sich festhalten, dass sich eine Variation der aufgebrachten Haltekraft im durchgeführten Versuch allein auf die Amplitude der Lenkradrotation (Lenkraddrehbeschleunigung) und nicht auf Lenkradtranslationsbeschleunigung auswirkt. Aus diesem Grund wird im weiteren Verlauf der Analyse des menschlichen Einflusses auf Lenkradschwingungen nur die Rotationsbeschleunigung betrachtet.

Wie die aufgebrachte Haltekraft spielt auch die vom Fahrer gewählte Haltetechnik eine entscheidende Rolle auf die Amplitude der Lenkraddrehschwingung. Ist der Einfluss der Haltetechnik im Zusammenhang mit geringen Haltekräften noch vernachlässigbar, so kommt es mit Zunahme der Haltekraft zu deutlichen Unterschieden in der Ausprägung der Drehbeschleunigung (Abbildung 59). Der Einfluss wird ab einer aufgebrachten Haltekraft von $>15N$ signifikant.

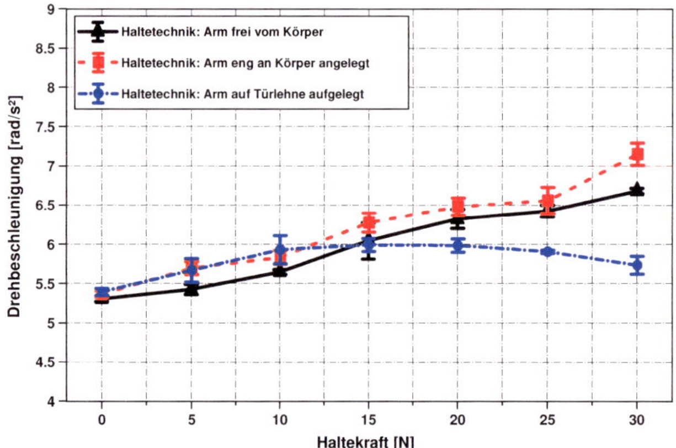

Abbildung 59: Einfluss verschiedener Haltetechniken auf die Ausbreitung vorliegender Lenkradrotationsschwingungen in Abhängigkeit der aufgebrachten Haltekraft (Fahrgeschwindigkeit von 120km/h)

Der qualitative Verlauf der Drehbeschleunigung zwischen einer freien Armposition und einer Position, bei der der Arm eng an den Oberkörper angelegt wird, liegt auf vergleichbarem Niveau. Betrachtet man die Streubalken, so wird deutlich, dass sich keine signifikanten Unterschiede feststellen lassen. Eine Ausnahme liegt bei einer aufgebrachten Haltekraft von

$30N$ vor. Bei dieser Haltekraftkombination kommt es zu signifikanten Unterschieden beider Armpositionen. Begründet könnte dies durch eine armhaltungsabhängig aufgebrachte statische Tangentialkraftkomponente werden.

Wird der Arm auf der Türlehne während der Messung aufgelegt, wirkt sich dies stark reduzierend auf den Beschleunigungsverlauf aus, wie Abbildung 59 zeigt. Hierfür können mehrere Ursachen verantwortlich sein. Zum einen folgt der Arm durch das Auflegen auf der Türlehne der Karosserieschwingung, zum anderen ist eine statisch aufgebrachte Tangentialkraft in dieser Position nicht auszuschließen. Die Auswirkung statischer Tangentialkräfte auf die Amplitude der Lenkraddrehschwingung wird in Kapitel 7.3.4 betrachtet.

Ein Zusammenhang zwischen der vom Fahrer aufgebrachten Haltekraft in Kombination mit der Armhaltung konnte bei einer Fahrgeschwindigkeit von $120km/h$ nachgewiesen werden. Um komfortrelevante Lenkradschwingungen vergleichbar erfassen zu können, ist es demnach notwendig eine entsprechende Haltekraft sowie Halttechnik zu definieren.

7.3 Personenspezifische Analyse – Lenkraddrehschwingung

Im Rahmen einer umfangreichen Probandenstudie sollen die zuvor für einen einzelnen Probanden aufgezeigten Effekte auf Allgemeingültigkeit abgeprüft werden. In den nachfolgenden Unterkapiteln werden im ersten Schritt das Probandenkollektiv, sowie die explizite Versuchsdurchführung erläutert. Im Anschluss werden ein kundenrelevanter Haltekraftbereich sowie eine entsprechende Haltetechnik quantifiziert, bei welchen der menschliche Einfluss auf die Ausbreitung der vorliegenden Lenkradschwingung analysiert wird.

Die gesamte Probandenstudie wurde, wie die vorangegangenen Einzelbetrachtungen, mit Fahrzeug 1 auf dem Flachbahn-Fahrzeug-Prüfstand durchgeführt. Um dem Probanden die Möglichkeit zu geben, sich vollständig auf die Versuchsvarianten konzentrieren zu können, wurde auch hier ein 2-Rad-Betrieb vorgezogen.

7.3.1 Probandenkollektiv und Versuchsablauf

Grundsätzlich besteht das Ziel der Objektivierung und Analyse komfortrelevanter Fahrzeugschwingungen darin, ein Messverfahren zu generieren, anhand welchem Kennwerte generiert werden können, die den Kundeneindruck repräsentieren. Aus diesem Grund ist eine Teilnahme so genannter „naiver" Probanden zu empfehlen. Unter „naiven" Probanden wird jene Personengruppe verstanden, welche den typischen Kunden repräsentiert und demnach nicht mit Fahrversuchen im Bereich der Schwingungsbewertung vertraut ist. Ergänzend zu den „naiven" Probanden nahmen Personen an der Studie teil, welche täglich Fahrzeuge hinsichtlich Schwingungskomforts bewerten und analysieren. Diese Gruppe wird im Folgenden als „Experten" bezeichnet.

Insgesamt nahmen 24 Probanden (9 „naive" Probanden und 15 „Experten") an der Probandenstudie teil. Das Alter der Probanden lag zwischen $25 - 62$ Jahren mit einem Mittelwert von 35,9 Jahren. Bei der Auswahl der Probanden sollte immer ein ausgewogenes Verhältnis zwischen männlichen und weiblichen Teilnehmern angestrebt werden. Gerade im Bereich der der Expertengruppe ist ein solches Bestreben nur schwierig umzusetzen. Die Anzahl männlicher Versuchsingenieure, welche im Bereich der Schwingungsbeurteilung hohe Erfahrungswerte aufweisen, übersteigt die Anzahl der weiblichen Versuchsingenieure aktuell noch sehr deutlich. Da jedoch im Rahmen der durchgeführten Probandenstudie nicht vollständig auf die Integration weiblicher Probanden verzichten werden sollte, nahmen insgesamt 3 weibliche Probanden aus der Gruppe der „naiven" Probanden an der Studie teil.

Zu Beginn der Versuchsdurchführung wurde jedem Probanden das eingesetzte LHKMS vorgestellt und die Anwendung detailliert erläutert. Zusätzlich wurde jeder Versuchsperson die Gewöhnung an eine Versuchsdurchführung auf dem Flachbahn-Fahrzeug-Prüfstand durch das Anfahren einzelner Referenzzustände ermöglicht.

Die gesamte Probandenstudie gliedert sich in zwei getrennte Einzelstudien.
Der erste Versuchsteil besteht aus einem so genannten Blindversuch. Dabei
wird dem Probanden keine konkrete Vorgabe bezüglich Haltekraft und
Haltetechnik gemacht. Ausschließlich der Kontaktbereich des Lenkrades
wurde eingegrenzt. Jeder Proband hatte die Aufgabe das Lenkrad mit einer
Hand im unteren linken Kranzbereich (zwischen der so genannten 6 Uhr-
und 9 Uhr-Position) festzuhalten. Diese Position wurde während der gesamten Studie nicht verändert. Im zweiten Teil der Studie soll der menschliche Einfluss auf das Schwingungsverhalten am Lenkrad quantifiziert
werden. Hierfür sind gezielte Vorgaben der Haltekraft und Haltetechnik
notwendig.

Vorab wurde der gesamte Geschwindigkeitsbereich von $80km/h$ -
$180km/h$ analysiert und drei markante Geschwindigkeiten ($80km/h$;
$120km/h$ sowie $160km/h$) für die Studie ausgewählt. Jede Einzelvariante
wurde innerhalb $30sek.$ durchgeführt.

7.3.2 Analyse der Haltekraft und Haltetechnik (Blindversuch)

Der Einfluss von Haltekraft und Haltetechnik auf Lenkradschwingungen ist
wie in Kapitel 7.2 gezeigt, signifikant. Vergleiche zwischen Versuchsvarianten oder verschiedenen Fahrzeugen sind demnach nur umsetzbar, wenn
die vom Fahrer aufgebrachten Einflüsse während der einzelnen Versuchsreihen nicht verändert werden. Um das Ziel der kundenrelevanten Objektivierung komfortrelevanter Fahrzeug-schwingungen umzusetzen, ist es
sinnvoll, für die Versuche eine kundenspezifische Haltekraft sowie Halte-

technik vorzugeben. Ziel des Blindversuchs ist es, einen Haltekraftbereich sowie eine Haltetechnik zu ermitteln, welche den typischen Kunden repräsentiert.

Die Probanden wurden mit der Aufgabe betraut, dass Lenkrad derart mit drei Fingern (Zeigefinger, Mittelfinger und Daumen) am Haltekraftmesssystem festzuhalten, wie sie es bei einer konstanten Fahrt auf der Autobahn tun würden. Welche Haltetechnik (Armhaltung) dabei gewählt wird, ist dem Probanden überlassen.

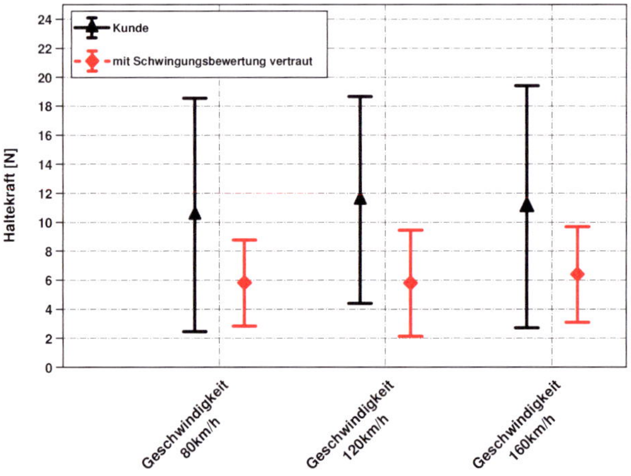

Abbildung 60: Gegenüberstellung der aufgebrachten Haltekraft von naiven Probanden und Experten bei verschiedenen Geschwindigkeiten

In Abbildung 60 sind die Mittelwerte mit zugehöriger Messwertstreuung der aufgebrachten Haltekraft bei verschiedenen Geschwindigkeiten aufgetragen. Die Gruppe der „naiven" Probanden hält das Lenkrad mit deutlich höherer Kraft fest, als der „Experte", was durch eine Signifikanzanalyse bestätigt werden konnte. Zwischen beiden Gruppen liegt bei sämtlichen Fahrgeschwindigkeiten ein Faktor von ~ 2 . Betrachtet man die zugehörige

Messwertstreuung, so ist zu erkennen, dass die „naiven" Probanden einen großen Haltekraftbereich ($2N$ - $20N$) aufspannen, wohingegen das Streuband der „Experten" als deutlich geringer ist ($2N$ - $10N$). Die weiblichen Probanden lagen mit Ihrer aufgebrachten Haltekraft im Mittel. Auf einen Zusammenhang zwischen Geschlecht und Haltekraft kann nicht geschlossen werden.

Des Weiteren ist ein Zusammenhang zwischen Haltekraft und Fahrgeschwindigkeit in dem betrachteten Geschwindigkeitsbereich nicht feststellbar.

Auf der Flachbahn ist die Fahrgeschwindigkeit nur sehr schwer erfahrbar. Da die Relativgeschwindigkeit zwischen Fahrzeug und Umgebung bei Prüfstandnutzung immer den Wert $0km/h$ annimmt, werden unterschiedliche Fahrgeschwindigkeiten von „Experten" ausschließlich anhand der Anregungsfrequenz und des Reifen-Abrollgeräusches, welche aufgrund der 1.RO proportional der Geschwindigkeit ansteigen, registriert. Da die gefahrene Geschwindigkeit nur sehr schwierig bis gar nicht einzuschätzen ist, könnte die Konstanz der aufgebrachten Haltekraft darin begründet sein. Im Anschluss an die Probandenstudie wurde aus diesem Grund ein weiterer Versuch im freien Versuchsfeld generiert. An dieser Studie nahmen 12 Probanden teil (9 „Experten"; 3 „naive" Probanden). Alle Probanden entstammen dem Probandenkollektiv der hier vorgestellten Studie. Auch hierbei lies sich kein Zusammenhang zwischen der aufgebrachten Haltekraft und der gefahrenen Geschwindigkeit detektieren [Stalter,2010].

Zur Analyse der angewendeten Haltetechnik wurde allein die Gruppe der naiven Probanden (9 Personen) ausgewertet um eine kundenrelevante Armposition quantifizieren zu können (Abbildung 61). Die Expertengruppe wählte während des Blindversuchs fast ausschließlich die im Konzern als Standardhaltetechnik deklarierte freie Armposition.

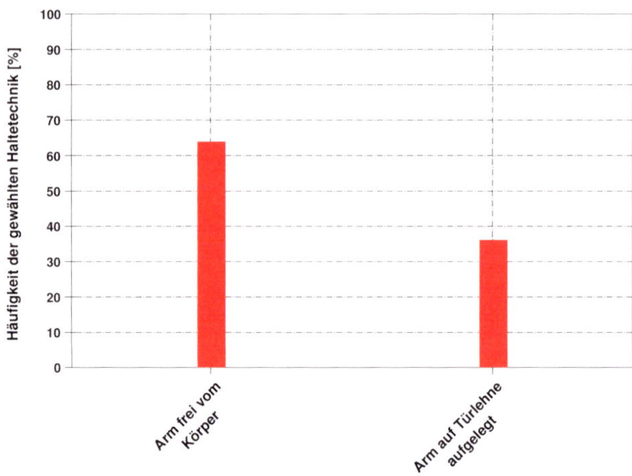

Abbildung 61: prozentuale Verteilung der Haltetechnik aus Kundensicht

63,9% der naiven Probanden zogen während des Blindversuchs die freie Armposition vor. 36,1% legten den Arm während der Versuchsreihe auf der Türlehne auf. Unter Berücksichtigung der aufgezeigten Einflüsse der Haltetechnik in Abhängigkeit der aufgewendeten Haltekraft des Einzelprobanden (Abbildung 59) ist zur Gewährleistung einer reproduzierbaren und vergleichbaren Erfassung auftretender Lenkradschwingungen eine definierte Vorgabe der zu wählenden Armposition unumgänglich. Für die nachfolgenden Untersuchungen wird auf Basis der prozentualen Verteilung der Haltetechnik aus Kundensicht (Abbildung 61) bei allen Versuchsvarianten die freie Armposition umgesetzt.

In Abbildung 62 sind die aus dem Blindversuch resultierenden Lenkraddrehbeschleunigungen bei unterschiedlichen Geschwindigkeiten aufgetragen. Hierbei wurden alle 24 Probanden berücksichtigt. Aufgetragen ist der entsprechende Mittelwert und die zugehörige einfache Standardabweichung.

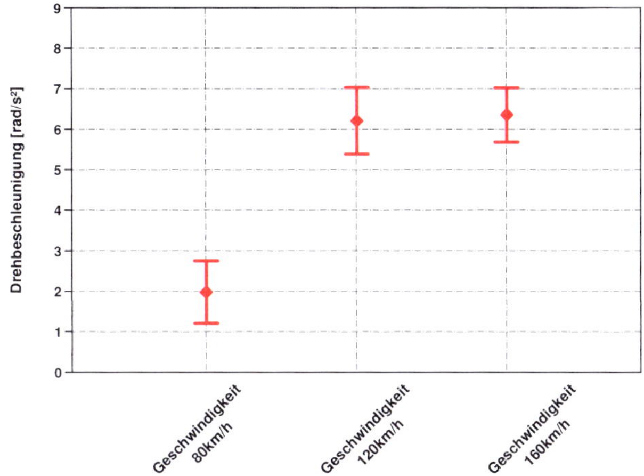

Abbildung 62: Resultierende Lenkraddrehbeschleunigung bei frei gewählter Haltekraft und Haltetechnik (Blindversuch)

Trotz sehr hoher Reproduzierbarkeit der Lenkraddrehbeschleunigung auf
dem Flachbahn-Fahrzeug-Prüfstand (siehe hierzu auch Abbildung 56)
kommt es zu nicht unerheblichen Messwertstreuungen bei allen analysierten Geschwindigkeiten. Wie groß der Einfluss der Haltekraft ist, soll in den
nachfolgenden Kapiteln diskutiert werden.

7.3.3 Haltekrafteinfluss in Abhängigkeit der Fahrgeschwindigkeit

Zur Quantifizierung des Haltekrafteinflusses auf Lenkraddreh-
beschleunigungsamplituden, ist eine definierte Haltekraftbeaufschlagung
notwendig. Im Rahmen der Analyse wurde das Lenkrad mit verschiedenen
Haltekräften gefasst. Mit Hilfe der akustischen sowie optischen Systemrückmeldung (siehe hierzu Kapitel 4.1.3) wurde der Proband bei der Ein-

haltung der Kraftvorgabe unterstützt. Die Haltetechnik, in Form der freien Armhaltung, wurde basierend auf den in Kapitel 7.3.2 gezeigten Erkenntnissen vorgegeben. In Abbildung 63 sind die generierten Kennwerte für jede einzelne Versuchsperson in Abhängigkeit der Haltekraft bei $80km/h$ (links) bzw. $120km/h$ (rechts) sowie die Mittelwerte und die Standardabweichungen aufgetragen. Zusätzlich sind die Mittelwerte mit entsprechender Standardabweichung aufgetragen.

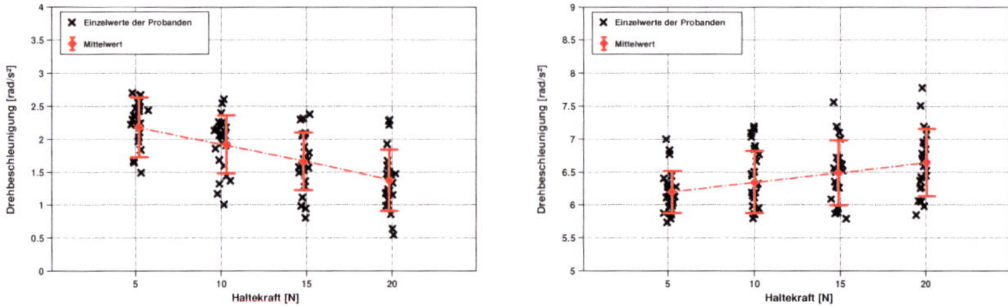

Abbildung 63: Einfluss der aufgebrachten Haltekraft auf Lenkradschwingungen: Fahrgeschwindigkeit 80 km/h (links); Fahrgeschwindigkeit 120 km/h (rechts)

Bei Betrachtung der Mittelwerte ist ein Zusammenhang zwischen Haltekraftvariation und Lenkraddrehbeschleunigungsamplitude wie schon bei der Einzelprobandenanalyse (Abbildung 58) erkennbar. Jedoch ändert der Gradient in Abhängigkeit der Fahrgeschwindigkeit sein Vorzeichen. Bei einer Geschwindigkeit von $80km/h$ nimmt die Drehschwingungsamplitude mit zunehmender Haltekraft ab. Bei einer Fahrzeuggeschwindigkeit von $120km/h$ ist ein umgekehrter Zusammenhang feststellbar. Der Mittelwert der Beschleunigungsamplitude steigt proportional zum Anstieg der aufgebrachten Haltekraft.

Trotz gezielt aufgebrachter Haltkraft streut die resultierende Lenkraddrehschwingung in einem Bereich von ca. $1,8rad/s^2$. Vergleicht man die Streubalken in Abbildung 63 mit den Streubalken aus Abbildung 62, wo das Lenkrad mit einer willkürlichen Haltekraft festgehalten wurde, so lässt sich beobachten, dass durch eine gezielte Vorgabe der Haltekraft die Reproduzierbarkeit der Lenkraddrehschwingung verbessert werden kann, jedoch weitere vom Fahrer abhängige Einflussfaktoren zu Messunsicherheiten führen.

Ein Anstieg der Lenkraddrehbeschleunigung konnte auch bei einer Fahrgeschwindigkeit von $160km/h$ detektiert werden. Zur Vollständigkeit ist das entsprechende Versuchsergebnis im Anhang (A.8) dargestellt.

Zur Verdeutlichung des Zusammenhangs zwischen Haltekraftzunahme und Drehschwingungsänderung sind in Abbildung 64 die Zusammenhänge einzelner Probanden veranschaulicht. Zur Verbesserung der Übersichtlichkeit wurde die Darstellung auf jeweils 10 Probanden beschränkt. Die dargestellten Effekte lassen sich jedoch auf sämtliche Probanden übertragen.

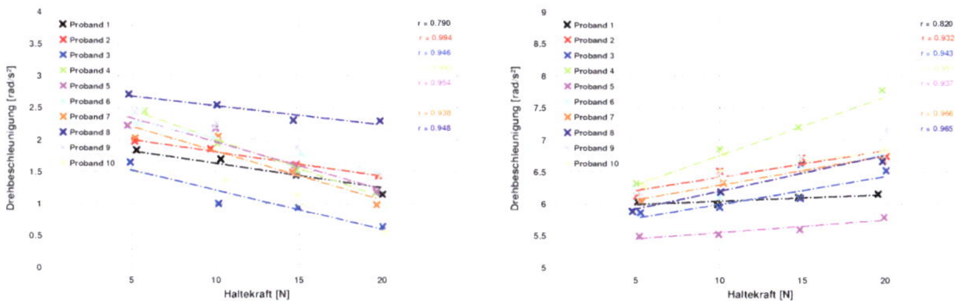

Abbildung 64: Linearer Zusammenhang zwischen aufgebrachter Haltekraft und resultierender Lenkraddrehbeschleunigung bei unterschiedlichen Fahrgeschwindigkeiten: Fahrgeschwindigkeit 80 km/h (links); Fahrgeschwindigkeit 120km/h (rechts)

Bei jedem Probanden besteht ein linearer Zusammenhang zwischen Haltekraftzunahme und Drehbeschleunigungsänderung. Der entsprechende lineare Korrelationskoeffizient r liegt fast ausschließlich in einem Bereich $>0{,}9$. Vereinzelt kommt es zu geringeren Korrelationskoeffizienten.

Diese Abnahme des vorliegenden linearen Zusammenhangs kann durch die Betrachtung der individuell aufgebrachten statischen Tangentialkraft, welche auf geringe Lenkmanöver zurückzuführen ist, erklärt werden. Gezielt wird dies im nachfolgenden Teilkapitel 7.3.4 betrachtet und diskutiert.

Wie aus Abbildung 64 zu entnehmen, nimmt der Gradient der zu- bzw. abnehmenden Lenkraddrehschwingung keinen konstanten Wert an, sondern schwankt in Abhängigkeit des jeweiligen Fahrers. Auch das Einstiegsniveau der Drehschwingung ist individuell vom Probanden abhängig. Eine durchgeführte Korrelationsanalyse zur Bestimmung linearer Zusammenhänge zwischen Lenkraddrehbeschleunigung und Faktoren wie Armlänge, Körpergröße oder Armumfang führte zu keiner Klärung der vorliegenden personenbezogenen Beschleunigungsdifferenzen. Eine Kombination der erläuterten Einflussfaktoren scheint in Summe für die Unterschiede zwischen den Probanden verantwortlich zu sein.

Aufgrund der gezeigten Ergebnisse kann angenommen werden, dass eine Erhöhung der aufzuwendenden Haltekraft zu einer Veränderung des Schwingsystems „Lenkrad", zu dem das gesamte Lenksystem zu zählen ist, führt. Zwischen der Verbindung der Achse und der Lenkung liegen verschiedene Resonanzen (Achsgierresonanz, Lenkresonanz, etc.), welche das Schwingungsverhalten des Lenksystems beeinflussen. Die erhöhte Ankopplung wirkt sich sowohl auf die Lenkradmasse inklusive Massenträgheitsmoment wie auch auf die Gesamtsteifigkeit des Lenksystems aus. Die Folge ist die Veränderung der Resonanzfrequenz des Lenksystems. Unter Vernachlässigung der Dämpfung lässt sich dieser Effekt vereinfacht durch Gleichung (Gl. 59) beschreiben.

$$f = \frac{1}{2 \cdot \pi} \cdot \sqrt{\frac{c}{m}} \qquad \text{(Gl. 59)}$$

Wird die Annahme getroffen, dass der Anstieg der Steifigkeit c größer ist als die infolge der Hand-Arm-Ankopplung zunehmende Lenkradmasse m, so kommt es nach Gleichung (Gl. 59) zu einer Verschiebung der Resonanzfrequenz des Lenksystems in einen höherfrequenten Bereich. Die Zwangserregung, welche von den Rädern über die Achse ins Lenksystem induziert wird, ist dabei völlig unabhängig vom Fahrereinfluss, sondern wird ausschließlich durch die fahrgeschwindigkeitsabhängige Anregungsfrequenz bestimmt.

Zur Stützung der aufgestellten Hypothese, dass die geschwindigkeitsabhängige Zu- bzw. Abnahme der Lenkraddrehbeschleunigung mit einer Resonanzverschiebung erklärt werden kann, wurde der auftretende Effekt anhand zweier Fahrzeuge analysiert. Dabei fiel die Fahrzeugauswahl auf zwei verschiedene Fahrzeuge mit unterschiedlichen Vorderachskonstruktionen und demnach auch völlig verschiedener Schwingungsempfindlichkeit. Im Rahmen der Analyse kam eine C-Klasse (Fahrzeug 4) und eine S-Klasse (Fahrzeug 5) zum Einsatz (siehe hierzu Tabelle 3). In Abbildung 65 ist die wechselseitige Achslängsschwingung beider Fahrzeuge über der Frequenz aufgetragen. Die Kurvenverläufe resultieren aus einer stochastischen Fahrbahnanregung bei Konstantfahrt ohne zusätzliche Anregung, welche sonst über Massen ins Fahrzeug induziert wird.

Die wechselseitige Achslängsschwingung der C-Klasse besitzt ihr Maximum bei einer Frequenz von ca. $15Hz - 16Hz$. Dies entspricht in etwa einer gefahrenen Geschwindigkeit von $110km/h$. Die Resonanz bei der S-Klasse liegt bei ca. $19Hz - 20Hz$. Diese Frequenz wird von der ersten Radordnung bei einer Geschwindigkeit von ungefähr $150km/h$ erreicht. Um den Verlauf der jeweiligen wechselseitigen Achslängsschwingung zu verdeutlichen, werden hier geglättete Kurvenverläufe dargestellt. Der Kurvenverlauf der C-Klasse ist durch die Wechselseitige Achslängsschwingung geprägt. Bei Betrachtung des Verlaufes welcher sich bei der S-Klasse einstellt lässt sich eine weitere Erhöhung bei einer Frequenz von ca. $13Hz$

erkennen. Diese ist auf die vertikale Achsresonanz zurückzuführen. Zur Analyse der haltekraftabhängigen Ausbreitung der Lenkraddrehschwingung spielt diese Erhöhung keine entscheidende Rolle und wird daher nicht berücksichtigt.

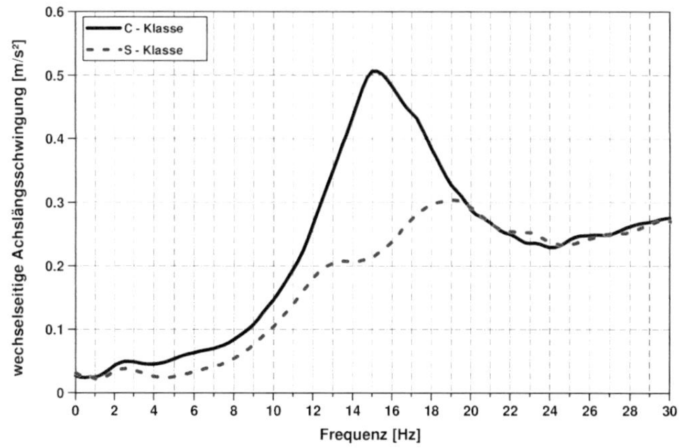

Abbildung 65: Zwangserregung des Lenksystems infolge vorliegender wechselseitiger Achslängsschwingung bestimmt nach Gleichung (4-14)

Bei beiden Fahrzeugen wurde ein Geschwindigkeitsbereich mit konstant aufgebrachter Haltekraft durchfahren. Dabei wurden zwei verschiedene Haltekräfte ausgewählt. Im ersten Durchlauf wurde das Lenkrad mit $10N$ festgehalten. Bei der zweiten Versuchsreihe wurde eine Haltekraft von $20N$ aufgebracht. Die ausgewählten Haltekräfte beruhen auf den vorangegangenen Betrachtungen hinsichtlich der Erfassung kundenrelevanter Haltekräfte (Kapitel 7.3.2; Abbildung 60).

Abbildung 66 visualisiert die resultierenden Beschleunigungsverläufe welche in Abhängigkeit der Haltekraft am Lenkrad auftreten. Sowohl bei Betrachtung der C-Klasse (linke Darstellung) als auch der S-Klasse (rechte

184

Darstellung) lässt sich ein geschwindigkeitsabhängiger Effekt des Haltekrafteinflusses feststellen. Unterhalb des Maximums der wechselseitigen Achslängsschwingung kommt es mit Zunahme einer aufgebrachten Haltekraft zur Schwingungsreduzierung. Oberhalb tritt eine Erhöhung der Lenkraddrehbeschleunigungsamplitude in Abhängigkeit der Haltekraftzunahme ein. Die zuvor aufgestellte Hypothese, dass durch Aufbringen erhöhter Haltekräfte die Lenkraddrehresonanzfrequenz bei unveränderter Achszwangserregung steigt kann somit bestätigt werden.

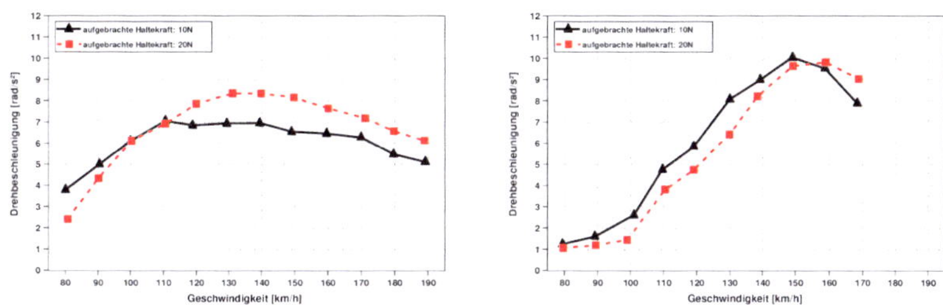

Abbildung 66: Haltekrafteinfluss auf Lenkraddrehbeschleunigung: C-Klasse (links); S-Klasse (rechts)

Vergleicht man beide Fahrzeuge miteinander, so wird deutlich, dass eine Aussage hinsichtlich der Verstimmung des Schwingungssystems im Fahrzeug sehr komplex ist. Lässt sich beispielsweise bei der S-Klasse bei einer Geschwindigkeit von $130 km/h$ durch eine Verdopplung der Haltkraft die Lenkraddrehschwingung deutlich reduzieren, so kommt es bei der C-Klasse bei gleicher Geschwindigkeit und aufgebrachter Haltekraft zu einem gegenläufigen Effekt. Die Drehschwingung steigt auf ein höheres und damit bezüglich des Fahrzeugschwingungskomforts auf ein schlechteres Niveau. Diese Erkenntnis hilft sehr bei der korrekten Interpretation der vergleichenden Messung zweier Fahrzeuge.

7.3.4 Einfluss statisch aufgebrachter Tangentialkräfte

Statisch vorliegende Tangentialkräfte haben mehrere Ursachen. Wie bereits in Kapitel 6.1.3.2 diskutiert, erfordern Seitenwinde bzw. vorliegende Neigungswinkel der Fahrbahn Lenkkorrekturen, welche sich signifikant auf die Ausbreitung von Lenkraddrehschwingungen auswirken. Aber nicht nur bei Messreihen im freien Versuchsfeld liegen statische Tangentialkräfte am Lenkradhaltekraftmesssystem an. Ein weiterer nicht zu vernachlässigender Einflussparameter liegt in der körperlichen Konstitution des Fahrers. Abhängig von der individuellen Sitzposition, kommt es infolge unterschiedlichster Körpermaße zu Haltetechniken, die sich untereinander signifikant unterscheiden. Diese Haltetechniken wirken sich nachweislich auf das Niveau der aufgebrachten statischen Tangentialkraft aus und sind somit eine weitere Stellgröße, die neben der Haltekraft für die Ausbreitung auftretender Lenkraddrehschwingungen verantwortlich zu machen ist.

Zur Veranschaulichung des Zusammenhangs zwischen durchgeführten Lenkmanövern und daraus resultierenden Lenkraddrehschwingungen wurde eine weitere Versuchsreihe mit 4 Probanden aus der Gruppe der Experten an Fahrzeug 4 (siehe Tabelle 3) durchgeführt. Hierbei wurde das Lenkrad vom Probanden mit einer konstanten Haltekraft von $10N$ beaufschlagt. Bei jedem Proband wurden 5 Einzelmessungen durchgeführt. Dabei wurde das Lenkrad zweimal mit einer negativen Tangentialkraft beaufschlagt (Lenkraddrehung nach links) sowie zweimal eine positive Tangentialkraft (Lenkraddrehung nach rechts) vom Fahrer am Lenkrad aufgebracht. Bei der fünften Messung lag eine reine Haltekraft ohne statischen Tangentialkraftanteil vor. In Abbildung 67 ist die Auswirkung einer statisch aufgebrachten Tangentialkraft bei einer Fahrgeschwindigkeit von $120km/h$ visualisiert. Dabei ist die Tangentialkraft auf der Abszisse aufgetragen. Die bei diesem Zustand entstehende Lenkraddrehbeschleunigung ist auf der Ordinate dargestellt.

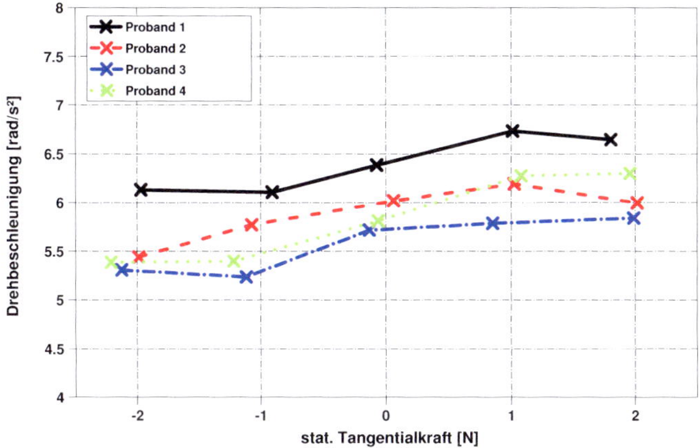

Abbildung 67: Auswirkung statisch aufgebrachter Lenkeingriffe auf Lenkraddrehbeschleunigung (Fahrgeschwindigkeit 120km/h)

Bei allen Probanden kommt es zu einer Lenkraddrehbeschleunigungsände-
rung in Abhängigkeit des Lenkmanövers. Dabei fällt auf, dass durch eine
Lenkbewegung gegen den Uhrzeigersinn (negative Tangentialkraft) die
Drehbeschleunigungsamplitude sinkt, bei einer Lenkbewegung im Uhrzeigersinn (positive Tangentialkraft) die Beschleunigungsamplitude steigt.
Die maximale auftretende Beschleunigungsdifferenz liegt hierbei, betrachtet für einen Probanden, in einem Bereich von $\sim 0{,}5\,rad/s^2$. Aufgrund des
aufgezeigten Einflusses der statischen Tangentialkraft lässt sich die Abnahme der Produkt-Moment-Korrelationskoeffizieten bei vereinzelten
Probanden erklären (vergleiche hierzu Abbildung 64). Je nach Richtung der
gleichzeitig zur Haltekraft aufgebrachten Tangentialkraft kommt es zu
einer Verstärkung bzw. Abminderung der Lenkraddrehbeschleunigungsän-
derung in Folge der Haltekraftzunahme. Stichprobenversuche konnten
diesen Effekt bestätigen.

Trotz identisch aufgebrachter Halte- sowie Tangentialkraft bildet sich die Lenkraddrehbeschleunigung probandenspezifisch unterschiedlich stark aus. Faktoren wie beispielsweise die Muskelmasse oder die Armlänge spielen hierbei sicherlich eine Rolle. Im Rahmen dieser angefertigten Arbeit konnten diese Faktoren jedoch nicht weiter beleuchtet werden.

Der in Abbildung 67 dargestellte Zusammenhang ist bei unterschiedlichen Geschwindigkeiten analog feststellbar (siehe hierzu Anhang A.9).

7.4 Ansätze zur Nutzung des Lenkradhaltekraftmesssystems

Mit Hilfe des entwickelten Lenkradhaltekraftmesssystems (LHKMS) können zuvor unbekannte Einflussparameter, welche für die Ausprägung vorliegender Lenkraddrehschwingungen verantwortlich sind objektiviert werden. Im Folgenden sollen Ansätze zur Nutzung des LHKMS in der Fahrzeugentwicklung vorgestellt und diskutiert werden.

7.4.1 Kompensation vorliegender Messwertstreuung

Wie in den vorangegangenen Kapiteln aufgezeigt wurde, spielt der menschliche Einfluss bei der Ausbildung von Lenkraddrehschwingungen eine entscheidende Rolle. Selbst bei gezielten Vorgaben bezüglich Haltekraft und Haltetechnik kommt es zu Messwertstreuungen, die eine Vergleichbarkeit im Rahmen der Schwingungskomfortbewertung wesentlich erschweren. Dies motiviert, mit Hilfe eines neuen Rechenansatzes die fahrerspezifische Messwertstreuung weiter zu kompensieren. Hierfür wird ein Ansatz gewählt, welcher die in Abhängigkeit der Lenkraddrehbeschleunigung auftretende dynamische Tangentialkraftkomponente zwischen Hand und Lenkrad berücksichtigt.

In Abbildung 68 veranschaulicht das linke Diagramm den bereits mehrfach erläuterten linearen Zusammenhang zwischen einer zunehmenden Haltekraft und der daraus resultierenden Lenkraddrehbeschleunigung. Im rechten Diagramm ist der lineare Zusammenhang zwischen Haltekraft und der zum Zeitpunkt der maximal auftretenden Lenkraddrehbeschleunigung vorliegenden dynamischen Tangentialkraft dargestellt. Beide Zusammenhänge korrelieren jeweils mit einem Korrelationskoeffizienten von $r = 0,99$.

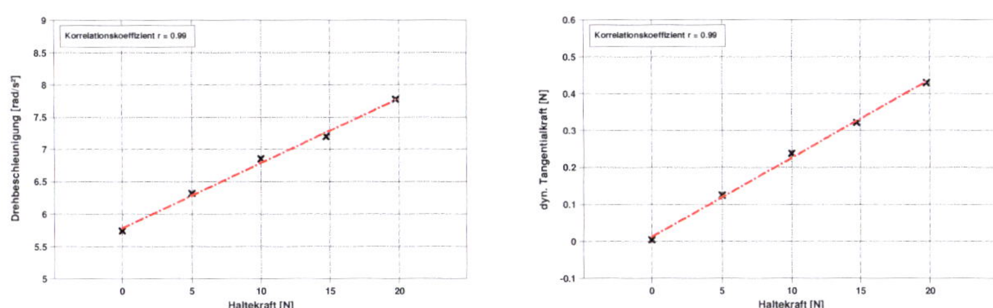

Abbildung 68: Lineare Zusammenhänge zwischen Drehbeschleunigung, Haltekraft und dynamischer Tangentialkraft: Drehbeschleunigung/Haltekraft (links); dynamische Tangentialkraft/Haltekraft (rechts)

Da sowohl zwischen Haltekraft und Lenkraddrehbeschleunigung wie auch zwischen Haltekraft und dynamischer Tangentialkraft ein linearer Zusammenhang vorliegt, kann ebenso ein linearer Zusammenhang zwischen dynamischer Tangentialkraft und auftretender Lenkraddrehbeschleunigung angenommen werden, wie (Abbildung 69) zeigt.

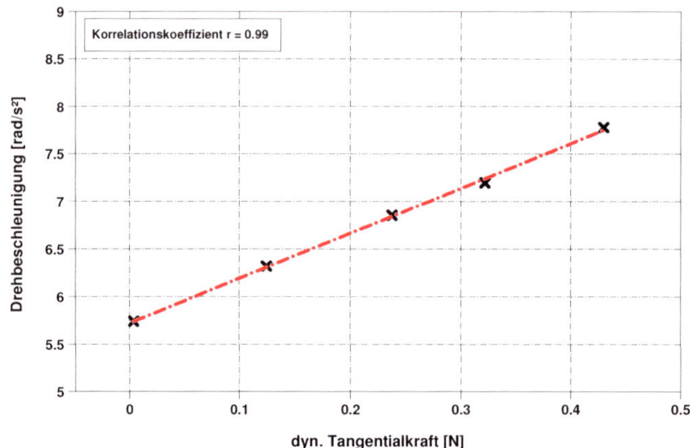

Abbildung 69: linearer Zusammenhang zwischen dynamischer Tangentialkraft und Lenkraddrehbeschleunigung

Die Ankopplung der Hand an das Lenkrad bewirkt bekanntlich eine signi-fikante Veränderung der Lenkraddrehbeschleunigung. Gelingt es diese Drehbeschleunigungsdifferenz $\Delta\ddot{\varphi}$ zu quantifizieren, so kann der Zusam-menhang zwischen festgehaltenem und losgelöstem Lenkrad nach Glei-chung (Gl. 60) beschrieben werden.

$$\ddot{\varphi}_{LRD\_festgeh.} = \ddot{\varphi}_{LRD\_losgel.} + \Delta\ddot{\varphi} \qquad \text{(Gl. 60)}$$

Die Addition bzw. Subtraktion der Beschleunigungsdifferenz $\Delta\ddot{\varphi}$ von der Drehbeschleunigung $\ddot{\varphi}_{LRD\_losgel.}$, wie sie bei losgelöstem Lenkrad auf-tritt, ergibt sich aus der Lage der Anregungsfrequenz zum Maximum der wechselseitigen Achslängsschwingung (siehe Kapitel 7.3.3).

Mit Hilfe einer gemessenen Drehbeschleunigung $\ddot{\varphi}_{LRD\_festgeh.}$ sowie dem Massenträgheitsmoment $J_{Lenksystem}$ des Lenksystems lässt sich nach Gleichung (Gl. 61) das anliegende Drehmoment berechnen.

$$M_{LRD} = J_{Lenksystem} \cdot \ddot{\varphi}_{LRD\_festgeh.} \qquad \text{(Gl. 61)}$$

Kommt es aufgrund der Hand-Arm-Lenkradankopplung zur Änderung der Lenkradrotationsbeschleunigung, so ändert sich folglich auch das anliegende Drehmoment des Lenkrades. Hierfür ist eine von außen einwirkende Kraft, die dynamische Tangentialkraft F_t, verantwortlich. In Gleichung (Gl. 62) ist der entsprechende Zusammenhang mathematisch dargestellt.

$$\Delta M_{LRD} = J_{Lenksystem} \cdot \Delta\ddot{\varphi} = F_t \cdot r_{LRD} \qquad \text{(Gl. 62)}$$

Durch Gleichsetzen der Gleichung (Gl. 60) mit Gleichung (Gl. 62) kann die Lenkraddrehbeschleunigung quantifiziert werden, welche auftritt, wenn das Lenkrad während der Fahrt vom Fahrer nicht festgehalten wird. Der menschliche Einfluss ist dabei vollständig kompensiert. Dies ermöglicht die Quantifizierung von Lenkraddrehschwingungen mit einer so hohen Reproduziergüte, dass eine zuvor als schwierig deklarierte Vergleichbarkeit zwischen zwei Fahrzeugen oder verschiedenen Aufbauzuständen möglich ist.

Durch die Anwendung des aufgestellten Ansatzes lässt sich die Streuung der Lenkraddrehbeschleunigung in der zuvor beschriebenen Probandenstu die auf bis zu $\pm 0,15 rad / s^2$ reduzieren [Stalter,2010]. Verglichen mit der Messwertstreuung bei einem vom Fahrer festgehaltenen Lenkrad (vergleiche hierzu Abbildung 63) ist hier von einer Verbesserung der Reproduzierbarkeit von $\sim 80\%$ zu sprechen. Das Potential des entwickelten Lenkradhaltekraftmesssystems hinsichtlich der Steigerung der Reproduzierbarkeit ist somit nachgewiesen.

Abschließend ist an dieser Stelle zu erwähnen, dass der aufgestellte Ansatz nur unter idealen Bedingungen zielführend ist. Unter idealen Bedingungen wird hier das Aufbringen konstanter Haltekräfte ohne eine zusätzlich aufgebrachte statische Tangentialkraftkomponente verstanden. Diese führt wie im vorherigen Kapitel gezeigt zu Unschärfen hinsichtlich der Objektivierung auftretender Lenkradschwingungen. Mit Hilfe des LHKMS ist es jedoch problemlos möglich, zum Zeitpunkt der maximal auftretenden Lenkraddrehschwingung durch gezieltes Lenkverhalten einen statisch kräftefreien Zustand zu generieren.

7.4.2 Bewertung des Lenksystems

In der Entwicklung des Fahrzeugkomforts spielt der Einfluss der Haltekraft auf das Schwingungsverhalten des Lenkrades eine wichtige Rolle. Dabei geht es um das so genannte „Wegdrücken" der Rotationsschwingung. Liegt am Lenkrad eine Schwingungsamplitude an, welche bereits durch das Festhalten des Lenkrades mit geringen Haltekräften deutlich reduziert wird, wird dies weitaus besser bewertet als eine Schwingung, welche bei einer Kraftbeaufschlagung kaum Änderung zeigt.

Mit Hilfe des LHKMS kann dieser Einfluss objektiviert und bewertet werden. Die Beschleunigungsänderung zwischen zwei Messreihen bei unterschiedlich aufgebrachter Haltekraft und gleichzeitig identischer Haltetechnik ist hierbei ein geeignetes Kriterium. Aufgrund der gezeigten fahrerspezifischen Abhängigkeit (Kapitel 7.3.3) ist es jedoch dringend erforderlich, die hierfür erforderlichen Versuchsreihen von einem Probanden durchführen zu lassen. Gerade bei der Objektivierung von Bauteileinflüssen oder der Gegenüberstellung verschiedener Fahrzeuge kann nur bei Einhaltung dieser Randbedingung eine aussagekräftige Bewertung abgegeben werden.

8. Probandenstudie zur Analyse und Bewertung der Fahrer-Fahrzeug-Schnittstellen „Hand-Lenkrad" und „Gesäß-Sitz"

Aufbauend auf den vorangegangenen Analysen, welche in Form der Generierung eines kundennahen Anregungsinputs, der reproduzierbaren Darstellung relevanter Schwingungsphänomene, sowie der Betrachtung des menschlichen Einflusses auf Lenkradschwingungen als Basis der kundenrelevanten Quantifizierung reifenungleichförmigkeitserregter Fahrzeugschwingungen anzusehen sind, soll sich nachfolgend der subjektiven Bewertung dieser Schwingungsphänomene gewidmet werden.

Als wesentliche Bereiche hinsichtlich der Wahrnehmung komfortrelevanter Fahrzeugschwingungen sind die Fahrer-Fahrzeug-Schnittstellen „Hand-Lenkrad" und „Gesäß-Sitz" zu nennen. Innerhalb dieser Bereiche liegt in der Regel permanenter Kontakt zwischen Fahrer und Fahrzeug vor. Um Fahrzeuge bezüglich vorhandener Komfortansprüche im Rahmen der Fahrzeugentwicklung optimieren zu können, bedarf es Kennwerten, welche den Kundenanspruch mit hoher Korrelationsgüte repräsentieren. Hierfür werden die zuvor genannten Fahrer-Fahrzeug-Schnittstellen im Rahmen durchgeführter Probandenstudien, welche sowohl auf dem Flachbahn-Fahrzeug-Prüfstand sowie am Testgelände in Papenburg durchgeführt werden, analysiert.

Folgende Fragestellungen sollen dabei im Rahmen der Untersuchung beantwortet werden:

- Welche objektiven Kennwerte repräsentieren die vom Kunden wahrgenommenen Schwingungseindrücke am besten?
- Ist die Objektivierung von Sitzschwingungen direkt auf der Sitzoberfläche zwingend notwendig?

- Ist eine Gewichtung der Beschleunigungswerte zur Bewertung reifenungleichförmigkeitserregter Fahrzeugschwingungen hilfreich?
- Wirken sich Parameter wie Körpergröße und Körpergewicht auf das Urteil aus?
- Eignet sich der Flachbahn-Fahrzeug-Prüfstand zur Evaluierung komfortrelevanter Fahrzeugschwingungen?

8.1 Beschreibung Probandenstudie

Die Qualität der Versuchsergebnisse unterliegt einer starken Abhängigkeit von den verwendeten Versuchsfahrzeugen, den teilnehmenden Probanden, des festgelegten Versuchsablaufes, sowie des verwendeten Bewertungssystems. Im Folgenden werden die genannten Parameter sowie das Versuchsdesign der durchgeführten Probandenstudie beschrieben. Im Anschluss daran wird der für diese Arbeit herangezogene Auswerteprozess vorgestellt.

8.1.1 Verwendete Versuchsfahrzeuge und Messtechnik

Im Rahmen der angefertigten Arbeit wurden Versuchsergebnisse primär anhand der C-Klasse generiert. Um Erkenntnisse hinsichtlich ihrer Übertragbarkeit abzuprüfen, wurde die nachfolgend beschriebene Probandenstudie mit einem weiteren Fahrzeug durchgeführt.

Zur Repräsentation des Mittelklassesegments dient dabei weiterhin, wie im bisherigen Verlauf der Promotionsschrift, eine C-Klasse. Das Oberklassensegment wird hier durch eine S-Klasse repräsentiert. Technische Details beider Versuchsfahrzeuge sind Tabelle 3 in Kapitel 4 zu entnehmen.

Messtechnisch wurden beide Versuchsfahrzeuge nach dem in Kapitel 4.1.1 beschriebenen Grundaufbau aufgerüstet. Zur Objektivierung der Fahrer-Fahrzeug-Schnittstelle „Gesäß-Sitz" kam zusätzlich die in Kapitel 4.1.2 vorgestellte, neu entwickelte Sitz- und Lehnenmessmatte (Version 2) zu

Einsatz. Im Rahmen einer Vorstudie wurde das Sitzschwingverhalten beim Auftreten reifenungleichförmigkeitserregter Schwingungsphänomene analysiert. Das Ergebnis dieser Untersuchungsreihe zeigte, dass auf dem Sitz die Schwingungsamplituden symmetrisch zu einer Mittelebene in $x - z -$ Richtung sind. Des Weiteren stellte sich heraus, dass im Bereich der vorderen Sitzauflage die Wahrnehmung auftretender Sitzschwingungen erhöht ist. Aus diesem Grund wurde eine zweite Version der Sitz- und Lehnenmessmatte entwickelt und im Rahmen der Studie eingesetzt. Einzelheiten zum Aufbau der Messmatte sind Kapitel 4.1.2 zu entnehmen.

Für den gesamten Versuch wurde eine standardisierte Sitz- sowie Lehneneinstellung gewählt, welche nicht verändert wurde. Diese Voraussetzung ist notwendig, um sicherzustellen, dass jeder Proband die gleiche Schwingungsanregung erfährt. Weiter konnte so eine vergleichbare Sitzposition des Probanden bei beiden Versuchen (Prüfstand und freies Versuchsfeld) gewährleistet werden. Bei der Sitzeinstellung wurde darauf geachtet, dass eine komfortable Sitzposition für den Fahrer zu realisieren war.

8.1.2 Probandenkollektiv und Versuchsablauf

[Botev,2008] weist in seiner Arbeit auf die Problematik hin, dass abgegebene Urteile so genannter Normalfahrer (vergleichbar mit „naiven" Probanden, welche in Kapitel 7.3.1 definiert wurden) häufig nur geringe Übereinstimmungen aufweisen. Das führt dazu, dass gleiche Varianten nicht einheitlich beurteilt werden und somit die Urteile der Fahrer nicht zuverlässig reproduzierbar sind [Kraft,2010]. Im Rahmen durchgeführter Vorversuche konnte die von [Botev,2008] erläuterte Problematik bestätigt werden. Es zeigte sich, dass die Reproduziergüte subjektiver Beurteilungen im Fahrversuch bei erfahrenen Probanden weitaus höher ist, als in der Gruppe der naiven Probanden.

Um die Qualität des durchgeführten Versuchs zu steigern, wurden daher ausschließlich Probanden herangezogen, welche mit der Komfortbeurteilung im Fahrversuch vertraut sind. Insgesamt nahmen 18 männliche Probanden an der durchgeführten Studie teil. Das Alter der Probanden lag zwischen 26 – 63 Jahren mit einem Mittelwert von 38 Jahren. Von jedem teilnehmenden Probanden wurde sowohl das Körpergewicht wie auch die Körpergröße erfasst. Die vorliegenden biometrischen Daten werden im weiteren Verlauf der Arbeit genutzt, um eventuelle auftretende Zusammenhänge zwischen Körpermaßen und individuellem Komfortempfinden ermitteln zu können (siehe hierzu Kapitel 8.5).

Die Probandenstudie unterteilt sich in zwei separate Versuchsteile. Einerseits wurden beide Versuchsfahrzeuge auf dem Flachbahn-Fahrzeug-Prüfstand bewertet. Des Weiteren fand eine Subjektivbewertung beider Fahrzeuge auf der Straße, genauer auf dem Ovalrundkurs (ORK) in Papenburg statt. Alle 18 Probanden nahmen an beiden Versuchsabschnitten teil. Ziel der Subjektivbewertung sowohl auf dem Prüfstand als auch im freien Versuchsfeld ist die Evaluierung einer zukünftigen Prüfstandsnutzung zur Bewertung reifenungleichförmigkeitserregter Schwingungsphänomene. Aus organisatorischen Gründen konnte der FFP nicht durchgehend genutzt werden. Daher wurde die C-Klasse-Beurteilung unterbrochen und erst nach der Beurteilung im freien Versuchsfeld komplettiert. Die Demontage und wiederholte Montage des Fahrzeuges hatte aus Prüfstandsicht keine Auswirkung auf die Reproduzierbarkeit der Messergebnisse. Der S-Klasseversuch wurde im Anschluss an den Straßenversuch auf dem Prüfstand durchgeführt. Um die Subjektivbewertung auf dem FFP möglichst realistisch gestalten zu können, wurde das Fahrzeug nicht extern angetrieben, sondern vom Probanden, wie auch im freien Versuchsfeld, eigenverantwortlich gesteuert.

Vor Beginn der tatsächlichen Versuchsreihe bekam jeder Proband die Gelegenheit sich mit dem Versuchsfahrzeug vertraut zu machen. Nach Einweisung in den Versuchsablauf sowie der Erläuterung des verwendeten Bewertungssystems (siehe hierzu Kapitel 8.1.3), wurde dem Versuchsteilnehmer ein Referenzsignal dargeboten um eventuelle Fehlinterpretationen, die zur fälschlichen Subjektivbewertung führen kann, während der tatsächlichen Studie auszuschließen. Um dem Beurteiler nicht vorab zu beeinflussen, wurde bei der Darbietung eines Referenzsignals keine Extremvariante präsentiert. Das Referenzsignal diente lediglich zur Verdeutlichung des im Versuch auftretenden Schwebungsdurchlaufes und der damit verbundenen ansteigenden und abklingenden Beschleunigungsamplitude.

Während des gesamten Versuches, wurde das Lenkrad vom Proband mit der linken Hand im Bereich des linken unteren Kranzbereiches gehalten. Diese Position ist identisch zu der des vorangegangenen Versuches zur Objektivierung des menschlichen Einflusses auf Lenkradschwingungen (siehe hierzu Kapitel 7.3.1). Das Haltekraftmesssystem wurde während der Versuchsreihe nicht verwendet, weshalb hinsichtlich der Haltekraft keine Vorgabe getroffen wurde.

Einzelversuche, bei denen von Versuchspersonen eine subjektive Beurteilung verlangt wird, dürfen einerseits nicht zu kurz sein um einen ausreichenden Eindruck der Schwingungswirkung zu hinterlassen. Andererseits dürfen sie jedoch auch nicht zu lange andauern, um die Versuchsperson nicht zu überfordern. Laut [Dupuis,1969] hat es sich als praktisch bewährt, bei erregenden Sinusschwingungen eine Versuchsdauer zwischen 15 und 30 Sekunden zu wählen. Im Rahmen der durchgeführten Probandenversuche wurde eine maximale Versuchsdauer von 40*sek.* realisiert. Die gewählte Zeitspanne ergibt sich aus dem bereits in Kapitel 6 beschriebenen Kompromiss, die Versuchsdauer in einem vernünftigen Zeitrahmen zu gestalten und gleichzeitig einen vollständigen Schwebungsdurchlauf generieren zu können. Die Schwebungsdurchlaufzeit darf hierbei nicht zu kurz gewählt werden. Zum einen soll der erzwungene Schwebungszustand für den Proband wahrnehmbar sein, um somit zu gewährleisten, dass ausschließlich die maximale Beschleunigungsamplitude bewertet wird. Zum Anderen kann ein zu schneller Schwebungsdurchlauf den Auswertealgorithmus (Kapitel 4.2.4) entscheidend beeinflussen.

Der Anregungsinput wurde durch die Variation von Zusatzmassen im Hochpunkt sowie im Tiefpunkt beider Vorderräder bei konstanter Fahrgeschwindigkeit realisiert. Die herangezogenen Fahrzeuggeschwindigkeiten wurden im Rahmen vorab durchgeführter Analysen ermittelt [Rössler,2011]. Dabei lag die Schwierigkeit darin, Geschwindigkeiten zu identifizieren, bei denen ohne Anregung durch Zusatzmassen das Fahrzeug auf geringem auch für den kritischsten Kunden zufriedenstellenden Schwingungsniveau liegt, jedoch durch gezielte Massenbeauschlagung in einen, hinsichtlich des Komfortempfindens, kritischen Bereich übertritt. Wie in Kapitel 5.2.1 diskutiert, hat die Positionierung der Zusatzmasse einen wesentlichen Einfluss auf die Fahrzeuganregung. Zusatzmassen im Hochpunkt regen das Fahrzeug primär in Längsrichtung an, welche als maßgebliche Wirkrichtung für die Entstehung von Lenkraddrehschwingungen anzusehen ist. Gleichzeitig reduziert sich der Anregungsinput in vertikaler Koordinatenrichtung. Translatorische Sitz- und Lenkradschwingungen werden maßgeblich durch die im Tiefpunkt angebrachten Zusatzmassen dominiert, welche das Fahrzeug in Vertikalrichtung anregen.

Bei der C-Klasse konnte sowohl für Hochpunkt- als auch für Tiefpunktanregung die gleiche Fahrgeschwindigkeit gewählt werden. Dies war bei der S-Klasse aufgrund des Grundniveaus ohne Zusatzmassen nicht zu realisieren. Um sowohl zur Analyse von translatorischen Sitz- und Lenkradschwingungen, wie auch für Lenkraddrehschwingungen eine zur Bewertung optimale Variantenspreizung zu gewährleisten, wurden Hochpunkt- und Tiefpunktvarianten bei unterschiedlichen Geschwindigkeiten durchgeführt. In Kapitel 8.3.3.1 wird hierauf nochmals eingegangen. An dieser Stelle ist darauf hinzuweisen, dass die gewählten Varianten für den C-Klasseversuch auf dem Prüfstand ermittelt wurden. Die Varianten für den

S-Klasseversuch wurden aufgrund der zwischenzeitlichen Prüfstandsunterbrechung auf der Straße vermessen, wo auch der erste Versuchsteil stattgefunden hat.

Zusätzlich wurde für ausgewählte Varianten bei konstanter Masse die Fahrgeschwindigkeit variiert. Die Motivation hierfür lag in der Erfassung von Geschwindigkeitseinflüssen. Um den Gesamtversuch zeitlich in einem vertretbaren Rahmen zu halten, konnten jedoch nur Stichproben zu dieser Fragestellung durchgeführt werden. Dieser Untersuchungsumfang reicht für fundierte Aussagen definitiv nicht aus. Er soll aber Hinweise für weitere, im Anschluss an diese Arbeit folgende Untersuchungen liefern. Im Rahmen dieser Promotionsschrift werden diese Ergebnisse nicht dargestellt bzw. diskutiert. In Tabelle 10 sind die im Versuch verwendeten Varianten beider Fahrzeuge übersichtlich dargestellt.

C-Klasse

Variante	Geschwindigkeit (km/h)	Unwuchtmasse (g)	Positionierung
1	110	0	/
2	110	5	Hochpunkt
3	110	10	Hochpunkt
4	110	15	Hochpunkt
5	110	20	Hochpunkt
6	110	25	Hochpunkt
7	110	35	Hochpunkt
8	110	5	Tiefpunkt
9	110	10	Tiefpunkt
10	110	20	Tiefpunkt
11	110	25	Tiefpunkt
12	110	30	Tiefpunkt
13	110	40	Tiefpunkt
14	110	50	Tiefpunkt
15	100	20	Hochpunkt
16	130	20	Hochpunkt
17	160	20	Hochpunkt
18	100	20	Tiefpunkt
19	140	20	Tiefpunkt
20	170	20	Tiefpunkt

S-Klasse

Variante	Geschwindigkeit (km/h)	Unwuchtmasse (g)	Positionierung
1	120	0	/
2	120	15	Hochpunkt
3	120	25	Hochpunkt
4	120	30	Hochpunkt
5	120	40	Hochpunkt
6	120	50	Hochpunkt
7	110	0	/
8	110	5	Tiefpunkt
9	110	10	Tiefpunkt
10	110	15	Tiefpunkt
11	110	20	Tiefpunkt
12	110	30	Tiefpunkt
13	110	40	Tiefpunkt
14	110	50	Tiefpunkt
15	150	20	Tiefpunkt
16	170	20	Tiefpunkt

Tabelle 10: Übersicht der ausgewählten Anregungsvarianten

Laut [Bubb,2003-a] kann eine Gewöhnung an einzelne Fahrzeugvarianten weitestgehend ausgeschlossen werden, indem die Variantenreihenfolge bei jedem Probanden nach dem Zufallsprinzip generiert wird. Für die im Rahmen dieser Studie durchgeführten subjektiven Beurteilungen werden randomisierte Variantenreihenfolgen herangezogen. Unter Randomisierung versteht man hierbei die Durchführung der Versuche in zufälliger Reihenfolge, wodurch systematische Effekte auszuschließen sind [Grollius et al.,2009]. Die Aussagekraft der Versuchsergebnisse wird durch diesen Prozess maximiert [Bubb,2003-a].

Abschließend ist an dieser Stelle zu erwähnen, dass jede Variante objektiv erfasst wurde. Dies bedeutet, dass für jede Subjektivnote eine entsprechende Messung vorliegt, aus der die verwendeten Schwingungskennwerte nach dem in Kapitel 4.2.4 erläuterten Auswertealgorithmus berechnet werden. Diese Vorgehensweise erfordert zwar einen erhöhten Rechen- und Speicheraufwand, führt jedoch zu einer wesentlich höheren Versuchsgüte.

8.1.3 Bewertungssystem

Wie aus Kapitel 4.2.4 hervorgeht, existieren unterschiedlichste Bewertungssysteme zur Erfassung von Subjektivurteilen. Im Rahmen der hier durchgeführten Studie wird eine kategoriale, unipolare Absolutskala verwendet. Sie basiert auf einer im Konzern genutzten und somit für die Probanden vertrauten Skala zur Bewertung von NVH-Phänomenen. [Maier,2011] und [Kraft,2010] beispielsweise nutzten in ihrer Arbeit ein sehr ähnliches Bewertungssystem.

Das Bewertungssystem ist in zwei Bereiche unterteilt. Jeder Proband bewertet pro Variante das Niveau der wahrgenommenen Schwingung sowie im zweiten Schritt das Gefallen dieser Vibration. Bei der abgegebenen Niveaubewertung soll das Urteil frei vom Anspruch an das vorliegende Fahrzeug abgegeben werden. Zur Berücksichtigung des jeweiligen Fahrzeuganspruchs dient die Gefallensbewertung. Der Aufbau beider Bewertungssysteme ist dabei gleich. Bei der Bewertung des Niveaus steigt die

Intensität der wahrgenommen Schwingung vom geringsten Wert (Note 1) bis zum höchsten Wert (Note 9) kontinuierlich an. Bei der Benotung des Gefallens nimmt die Intensität ausgehend von Note 1 bis hin zur Note 9 kontinuierlich ab. In Abbildung 70 ist das verwendete Bewertungssystem exemplarisch dargestellt.

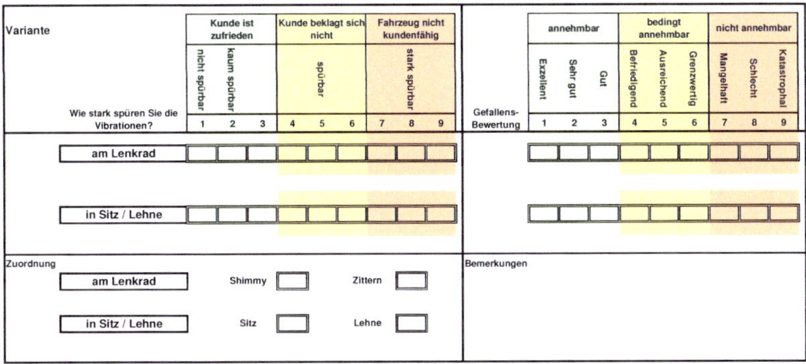

Abbildung 70: verwendeter Subjektivbewertungsbogen

Beide Bewertungsskalen sind entsprechend so aufgebaut, dass die Entscheidungsfindung und Bewertung über mehrere Stufen erfolgen kann. Im ersten Schritt erfolgt die Einteilung über eine überlagerte, dreistufige Attributeskala, welche durch Ampelfarben gekennzeichnet ist. Im zweiten Schritt entscheidet sich der Proband für eine konkrete Notenvergabe. Zusätzlich sind die Noten mit verbalen Ankern versehen. Diese sollen dem Probanden zusätzlich als Hilfe dienen und somit Fehlinterpretationen gänzlich ausschließen.

Abschließend wurde vom Probanden noch eine Aussage hinsichtlich der Zuordnung der vorliegenden Schwingung gefordert. Dabei sollte für jede Variante am Lenkrad zwischen Shimmy, der so genannten Lenkraddrehschwingung und Zittern, der Lenkradtranslationsschwingung unterschieden werden. Im Bereich der Fahrer-Fahrzeug-Schnittstelle „Gesäß-Sitz" war eine Tendenz abzugeben, an welcher Kontaktstelle die Schwingung am stärksten wahrgenommen wird. Zu unterscheiden war dabei zwischen den Bereichen Sitz und Lehne. Wurden vom Teilnehmer weitere zur Interpretation des Schwingungskomforts dienliche Hinweise bzw. Anmerkungen gemacht, so wurden diese in einem für freie Bemerkungen vorgesehenen Feld notiert.

8.1.4 Auswerteprozess

Nachfolgend wird der zur Kennwertfindung aufgestellte Auswerteprozess vorgestellt, welcher in Abbildung 71 visualisiert ist.

Im ersten Schritt wird die Datenbasis generiert. Objektive Daten werden dabei nach dem in Kapitel 4.2.4 beschriebenen Auswertealgorithmus verrechnet. Die subjektiven Daten werden durch die Anwendung der z-Standardisierung auf einheitliches Bewertungsniveau gebracht. Die entsprechende Vorgehensweise wurde bereits in Kapitel 2.4.1 erläutert.

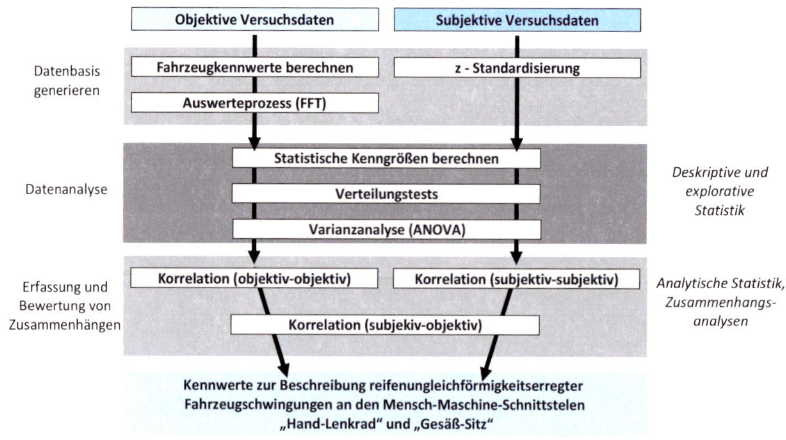

Abbildung 71: visuelle Darstellung des gewählten Auswerteprozesses

Im Zuge der darauffolgenden Datenanalyse erfolgt die Beschreibung der erhobenen Daten durch die Berechnung deskriptiver, statistischer Kenngrößen. Diese werden zur grundlegenden Analyse der Amplitudenverteilungen, der Richtungsausprägungen sowie der Bewertung der Reproduzierbarkeit herangezogen. Des Weiteren werden die Daten auf Normalverteilung geprüft, was für anschließende Korrelationsuntersuchungen von elementarer Bedeutung ist.

Im Bereich der analytischen Statistik werden lineare Zusammenhänge erfasst. Anhand dieser Zusammenhänge zwischen objektiven und subjektiven Daten werden unter Einbezug der Erkenntnisse aus den vorangegangenen Analysen jene Kennwerte identifiziert, welche sich besonders zur Beschreibung reifenungleichförmigkeitserregter Fahrzeugschwingungen anbieten.

8.2 Analytische Betrachtung der Fahrer-Fahrzeug-Schnittstellen

Bevor die erfassten Kennwerte anhand ihrer Korrelationsgüte bewertet werden, soll im ersten Schritt eine grundlegende Analyse im Bereich der Fahrer-Fahrzeug-Schnittstellen erfolgen. Nur durch das Erwerben von Kenntnissen bezüglich Verlauf, Streuung und Charakteristik der vorliegenden Schwingung ist eine Bewertung der im Anschluss ermittelten Korrelationskoeffizienten tragbar.

8.2.1 Analyse der subjektiven Zuordnung von Sitz und Lenkradschwingungen

Wie in Kapitel 8.1.3 erläutert, wurde zu jeder Variante von der jeweiligen Versuchsperson eine Tendenz hinsichtlich der Zuordnung von Sitz- und Lenkradschwingungen abgegeben. Ziel ist es Hinweise darüber zu erlangen, welche Bereiche vom Fahrer primär im Rahmen der Schwingungsbeurteilung wahrgenommen werden. Dies ist für die Identifikation wichtiger Kennwerte hilfreich und kann im Zuge der später angeschlossenen Betrachtung von Zusammenhangsanalysen nützlich sein.

In Zusammenhang mit der Sitzbewertung konnte der Fahrer zwischen der Zuordnung Sitzfläche und Lehnenfläche unterscheiden. War es ihm nicht möglich eine klare Aussage bezüglich der Schwingungsdominanz zu treffen, so wurde keine Zuordnung notiert. Keine Zuordnung wurde vom Fahrer meist bei sehr geringer Fahrzeuganregung getroffen, bei der das Fahrzeug in der Regel sehr gut bewertet wurde. In Abbildung 72 ist die prozentuale Verteilung der Sitzzuordnung am Beispiel der C-Klasse aufgetragen. Das Ergebnis zeigt sehr deutlich, dass der Proband die am Sitz auftretende Schwingung dominant auf der Sitzfläche wahrnimmt. Dabei wurde häufig zusätzlich angegeben, dass im Bereich des vorderen Sitzbereiches die Wahrnehmung am höchsten ist und subjektiv als erstes im Fußraum identifiziert wird und im zweiten Schritt erst auf der Sitzfläche.

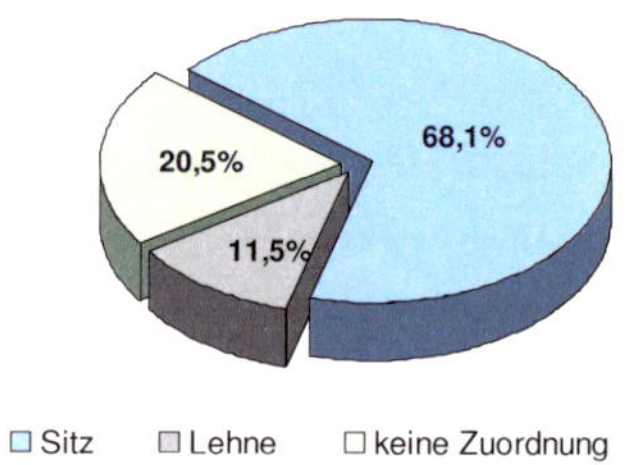

Abbildung 72: Subjektive Sitz- und Lehnenzuordnung am Beispiel der C-Klasse bei Anregung im Tiefpunkt

Wie Abbildung 72 zeigt, wurde die Lehne von den einzelnen Probanden nur äußerst selten und nur in Verbindung mit sehr hoher Anregung (Grenzvarianten) als Wahrnehmungsquelle detektiert. Dies ist unter anderem damit in Zusammenhang zu bringen, dass sich der Fahrer während der

Fahrt nicht vollständig mit dem Rücken an der Lehne anlehnt, sondern, wenn überhaupt, nur im Bereich des unteren Rückens Kontakt mit der Lehenfläche hat. Tendenziell lässt sich die gleiche prozentuale Verteilung am Beispiel der S-Klasse feststellen. Zur Vollständigkeit ist die entsprechende prozentuale Verteilung im Anhang (A.12) dargestellt. Auf Basis der Ergebnisse lässt sich festhalten, dass bei der Bewertung komfortrelevanter Sitzschwingungen der Sitzfläche eine höhere Bedeutung zukommt als der Lehnenfläche. Bei der Interpretation der nachfolgend betrachteten Korrelationskoeffizienten ist diese Erkenntnis zu berücksichtigen.

Bei der Lenkradbewertung wurde vom Probanden eine tendenzielle Zuordnung von Lenkradtranslations- und Lenkradrotationschwingungen abgegeben. Da der Großteil der teilnehmenden Versuchspersonen aus der Fahrzeugentwicklung des Konzerns stammt, wurde die im Hause verwendeten Begriffsdefinitionen verwendet. Lenkradrotationsschwingungen wurden als „Shimmy" abgefragt, für Lenkradtranslationsschwingungen wurde der Begriff „Zittern" verwendet. Zusätzlich bestand analog zur Sitzzuordnung die Möglichkeit bei nicht eindeutigen Varianten keine Zuordnung zu treffen. In Abbildung 73 ist die prozentuale Zuordnung translatorischer sowie rotatorischer Lenkradschwingungen am Beispiel der C-Klasse visualisiert.

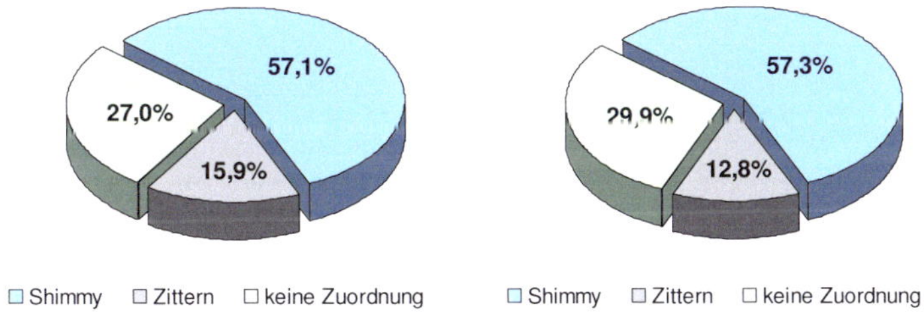

Abbildung 73: Subjektive Lenkradzuordnung am Beispiel der C-Klasse: Hochpunktvarianten (links); Tiefpunktvarianten (rechts)

Sowohl bei Anregung im Hochpunkt (linke Darstellung) wie auch bei Anregung im Tiefpunkt (rechte Darstellung) wurde die Lenkraddrehschwingung bzw. der Shimmy am häufigsten rückgemeldet.

Lässt sich dies bei der Hochpunktvariante leicht erklären, ist es bei Anregung im Tiefpunkt, welche für die translatorischen Fahrzeugschwingungen verantwortlich ist, im ersten Schritt verwunderlich. Gerade im Bereich der Tiefpunktanregung wurden Varianten ausgewählt, bei welchen das Fahrzeug mit Zusatzmassen von bis zu $50g$ angeregt wurde. Kommt es bei dieser starken Vertikalanregung zu wechselseitigen Achsschwingungen, weicht die Achse konstruktionsbedingt in Längsrichtung aus. Die Achse schwingt in einer Art Taumelbewegung, wie durchgeführte Betriebsschwingformanalysen zeigten. Dies führt dann ebenso wie bei reiner Hochpunktanregung zu wechselseitigen Achslängsschwingungen, welche für Lenkraddrehschwingungen verantwortlich sind. Da jedoch, wie bereits in dieser Promotionsschrift erwähnt, zwischen rotatorischen und translatorischen Lenkradschwingungen eine relative Schwebung oder auch Drehwinkeldifferenz von ~180° vorliegt, und somit die Phänomene zu unterschiedlichen Zeitpunkten auftreten, ist eine Phänomentrennung im Versuch zweifelsfrei durchführbar. Dies bedeutet, dass der Proband zwar beide Schwingungsphänomene wahrnimmt, die Drehschwingung jedoch als deutlich störender und somit dominanter empfindet.

8.2.2 Objektive Betrachtung der Fahrer-Fahrzeug-Schnittstelle „Gesäß-Sitz"

Aufgrund der Fahrzeuganregung durch Zusatzmassen, welche im Tiefpunkt der Vorderräder angebracht sind, wird das Fahrzeug dominant in vertikaler Koordinatenrichtung angeregt [Rössler,2011]. Allerdings nehmen mit Erhöhung der Zusatzmasse die Längs- wie auch die Querbeschleunigungen zu. Verglichen mit der Vertikalrichtung liefern diese jedoch bei der Bildung des Vektors den deutlich geringeren Anteil. Da der Vektor durch die

Vertikalrichtung geprägt ist, gleichzeitig jedoch die weiteren Richtungen berücksichtigt, wird im nachfolgenden Kapitel ausschließlich der Vektorbetrag der vorliegenden Schwingung dargestellt.

In Abbildung 74 sind die verwendeten Sensorpositionen in Sitz- und Lehenmatte exemplarisch dargestellt. Die Nummerierung beruht dabei auf der Historie der ersten Sitzmessmatte. Dabei wurde eine symmetrische Anordnung der Sensoren umgesetzt. Die in der zweiten Messmatte verbliebenen Sensoren erhielten aus Gründen der Übersichtlichkeit die gleiche Nummerierung wie bei der ersten Messmatte. Zusätzlich wurde die Matte um einen Sensor erweitert. Chronologisch erhält dieser die Nummer 9. Die genauen Sensorpositionen sind tabellarisch im Anhang A.1 zusammengefasst.

Abbildung 74: Sensorzuordnung der Sitz- und Lehnenmatte

Betrachtet man die in Abbildung 75 links dargestellte Amplitudenverteilung des C-Klasse-Sitzes, wird die zuvor erläuterte individuelle Rückmeldung des Fahrers in Bezug auf die Schwingungswahrnehmung plausibel. Am vorderen Auflagepunkt des Sitzes (Sitz (2)) liegt die größte Beschleunigungsamplitude vor und nimmt in Richtung der Lehne kontinuierlich ab.

Dieser Verlauf stimmt mit den Erkenntnissen überein, welche [Mansfield,2001] in seinen Untersuchungen darlegt. Sitzpunkt (7) passt jedoch nicht in dieses Muster. An dieser Stelle nimmt die Beschleunigungsamplitude lokal zu. Der Beschleunigungsanstieg in diesem Bereich könnte darin begründet sein, dass an dieser Stelle kein direkter Kontakt zwischen Fahrer und Sitzmatte vorlag. Dies könnte dazu führen, dass im Bereich einer Kontaktstelle zwischen Fahrer und Sitzmatte eine Massen- und Steifigkeitserhöhung vorliegt, was beides schwingungsreduzierende Auswirkungen haben kann [Gauterin,2011]. Liegt kein Kontakt vor, kommt es folglich zu höheren Schwingungsamplituden. Die Amplitudenverteilung auf dem S-Klasse-Sitz (Abbildung 75, rechts) ist wesentlich konstanter. Auch hier nimmt die Beschleunigungsamplitude an Sensor Sitz (7) lokal zu, was die zuvor aufgestellte These untermauert, wenn ebenfalls davon ausgegangen wird, dass an dieser Stelle kein direkter Kontakt zwischen Fahrer und Sitzmatte vorlag. Vergleicht man beide Verläufe miteinander, so ist zu erkennen, dass die Verteilung der Beschleunigung sitzabhängig ist. Der S-Klasse-Sitz, welcher im Gegensatz zum C-Klasse-Sitz ein wesentlich höheres Grundgewicht hat und aufgrund seiner komfortablen Gestaltung ein deutlich größeres Dämmungsverhalten aufweist, leitet die Schwingung an den Fahrer vollkommen anders weiter, als es bei einem C-Klasse-Sitz der Fall ist. Da mit Hilfe der Sitzmatte die Beschleunigungsamplituden direkt an der Fahrer-Fahrzeug-Schnittstelle „Gesäß-Sitz", also dort wo der Kunde die Schwingungsbelastung wahrnimmt, erfasst werden, sind hohe Korrelationen zwischen der Schwingungsbelastung und dem Subjektivurteil zu erwarten.

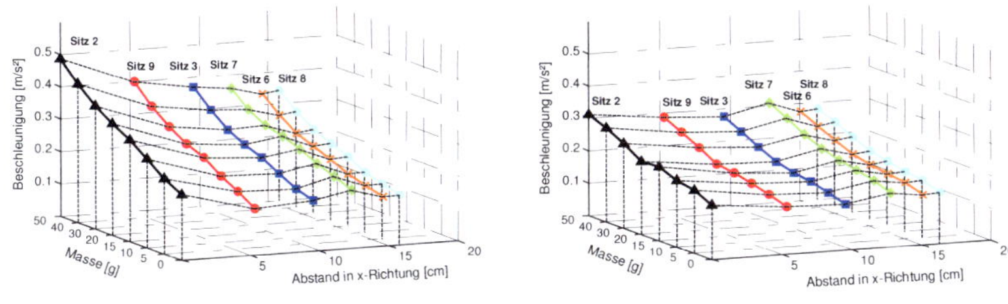

Abbildung 75: Amplitudenverteilung (Vektor) auf Sitzmatte bei Anregung im Tiefpunkt: C-Klasse (links); S-Klasse (rechts)

Abbildung 76 zeigt die Amplitudenverteilung an der Fahrersitzkonsole am Beispiel der C-Klasse. Die größte Beschleunigung liegt an den vorderen Konsolenpunkten vor. Die geringste Beschleunigung wird am hinteren rechten Konsolenpunkt detektiert. Dies ist plausibel, wenn man bedenkt, dass die Anregung über die Vorderräder ins Kraftfahrzeug eingeleitet wird.

Im Rahmen der angefertigten Arbeit wird mit dem gemittelten Fahrersitzkonsolenpunkt ein weiterer Kennwert eingeführt, welcher im Folgenden FS-Konsole (Mitte) genannt wird. Dieser Kennwert beschreibt die in der Konsolenmitte vorliegende Beschleunigung und wird nach Gleichung (Gl. 22) – Gleichung (Gl. 24) berechnet. Aufgrund der Überbestimmung der einzelnen Freiheitsgrade wird eine Messungenauigkeit, welche beispielsweise durch eine Schrägausrichtung der Sensoren entstehen kann, minimiert. Neben seiner Eigenschaft, den konsolenbasierten Sitzmittelpunkt robust (Minimierung der Messungenauigkeit) zu beschreiben besteht ein weiterer Vorteil darin, dass bei gezielter Anregung über die hinteren Räder auch hier die mittlere Beschleunigung an der Konsole erfasst wird. Aus diesem Grund beschreibt der Konsolenmittelpunkt einen allgemeingültigen Anregungsfall welcher sowohl bei Vorderachs- als auch bei Hinterachsanregung herangezogen werden kann.

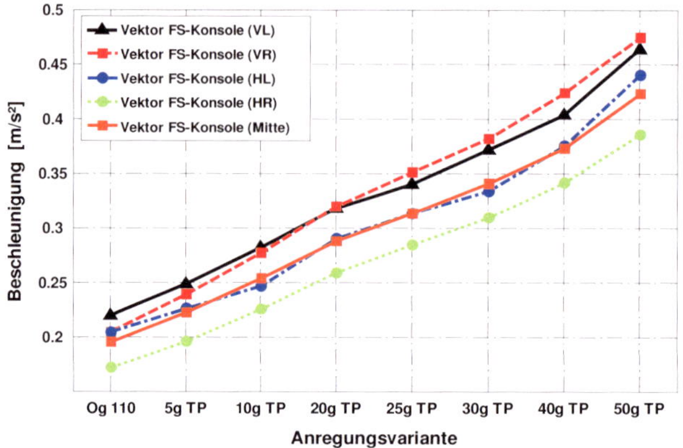

Abbildung 76: Amplitudenverteilung an Fahrersitzkonsole (C-Klasse)

Bis dato werden im Konzern konsolenbasierte Kennwerte berechnet, welche das Schwingverhalten auf der Sitzfläche bzw. an einem virtuellen Brustpunkt, welcher nachfolgend als Referenzpunkt bezeichnet wird, repräsentiert. Die Herleitung dieser konsolenbasierten Kennwerte sind Kapitel 4.2.2 zu entnehmen. Die berechneten Kennwerte sind Bestandteil der aktuell verwendeten Standardauswertung zur Objektivierung reifenungleichförmigkeitserregter Fahrzeugschwingungen. Nachfolgend werden diese Kennwerte mit dem zuvor neu eingeführten Konsolenmittelpunkt verglichen.

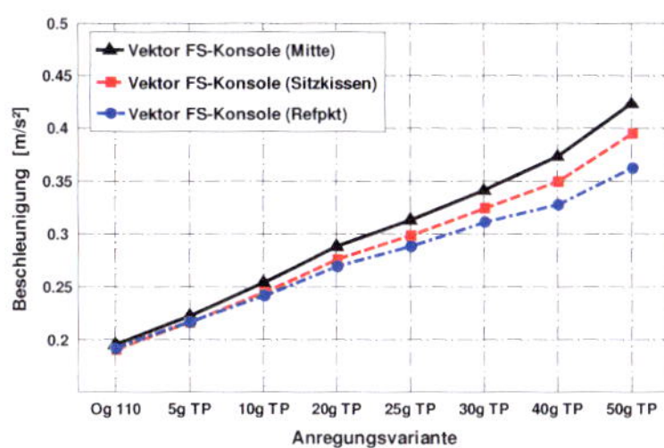
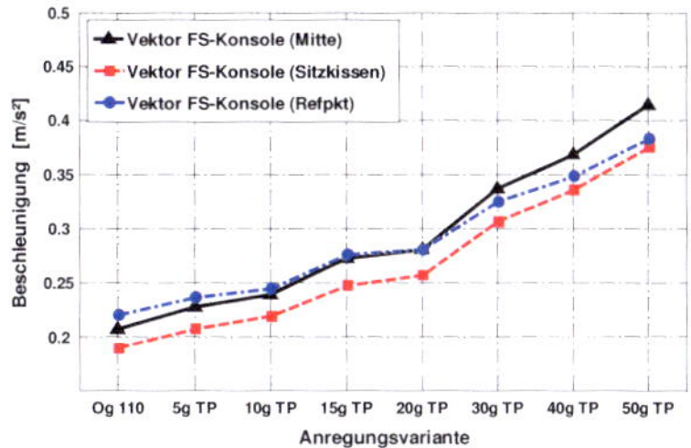

Abbildung 77: Gegenüberstellung berechneter Konsolenkennwerte: C-Klasse
(links); S-Klasse (rechts)

Bei Betrachtung der C-Klasse (Abbildung 77, linke Darstellung) ist eine, verglichen mit dem Konsolenmittelpunkt, weniger stark ansteigende Tendenz der Beschleunigungsamplitude des Referenzpunktes wie auch des Sitzpunktes zu erkennen. Bei der S-Klasse ist ein ähnlicher Verlauf festzustellen, wenn auch nicht in der Ausprägung wie bei der C-Klasse.

Diese Schwingungsreduzierung könnte auf die im Fahrzeug vorhandene Torsionsschwingung, sowie auch auf rotatorische Beschleunigungsanteile, welche sich nach Gleichung (Gl. 25) – Gleichung (Gl. 27) berechnen, zurückzuführen sein. Wie erwähnt werden die konsolenbasierten Kennwerte Sitzkissen und Referenzpunkt aus den vier einzelnen Konsolenbeschleunigungen berechnet. Ein Einfluss rotatorischer Beschleunigungen steigt mit der Länge des Hebelarmes (Abstand zwischen Fahrersitzkonsole und konsolenbasiertem Messpunkt), wie aus den Herleitungen in Kapitel 4.2.2 hervorgeht. Je nach Phasenlage zwischen translatorischer und rotatorischer Beschleunigung kann der translatorische Beschleunigungsanteil verstärkt oder kompensiert werden. Dies würde auch erklären, weshalb bei der C-Klasse ein deutlich größerer Einfluss erkennbar ist. Die Torsionssteifigkeit der C-Klasse liegt klar unterhalb jener der S-Klasse. Im Anhang (A.13) sind die torsionalen Schwingungsanteile in Abhängigkeit der angebrachten

Zusatzmasse beider Fahrzeuge dargestellt. Anhand durchgeführter Betriebsschwingformanalysen konnte der Effekt beispielhaft für die verwendeten Versuchsfahrzeuge bestätigt werden. Berücksichtigt man die Erkenntnisse von [Griffin,2007], so wirken sich rotatorische Schwingungsanteile nur bei sehr geringen Frequenzen auf die menschliche Wahrnehmung aus. Dies würde in dem hier betrachteten Anwendungsfall bedeuten, dass sich der objektive Kennwert verändert, die Schwingungswahrnehmung dabei jedoch nicht beeinflusst wird. Bei höheren Geschwindigkeiten ist aufgrund höherer torsionaler Schwingungsanteile ein verstärkter Einfluss zu erwarten. Dies begründet die Entscheidung, von virtuell berechneten Bezugspunkten wie beispielsweise der Fahrersitzkonsolenreferenzpunkt (FS-Konsole Refpkt.) Abstand zu nehmen und ausschließlich den Konsolenmittelpunkt heran zu ziehen.

Festzuhalten bleibt an dieser Stelle, dass quantitative Abweichungen zu erkennen sind, der qualitative Verlauf bei beiden Fahrzeugen jedoch auf sehr vergleichbarem Niveau liegt und somit im Rahmen der anschließenden Korrelationsanalyse ähnliche Koeffizienten erwartet werden.

Um einen Eindruck dafür zu gewinnen, wie groß Unterschiede zwischen Konsolenbeschleunigung und Sitzflächenbeschleunigung sind, werden den nachfolgend in Abbildung 78 (C-Klasse) und Abbildung 79 (S-Klasse) direkte Vergleiche dargestellt. Aufgetragen sind dabei die Mittelwerte, resultierend aus allen 18 Probanden mit der zugehörigen einfachen Standardabweichung. Sowohl bei der C- als auch bei der S-Klasse ist der qualitative Verlauf zwischen Konsolen- und Sitzflächenbeschleunigung identisch. Quantitativ ist dies sehr stark vom jeweiligen Messpunkt abhängig. Liegen an der Konsole und an ausgewählten Beschleunigungssensoren in der Sitzfläche (bei C-Klasse beispielsweise Sensor 2, bei S-Klasse beispielsweise Sensor 7) teilweise die gleichen Schwingungsamplituden an, so ist an anderen Messpositionen auf der Sitzfläche (bei C-Klasse beispielsweise Sensor 7, bei S-Klasse beispielsweise Sensor 2) eine deutli-

212

che Differenz zur Konsolenbeschleunigung zu erkennen. Dies ist vom verwendeten Sitz abhängig und vermutlich auf das bereits beschriebene Sitzdämmungsverhalten zurückzuführen. Betrachtet man die Messwertstreuung, welche ein Maß für die Reproduzierbarkeit darstellt, so ist zu sehen, dass die Reproduzierbarkeit direkt auf der Sitzfläche weitaus geringer ist als an der Fahrersitzkonsole. Beachtet man, dass im Rahmen der Probandenstudie Personen mit unterschiedlicher Körpergröße sowie unterschiedlichem Körpergewicht teilgenommen haben, ist die Messwertstreuung auf der Sitzfläche plausibel erklärbar.

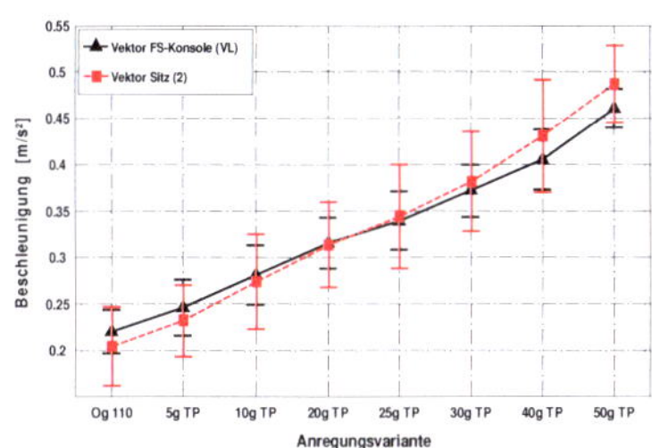
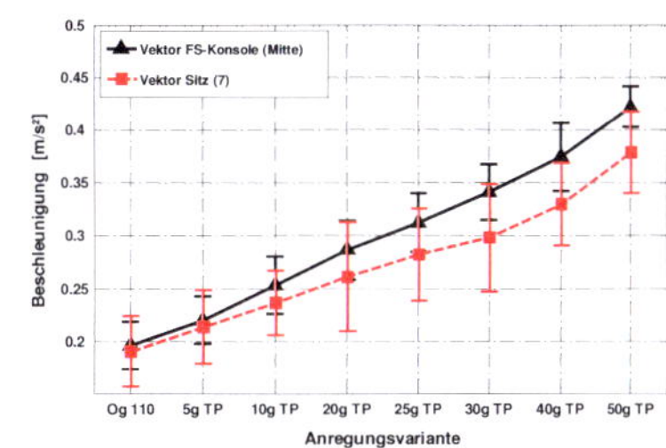

Abbildung 78: Vergleich der Reproduzierbarkeit zwischen Konsolen- und Sitzwerten (C-Klasse)

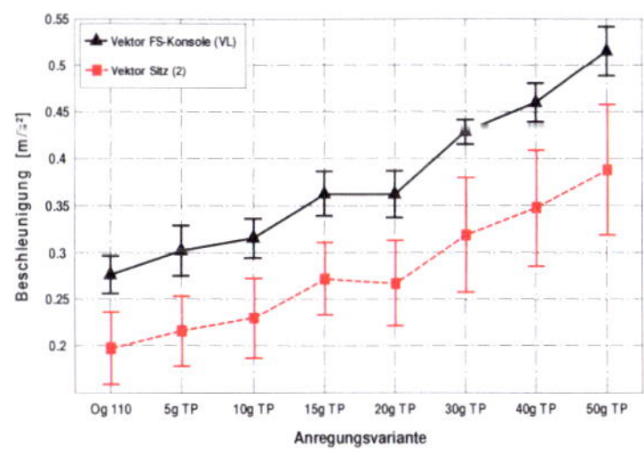
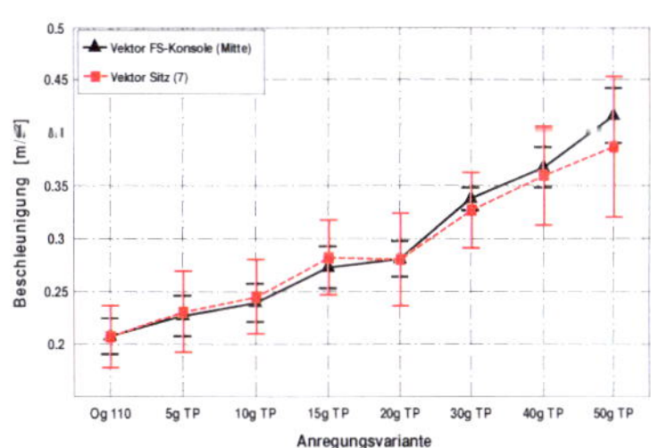

Abbildung 79: Vergleich der Reproduzierbarkeit zwischen Konsolen- und Sitzwerten (S-Klasse)

Die in Abbildung 80 dargestellten Ergebnisse einer Varianzanalyse verdeutlichen die Streuungsunterschiede zwischen Sitzfläche und Fahrersitzkonsole.

Variante	Og 110	5g TP 110	10g TP 110	20g TP 110	25g TP 110	30g TP 110	40g TP 110	50g TP 110
Og 110		> 99%	> 99%	> 99%	> 99%	> 99%	> 99%	> 99%
5g TP 110			> 99%	> 99%	> 99%	> 99%	> 99%	> 99%
10g TP 110				> 99%	> 99%	> 99%	> 99%	> 99%
20g TP 110					> 95%	> 99%	> 99%	> 99%
25g TP 110						> 99%	> 99%	> 99%
30g TP 110							> 99%	> 99%
40g TP 110								> 99%
50g TP 110								

Variante	Og 110	5g TP 110	10g TP 110	20g TP 110	25g TP 110	30g TP 110	40g TP 110	50g TP 110
Og 110		> 90%	> 99%	> 99%	> 99%	> 99%	> 99%	> 99%
5g TP 110			> 90%	> 99%	> 99%	> 99%	> 99%	> 99%
10g TP 110				> 90%	> 99%	> 99%	> 99%	> 99%
20g TP 110					> 75%	> 95%	> 99%	> 99%
25g TP 110						< 75%	> 99%	> 99%
30g TP 110							> 95%	> 99%
40g TP 110								> 99%
50g TP 110								

Abbildung 80: Ergebnisauszug Varianzanalyse am Beispiel der C-Klasse: Vektor Fahrersitzkonsole-Mitte (links); Vektor Sitz 7 (rechts)

Hierbei werden die Niveauunterschiede zwischen den Varianten ins Verhältnis zu den Messwertstreuungen innerhalb der Varianten gesetzt [Rössler,2011]. Durch diesen Schritt lässt sich bestimmen, bei welchen Kennwerten es in Abhängigkeit der vorliegenden Messwertstreuung zur Vermengung benachbarter Anregungsvarianten kommt. Im Rahmen dieser Betrachtung werden die ersten vier Signifikanzniveaus, welche Tabelle 1 zu entnehmen sind, abgeprüft. Hoch signifikante Unterschiede sind dadurch gegeben, dass die Messwertstreuung innerhalb einer Variante auf geringem Niveau liegt, die Varianten untereinander sich in Abhängigkeit des variierten Anregungsinputs deutlich unterscheiden. Wie Abbildung 80 zu entnehmen ist, liegt an der Sitzkonsole zwischen den Varianten ein hoch signifikanter Unterschied vor, während es auf der Sitzfläche häufig zu einer Vermengung der Varianten kommt. Aus objektiver Sicht ist daher die Empfehlung auszusprechen, auftretende Beschleunigungen an der Konsole zu erfassen. Ob dies auch der vom Kunden wahrgenommenen Komfortempfindung entspricht, soll im Zuge der statistischen Zusammenhangsanalysen diskutiert werden. Dass für die S-Klasse gleiche Ergebnisse festzustellen sind (siehe hierzu auch Anhang (A.11)), deutet darauf hin, dass die hier getroffene Aussage bezüglich der Konsolenempfehlung übertragen werden kann.

Zur Vollständigkeit der objektiven Betrachtung der Fahrer-Fahrzeug-Schnittstelle „Gesäß-Sitz" wird abschließend der Lehnenbereich kurz diskutiert, wenn auch für die Lehne nur eine geringe Dominanzzuordnung erfasst wurde, wie Abbildung 72 zeigt. Wie aus Abbildung 81 ersichtlich wird, ist der Unterschied zwischen den einzelnen Lehnenflächenbeschleunigungen deutlich geringer als der Beschleunigungsunterschied zwischen den Sensoren auf der Sitzfläche (Abbildung 75). Bei der S-Klasse (rechte Darstellung) ist kein Unterschied zwischen den verschiedenen Sensoren zu erkennen, bei der C-Klasse (linke Darstellung) kommt es beim Lehnenpunkt 4 zu einem geringen Unterschied. Ein mit der Massenzunahme progressiv ansteigender Beschleunigungsverlauf, welcher bei allen anderen Sensoren nicht vorliegt ist zu erkennen. Dieser abweichende Beschleunigungsverlauf konnte auf Basis der durchgeführten Untersuchungen nicht plausibel erklärt werden.

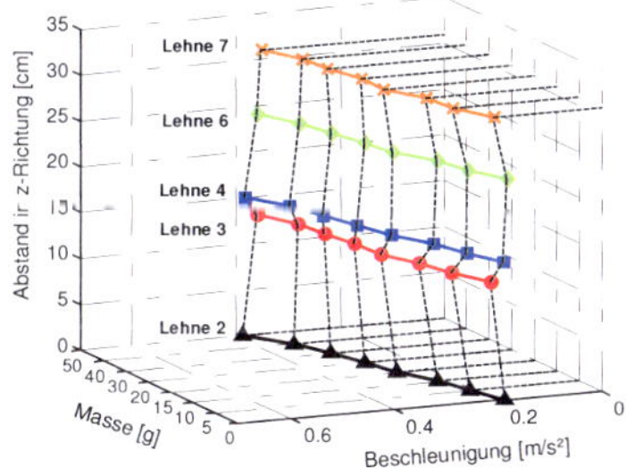

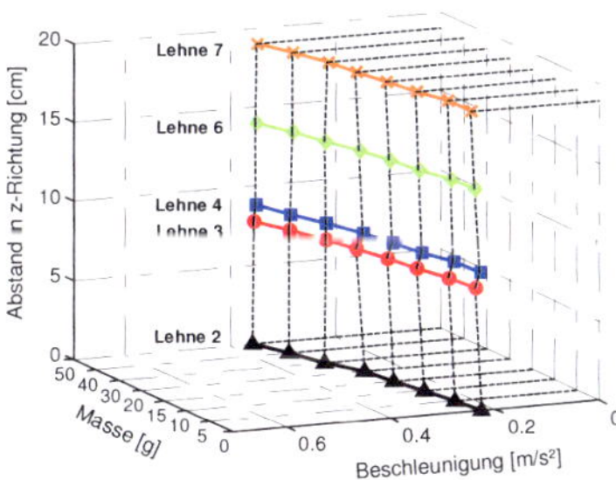

Abbildung 81: Amplitudenverteilung (Vektor) auf Lehnenmatte bei Anregung im Tiefpunkt: C-Klasse (links); S-Klasse (rechts)

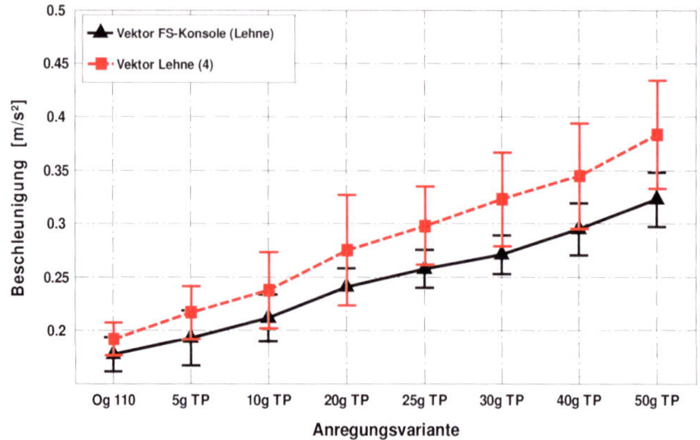

Abbildung 82: Gegenüberstellung konsolenbasierter Lehnenkennwert und Lehnen-
messpunkt (C-Klasse)

Abbildung 82 zeigt beispielhaft den Vergleich der Messwertstreuung an
Konsole und Lehnenfläche der C-Klasse. Wie schon bei Betrachtung des
Sitzflächenbereichs liegt auch hier direkt an der Lehnenfläche eine weitaus
größere Messwertstreuung an als am konsolenbasierten virtuellen Lehnen-
messpunkt. Diese Erkenntnis lässt sich auf alle Lehnenmesspunkte sowohl
bei der C- als auch bei der S-Klasse übertragen [Rössler,2011]. Aufgrund
der gleichmäßigen Amplitudenverteilung im Bereich der Lehnenfläche
wird von der Darstellung weitere Gegenüberstellungen abgesehen.

8.2.3 Objektive betrachtung der Fahrer-Fahrzeug-Schnittstelle „Hand-Lenkrad"

Zur Objektivierung auftretender Lenkradschwingungen liegen insgesamt
sechs Zeitsignale zur Kennwertberechnung vor. Da die Probanden, wie in
Kapitel 8.1 erläutert, dass Lenkrad mit der linken Hand im unteren linken
Lenkradbereich festhalten, wird der Vektor sowie die Einzelrichtungen des

216

linken Lenkradsensors verwendet. Zur weiteren Berechnung der vorliegenden Lenkradrotationsschwingung bzw. der translatorischen Vertikalschwingung wird der rechte Sensor hinzugezogen. Die Gleichungen zur Generierung dieser Kennwerte sind in Kapitel 4.2.1 aufgezeigt. Bei Betrachtung der Messwertstreuung decken sich die Ergebnisse mit denen aus Kapitel 7.2 und werden daher an dieser Stelle nicht nochmals separat aufgeführt. Da der menschliche Einfluss wie gezeigt auf translatorische Lenkradschwingungen gegenüber Lenkraddrehschwingungen untergeordnet ist, streuen Messwerte zur Beschreibung der Lenkradtranslation im Gegensatz zu Messwerten welche die Lenkradrotation beschreiben auf deutlich geringerem Niveau.

8.3 Statistische Zusammenhangsanalysen

Im vorangegangenen Teilkapitel wurden im Rahmen explorativer Analysen Unterschiede zwischen verschiedenen in dieser Arbeit verwendeten Kennwerten aufgezeigt und diskutiert. Kennwerte, welche direkt auf dem Sitz, speziell auf der Sitzmessmatte, erfasst werden, streuen deutlich stärker als konsolenbasierte Kennwerte. Im nächsten Schritt sollen Zusammenhangsanalysen helfen, jene Kennwerte zu identifizieren, welche statistisch abgesichert die subjektiven Urteile über reifenungleichförmigkeitserregte Fahrzeugschwingungen am besten objektivieren. Hierfür werden Korrelationsanalysen verwendet. Neben der Subjektiv-Objektiv-Korrelation werden zusätzlich Korrelationen objektiver bzw. subjektiver Daten untereinander herangezogen.

8.3.1 Korrelationsanalyse (subjektiv-subjektiv)

Die Subjektiv-Subjektiv-Korrelation dient dazu, überflüssige Fragebogenkriterien aufzuzeigen um im weiteren Schritt nur die wesentlichen Kriterien im Zuge der Subjektiv-Objektiv-Korrelation anzuwenden. Wie bereits erläutert, wurde von den Probanden sowohl eine Niveaubewertung (wie stark empfinden Sie die vorliegende Schwingung), als auch eine Gefallensbewertung (wie gefällt Ihnen die vorliegende Schwingung im Zusammenhang mit dem zu bewertenden Fahrzeug) abgefragt. Ziel dabei war es, Unterschiede, die auf den individuellen Fahrzeuganspruch zurückzuführen sind, quantifizieren zu können. Läge ein deutlicher Unterschied zwischen Niveau und Gefallen vor, würde dies bedeuten, dass teilweise Schwingungen vom Kunden zwar wahrgenommen werden, diese jedoch im Zusammenhang mit dem Fahrzeug oder der Fahrsituation nicht bemängelt werden. Bezogen auf die durchgeführte Probandenstudie wäre es beispielsweise denkbar, dass Probanden bei gleichwertiger Fahrzeuganregung im Niveau für C- und S-Klasse die gleiche Bewertung wählen, wobei die Gefallensbewertung stark auseinander geht. Es wäre davon auszugehen, dass der Anspruch an das Premiumsegment (S-Klasse) auf deutlich höherem Niveau läge, als dies bei einem Fahrzeug des Mittelklassesegments (C-Klasse) der Fall wäre.

8.3.1.1. Beurteilungsqualität

Bevor auf die Gegenüberstellung von Niveau- und Gefallensbewertung eingegangen wird, soll die Beurteilungsqualität der Probanden betrachtet werden. Um eine Aussage über die Güte der subjektiven Benotungen treffen zu können, wurde bei jedem Probanden eine Wiederholvarianten in den Versuchsablauf eingepflegt. Hierüber wurde der Proband nicht informiert. Die Wiederholvariante wurde an den eigentlichen Versuch angeschlossen. Um die Gesamtdauer des Versuchs nicht aufzuweiten, wurde die Reproduzierbarkeit ausschließlich an der S-Klasse betrachtet. Die Ergebnisse sind jedoch übertragbar, da bei beiden Fahrzeugen das gleiche Messprogramm angewandt wurde. In Abbildung 83 sind die Subjektivnoten wiederholter Varianten der einzelnen Probanden visualisiert. Die linke Darstellung zeigt die Reproduziergüte auf der Flachbahn, im rechten Bild ist die Reproduziergüte im freien Versuchsfeld wiedergegeben. Die Ziffern stehen für die einzelnen Probanden. Jedem Versuchsteilnehmer ist eine Zahl zugeordnet. Die gelbe bzw. die rote Linie beschreiben den Übergang der dreistufigen Attributeskala, welche als Ampel dargestellt sind (siehe hierzu Abbildung 70).

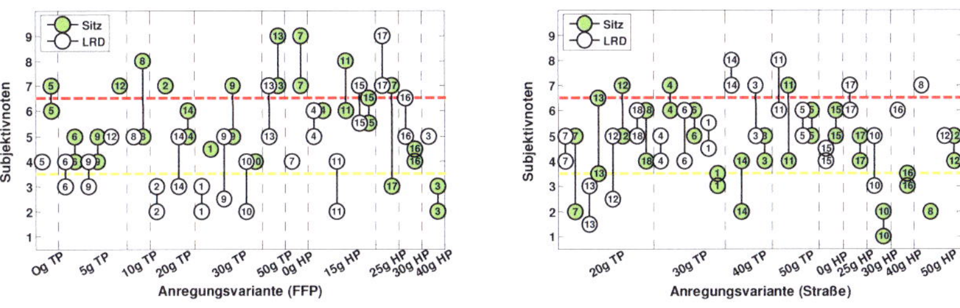

Abbildung 83: Beurteilungsqualität: Flachbahn-Fahrzeug-Prüfstand (links); Straße (rechts)

Die durchschnittliche mittlere Abweichungen der Benotungen beläuft sich auf dem Flachbahn-Fahrzeug-Prüfstand am Sitz auf $1,14 Noten$, am Lenkrad auf $1,19 Noten$. Auf der Straße liegt die mittlere Abweichung am Sitz bei $1,41 Noten$, am Lenkrad bei $1,15 Noten$. Die geringen Abweichungen verdeutlichen, dass das ausgewählte Probandenkollektiv sehr gut in der Lage ist, zwischen den dargebotenen Anregungen zu unterscheiden und mit entsprechenden Subjektivurteilen zu bewerten.

8.3.1.2. Zusammenhangsanalyse zwischen Niveau- und Gefallensbewertung

Abbildung 84 zeigt die linearen Zusammenhänge zwischen abgegebener Niveau- und Gefallensbewertung. Die Korrelationskoeffizienten werden unter Verwendung aller insgesamt 1280 erfassten Ereignisse berechnet.

Sowohl am Sitz als auch am Lenkrad lässt sich ein linearer Zusammenhang feststellen. Die Korrelationskoeffizienten betragen am Sitz $r_{Sitz} = 0,95$ und am Lenkrad $r_{LRD} = 0,96$. Weiter wurde der lineare Zusammenhang jedes einzelnen Probanden betrachtet. Als Resultat konnte für jeden Proband ein Korrelationskoeffizient von $> 0,9$ detektiert werden. Zur Verdeutlichung des allgemeinen linearen Zusammenhangs sind in Abbildung 84 die z-standardisierten Niveau- und Gefallensbenotungen aufgetragen.

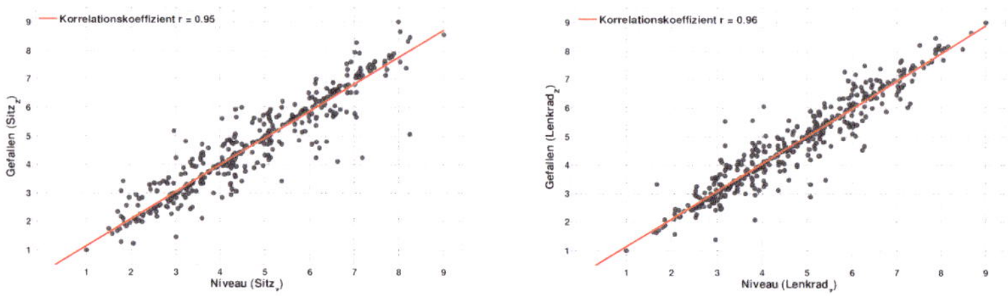

Abbildung 84: linearer Zusammenhang zwischen Niveau- und Gefallensbewertung

Die hohe korrelative Übereinstimmung macht deutlich, dass der Proband nicht zwischen Niveau und Gefallen unterscheidet. Die Zunahme des Schwingungsniveaus bedeutet für den Probanden auch gleichzeitig eine Abnahme der Annehmlichkeit im Kraftfahrzeug ohne dabei Rückschlüsse auf die Fahrzeugklasse zu ziehen.

Das Ergebnis zeigt, dass eine Trennung zwischen Niveau und Gefallen nicht zielführend ist. Aus diesem Grund wird im weiteren Verlauf dieses Kapitels ausschließlich die Niveaubewertung der Probanden herangezogen.

8.3.2   Korrelationsanalyse (objektiv-objektiv)

Im Rahmen der durchgeführten Probandenstudie wurde der Bereich der Fahrer-Fahrzeug-Schnittstelle „Gesäß-Sitz" messtechnisch sehr umfangreich ausgestattet. Insgesamt stehen 80 Kennwerte zur Verfügung um den subjektiven Schwingungseindruck objektivieren zu können. Dabei dienen 24 Kennwerte der Beschreibung auf der Sitzfläche, 20 Kennwerte der Objektivierung auf der Lehnenfläche und 36 Kennwerte zur Beschreibung der Konsolenschwingung. Die einzelnen Kennwerte sind in Anhang (A.2) tabellarisch zusammengefasst.

Der Analyseaufwand steigt mit der Anzahl der Kennwerte exorbitant an und bringt der Ergebnisgüte nicht zwangsläufig einen Mehrwert. Aus diesem Grund werden nachfolgend die Kennwerte reduziert. Dabei ist das Ziel redundante Kennwerte zu eliminieren, da bei deren Auswertung und Analyse kein zusätzliches Wissen generierbar ist.

Zur Reduktion der Kennwerte werden Korrelationsmatrizen aus allen objektiven Kennwerten berechnet. Durch die Bildung von Korrelationskoeffizienten zweier objektiver Kennwerte lässt sich deren linearer Zusammenhang ermitteln. Liegt ein vollständig linearer Zusammenhang zwischen zwei Werten vor, so ist bei der im Anschluß daran durchzuführenden Subjektiv-Objektiv-Korrelation bei Verwendung dieser Kennwerte ein identisches Ergebnis zu erwarten. In Tabelle 11 sind die gruppierten Kennwerte zusammengefasst.

Bereich	Kennwerte	Gruppierung
FS-Konsole	FS-Konsole (VL_x)	[1]
	FS-Konsole (VR_x)	[1]
	FS-Konsole (HL_x)	[2]
	FS-Konsole (HR_x)	[2]
	FS-Konsole ($Refpkt_x$)	[3]
	FS-Konsole ($Lehne_x$)	[3]
	FS-Konsole (VL_y)	[4]
	FS-Konsole (VR_y)	[4]
	FS-Konsole (HL_y)	[5]
	FS-Konsole (HR_y)	[5]
	FS-Konsole ($Refpkt_z$)	[6]
	FS-Konsole ($Mitte_z$)	[6]
	FS-Konsole ($Sitz_z$)	[6]
	FS-Konsole ($Lehne_z$)	[6]
Sitz	Sitz (3_y)	[7]
	Sitz (9_y)	[7]
	Sitz (6_y)	[8]
	Sitz (8_y)	[8]
Lehne	Lehne (4_y)	[9]
	Lehne (6_y)	[9]
	Lehne (4_z)	[10]
	Lehne (6_z)	[10]

Tabelle 11: Gruppierung redundanter Kennwerte

Im Rahmen der Analyse wird ein vollständiger linearer Zusammenhang bei einem Korrelationskoeffizienten $r > 0,995$ angenommen. Ein Korrelationskoeffizient von $r = 1$ ist bei praktischen Anwendungen nicht zu erwarten. Hochkorrelierende Kennwerte werden gruppiert und im Folgenden ausschließlich im Kollektiv analysiert und bewertet. Die Voraussetzung einer solchen Gruppierung ist dabei, dass einzig Kennwerte zusammengefasst werden, die dem gleichen Bereich zugehörig sind und zudem identische Richtungsanteile erfassen. Durch die strengen Gruppierungsregeln erfolgt keine drastische Datenreduktion, sondern lediglich die Eingrenzung tatsächlich redundanter Kennwerte. Die Anzahl der nachfolgend betrachteten Kennwerte liegt nun bei 68. Würde beispielsweise ein vollständig linearer Zusammenhang bei einem Korrelationskoeffizienten von $r = 0{,}9$ angenommen werden, so würde sich die Anzahl der Kennwerte auf < 40 reduzieren.

8.3.3 Korrelationsanalyse (subjektiv-objektiv)

Die so genannte Subjektiv-Objektiv-Korrelation dient zur Klärung, welche physikalischen Kennwerte den komfortrelevanten Schwingungseindruck des Kunden am besten repräsentieren. Im Zuge der Fahrzeugkomfortentwicklung gilt die subjektive Wahrnehmung unumstritten als eines der wichtigsten Kriterien. Daher wird immer wieder versucht, diese durch physikalische Kennwerte zu ergänzen oder im besten Fall auch vollständig zu ersetzen. Dies ist jedoch nur dann möglich, wenn der Kennwert den subjektiven Schwingungseindruck mit einer hohen Güte erfasst.

Um die Aussagekraft der ermittelten Korrelationskoeffizienten einordnen zu können, wurden vor Beginn der Ergebnisinterpretation eine theoretische Signifikanzanalyse durchgeführt. Dabei wurde sich an der im Rahmen der Probandenstudie vorliegenden Kennwertanzahl orientiert. Tabelle 12 Tabelle 12 zeigt die Mindestkorrelationskoeffizienten welche zur Erreichung unterschiedlicher Testkriterien erforderlich sind.

Varianten	Anzahl der Ereignisse	Signifikanzniveau			
		$t_{95}\ (\alpha = 0{,}05)$	r_{min}	$t_{99}\ (\alpha = 0{,}01)$	r_{min}
Hochpunkt	126 (C-Klasse) / 108 (S-Klasse)	1,979	r > 0,190	2,616	r > 0,248
Tiefpunkt	144	1,977	r > 0,190	2,611	r > 0,247
Alle	270 (C-Klasse) / 252 (S-Klasse)	1,969	r > 0,189	2,596	r > 0,246

Tabelle 12: Signifikanz der berechneten Korrelationskoeffizienten

Separat für Hochpunkt, Tiefpunkt sowie für beide Varianten gemeinsam wurde ein Korrelationskoeffizient ermittelt, welcher mindestens erforderlich ist, um einen signifikanten ($\alpha = 0{,}05$) bzw. einen hochsignifikanten ($\alpha = 0{,}01$) Zusammenhang bestätigen zu können. Das Ergebnis verdeutlicht, dass aufgrund des hohen Stichprobenumfangs ein signifikanter linearer Zusammenhang bereits bei geringer Effektstärke vorliegt. Die im Versuch erfassten und zur Diskussion herangezogenen Korrelationskoeffizienten werden alle auf Signifikanz geprüft und können als hochsignifikant bestätigt werden.

8.3.3.1. Methodischer Ansatz zur Identifikation geeingneter Kennwerte (Sitz)

Zur Bewertung und Analyse der vorliegenden linearen Zusammenhänge werden ergänzend zum klassischen Produkt-Moment-Korrelationskoeffizient r zwei weitere Korrelationskoeffizienten ermittelt. Folglich stehen drei Korrelationskoeffizienten zur Identifikation geeigneter Kennwerte zur Objektivierung reifenungleichförmigkeitserregter Fahrzeugschwingungen zur Verfügung:

- r
- r_z
- r_m

Ziel der Bildung verschiedener Korrelationskoeffizienten ist es, in Form von Koeffizientenvergleichen Erkenntnisse ableiten zu können, welche unter Berücksichtigung auftretender Messwertstreuung subjektiver sowie objektiver Daten eine hohe Aussagekraft besitzen und somit ein allgemeingültiges Urteil ableiten lassen.

Eine z-Standardisierung vorhandener Subjektivurteile setzt die Relativierung der Bewertung einzelner Versuchspersonen an der vorgegebenen Bewertungsskala um. Das Niveau wie auch die Variationsbreite der abgegebenen Beurteilung werden einander angeglichen. Folglich repräsentiert der z-standardisierte Korrelationskoeffizient r_z einen linearen Zusammenhang, welcher von individuellen Bewertungsunterschieden losgelöst ist. Liegt der z-standardisierte Korrelationskoeffizient betragsmäßig unterhalb des klassischen Produkt-Moment-Korrelationskoeffizienten, so deutet dies auf große Messwertstreuungen zwischen den Varianten der einzelnen Versuchspersonen hin.

Der mittlere Korrelationskoeffizient r_m resultiert aus dem Mittelwert der Einzelkorrelationskoeffizienten aller Probanden. Er ist ein Maß für die Korrelationsgüte der gesamten Werte unter der Vernachlässigung subjektiver wie auch objektiver Unterschiede zwischen den Probanden und den Versuchsvarianten. Liegt der gemittelte Korrelationskoeffizient unterhalb des z-standardisierten Korrelationskoeffizienten, ist dies ein Hinweis auf eventuell vorliegende Scheinkorrelationen. Dies würde nämlich bedeuten, dass der Korrelationskoeffizient r zu großen Teilen aus Niveauunterschieden zwischen den Varianten der einzelnen Probanden resultiert.

Aus den vorangegangenen Überlegungen lässt sich demnach zur Bestimmung nutzbarer Kennwerte auf Basis ermittelter Korrelationskoeffizienten nachfolgende Forderung formulieren:

$$| r | < | r_z | < | r_m | \qquad\qquad \text{(Gl. 63)}$$

Tabelle 13 illustriert ein Ranking der zwanzig besten Korrelationskoeffizienten am Beispiel der C-Klasse. Die Koeffizienten resultieren sowohl aus Hochpunkt- als auch aus Tiefpunktvarianten. Da diese Varianten bei der gleichen Fahrgeschwindigkeit durchgeführt wurden, wird hier die in Kapitel 5.2.1 beschriebene Reifeneigenschaft ausgenutzt. Durch Massen welche im Hochpunkt platziert sind, nimmt proportional zur Gewichtszunahme die vertikale Anregung ab, während sich durch eine Positionierung im Tiefpunkt mit steigender Masse ein Anregungsanstieg beobachten lässt. In Abhängigkeit dieser Reifeneigenschaft wird im Rahmen der durchgeführten Sitzschwingungsanalyse durch Hinzunahme der Hochpunktvarianten eine größere Variantenspreizung erzielt was zu einer verbesserten Ergebnisgüte beiträgt. An dieser Stelle sei zu erwähnen, dass diese Variantenvermischung bei der S-Klasse aufgrund unterschiedlicher Fahrzeuggeschwindigkeiten nicht möglich war, weshalb dort zur Bewertung und Analyse im Bereich der Fahrer-Fahrzeug-Schnittstelle „Gesäß-Sitz" ausschließlich Tiefpunktvarianten herangezogen wurden. Im weiteren Verlauf dieser Arbeit wird hierauf nicht mehr explizit hingewiesen.

Kennwerte	r	Kennwerte	r_z	Kennwerte	r_m
Sitz (2_z)	0,668	Vektor FS-Konsole (VR)	0,778	Lehne (4_x)	0,809
Vektor Sitz (2)	0,665	Vektor FS-Konsole (Mitte)	0,772	Vektor Sitz (9)	0,809
Sitz (9_z)	0,656	FS-Konsole (Nicken)	0,772	Vektor FS-Konsole (VR)	0,808
Vektor FS-Konsole (VR)	0,655	Lehne (4_x)	0,771	Lehne (2_x)	0,807
Vektor FS-Konsole (HR)	0,651	Vektor FS-Konsole (VL)	0,770	FS-Konsole (Nicken)	0,807
Vektor FS-Konsole (Mitte)	0,649	Vektor FS-Konsole (Sitz)	0,769	Vektor Sitz (2)	0,804
Vektor FS-Konsole (Sitz)	0,647	FS-Konsole (Wanken)	0,769	Vektor FS-Konsole (Mitte)	0,804
Vektor FS-Konsole (Refpkt)	0,647	Vektor FS-Konsole (HR)	0,768	Vektor FS-Konsole (HR)	0,801
Lehne (4_x)	0,640	Vektor FS-Konsole (HL)	0,766	Vektor Lehne (4)	0,800
FS-Konsole (HR_z)	0,637	Vektor FS-Konsole (Refpkt)	0,763	Vektor FS-Konsole (VL)	0,799
Vektor Lehne (2)	0,636	Vektor Sitz (2)	0,760	Vektor FS-Konsole (Sitz)	0,799
FS-Konsole (Nicken)	0,635	Vektor FS-Konsole (Lehne)	0,760	Vektor Lehne (2)	0,798
Vektor FS-Konsole (Lehne)	0,635	FS-Konsole (HL_z)	0,756	Vektor FS-Konsole (HL)	0,795
FS-Konsole (VR_z)	0,633	Vektor Sitz (9)	0,749	Vektor Sitz (3)	0,793
Vektor FS-Konsole (VL)	0,632	FS-Konsole (VR_z)	0,749	Vektor FS-Konsole (Lehne)	0,793
Vektor Sitz (3)	0,631	Lehne (3_z)	0,748	FS-Konsole (Wanken)	0,793
FS-Konsole ($Mitte_z$)	0,629	FS-Konsole (VL_z)	0,746	Vektor FS-Konsole (Refpkt)	0,791
Vektor Sitz (9)	0,627	FS-Konsole (HR_z)	0,745	Sitz (8_y)	0,789
Sitz (7_y)	0,622	FS-Konsole ($Mitte_z$)	0,745	Sitz (2_z)	0,788
Lehne (3_z)	0,621	Vektor Lehne (2)	0,744	Lehne (3_z)	0,786

Tabelle 13: Top 20 der Korrelationskorrelationskoeffizienten zur Sitzbewertung (C-Klasse): Korrelationskoeffizient aller Probanden (links); z-standardisierte Korrelationskoeffizienten aller Probanden (Mitte); mittlere Korrelationskoeffizienten resultierend aus allen Probanden (rechts)

Bei Betrachtung von Tabelle 13 lässt sich die in Gleichung (Gl. 63) aufgestellte Forderung bestätigen. Ein Anstieg der Korrelationskoeffizienten, ausgehend vom klassischen Produkt-Moment-Korrelationskoeffizient r hin zum gemittelten Korrelationskoeffizienten r_m, welcher aus allen Probanden resultiert, liegt für alle betrachteten Kennwerte vor. Weiter ist zu erkennen, dass alle Korrelationskoeffizienten in Abhängigkeit des verwendeten Stichprobenumfangs höchstsignifikant einzustufen sind und im Rahmen der zwanzig besten Werte alle auf ähnlichem Niveau liegen. Der Unterschied zwischen den Koeffizienten ist meist erst in der zweiten bzw. der dritten Nachkommastelle zu bemerken. Unterschiede der Korrelationskoeffizienten in der dritten Nachkommastelle können als vernachlässigbar gering eingestuft werden. Grundsätzlich kann die Aussage getroffen werden, dass eine Objektivierung komfortrelevanter reifeninduzierter Fahrzeugschwingungen durch die Nutzung verrechneter Einzahlkennwerte im Bereich der Fahrer-Fahrzeug-Schnittstelle „Gesäß-Sitz" möglich ist. Die zu Beginn der Promotionsschrift aufgestellte Hypothese kann somit bestätigt werden.

Um aus der Vielzahl höchstsignifikanter Kennwerte die sinnvollsten detektieren zu können, soll nachfolgend eine detaillierte Analyse erfolgen, wobei die in Kapitel 8.2 erworbenen Erkenntnisse zur schlussfolgernden Beurteilung unterstützend herangezogen werden.

Schaut man auf die Ergebnisliste der klassischen Produkt-Moment-Korrelation (linker Bereich aus Tabelle 13), so ist zu sehen, dass Sitzpunkt (2) die höchsten Koeffizienten erreicht. Dies ist unter Berücksichtigung der Erkenntnisse der in Kapitel 8.2.2 durchgeführten Objektivbetrachtung auch plausibel erklärbar. An diesem Messpunkt lag mit Abstand die größte Beschleunigungsamplitude sowie der größte Beschleunigungsanstieg in Abhängigkeit der Massenzunahme vor. Begründbar ist auch, weshalb die vertikale Anregungsrichtung von Sitzpunkt (9), welcher sich in direkter Umgebung zu Sitz (2) befindet, ebenfalls sehr hohe lineare Zusammenhänge nachweist, wenn man die Amplitudenverteilung auf der Sitzfläche der C-Klasse betrachtet, bei der die Beschleunigungsamplituden vom vorderen zum hinteren Sitzpunkt kontinuierlich abnehmen (Abbildung 75). Auch die Fahrersitzkonsolenkennwerte sind stark unter den zwanzig besten

Kennwerten vertreten. Sehr auffällig dabei ist, dass gerade die Vektoren, ermittelt aus den jeweiligen Einzelrichtungen, im Ranking auftauchen. Da der Beschleunigungsvektor, wie im vorherigen Kapitel beschrieben, maßgeblich von der vertikalen Anregungsrichtung dominiert wird, die Quer- sowie die Längskomponente jedoch zusätzlich berücksichtigt werden, eignet er sich gut, um den im realen Fahrzeug mehrachsialen Schwingungszustand zu objektivieren. Dieser Umstand wird durch das Ergebnis der Korrelationsanalyse bestätigt.

Durch die Verwendung der z-standardisierten Subjektivurteile und somit der Vernachlässigung der Subjektivunterschiede zwischen den einzelnen Probanden, erzielen die konsolenbasierten Kennwerte höhere Korrelationen als Kennwerte, welche direkt auf der Sitzfläche erfasst wurden. Dies untermauert die Robustheit konsolenbasierter Kennwerte, welche fahrerunabhängig nur geringfügig streuen.

Wie bereits im vorherigen Verlauf dieses Kapitels angesprochen, wurden von den Probanden häufig Schwingungen im Fußraum wahrgenommen, welche im zweiten Schritt über die Oberschenkel im Bereich der vorderen Sitzfläche detektiert wurden. Die Fahrersitzkonsole beschreibt die starre Verbindung zwischen Fahrzeug und Fahrersitz. Beschleunigungen, welche im Fußraum auftreten, werden daher speziell an den Konsolenmesspunkten erfasst. Die hohen Korrelationen der Konsolenkennwerte mit dem subjektiven Probandenurteil könnten demnach bedeuten, dass reifenungleichförmigkeitserregte Fahrzeugschwingungen nicht nur direkt in der Fahrer-Fahrzeug-Schnittstelle „Gesäß-Sitz" wahrgenommen werden, sondern dass sich das Fahrerurteil aus einer Kombination zwischen einzelnen Kontaktbereichen, sowie Sitzfläche und Fußraum zusammensetzt. Dies wird durch einen konsolenbasierter Kennwert wesentlich besser repräsentiert als durch einen Sitzflächenkennwert.

Die gemittelten Korrelationskoeffizienten r_m verdeutlichen, dass die Gruppe der teilnehmenden Probanden sehr gut in der Lage ist, die vorliegenden Schwingungseindrücke zu bewerten. Dies bestätigen die resultierenden Korrelationskoeffizienten $r_m \sim 0{,}8$. Vergleicht man den gemittelten Korrelationskoeffizienten r_m mit den ebenfalls berechneten Koeffizienten r bzw. r_z, so wird ersichtlich, dass Scheinkorrelationen auszuschließen sind. Die Begründung hierfür wurde bereits zu Beginn dieses Teilkapitels erläutert.

Auch bei den gemittelten Korrelationskoeffizienten befinden sich alle konsolenbasierten Vektoren unter den zwanzig besten Kennwerten. Dass hierbei ein Lehnenkennwert (4_x) den höchsten Korrelationskoeffizient erzielt sollte nicht überbewertet werden. Dies hängt damit zusammen, dass bei allen Kennwerten in allen Anregungsrichtungen eine Beschleunigungszunahme in Abhängigkeit der positionierten Zusatzmasse vorliegt. Der Lehnenwert (4_x) zeichnet sich durch eine, bezogen auf sein Anregungsniveau, große Variantenspreizung aus. Diese sinnvoll gewählte Variantenverteilung führt zu hohen Kovarianzen und somit zu hohen Korrelationskoeffizienten, obwohl subjektiv an dieser Messstelle aufgrund geringer Anregungsniveaus keine Wahrnehmung erfolgt. Das hier angeführte Beispiel zeigt einmal mehr deutlich auf, dass eine Bewertung vorhandener Korrelationskoeffizienten nur in Verbindung mit einer objektiven Messwertanalyse, wie sie in Kapitel 8.2 durchgeführt wurde, sowie der Interpretation individueller Fahrerrückmeldungen, bei welcher von den Probanden die Sitzfläche als wesentlicher Bereich hinsichtlich der Bewertung der Fahrer-Fahrzeug-Schnittstelle „Gesäß-Sitz" zurückgemeldet wurde, zielführend ist (siehe hierzu die Dominanzzuordnung in Kapitel 8.2.1).

Grundsätzlich kann auf Basis der Ergebnisse festgehalten werden, dass Lehnenkennwerte kaum in der Gruppe der zwanzig besten Kennwerte vertreten sind und zur Objektivierung reifenungleichförmigkeitserregter Fahrzeugschwingungen keinen wesentlichen Beitrag liefern.

Tendenziell liegen bei der S-Klasse gleiche Versuchsergebnisse vor, wobei die konsolenbasierten Kennwerte noch deutlich besser korrelieren als jene

Kennwerte, welche direkt auf der Sitzfläche erfasst werden. Im Rahmen einer abschließenden Bewertung der geeigneten Kennwerte (Kapitel 8.3.4) wird auf die Unterschiede zwischen konsolenbasierten Kennwerten und Werten, welche direkt in der Fahrer-Fahrzeug-Schnittstelle erfasst werden, eingegangen. Um dem Anspruch der Vollständigkeit gerecht zu werden, sind die Ergebnisse der Korrelationsanalyse der S-Klasse im Anhang (A.10) dokumentiert.

8.3.3.2. Methodischer Ansatz zur Identifikation geeigneter Kennwerte (Lenkrad)

In analoger Vorgehensweise zur Bewertung und Analyse der erfassten Korrelationen im Bereich der Fahrer-Fahrzeug-Schnittstelle „Gesäß-Sitz", werden die ermittelten Korrelationskoeffizienten im Bereich der Fahrer-Fahrzeug-Schnittstelle „Hand-Lenkrad" untersucht. Da sowohl translatorische wie auch rotatorische Schwingungsphänomene bewertet wurden, wird der Ansatz für Hochpunkt- und Tiefpunktvarianten separat durchgeführt. Die Ergebnisse sind entsprechend in Tabelle 14 bzw. Tabelle 15 für das Beispiel der C-Klasse visualisiert. In beiden Fällen ist die aufgestellte Koeffizientenanforderung (Gleichung (Gl. 63)) erfüllt.

Kennwerte	r	Kennwerte	r_z	Kennwerte	r_m
Vektor LRD (translatorisch)	0,697	LRD (links Y)	0,753	Vektor LRD (translatorisch)	0,864
LRD (links Y)	0,697	Vektor LRD (translatorisch)	0,750	LRD (rechts Y)	0,862
Vektor LRD (links)	0,662	Vektor LRD (links)	0,721	Vektor LRD (links)	0,859
LRD (Rotation)	0,646	LRD (Rotation)	0,712	LRD (links Z)	0,855
LRD (links Z)	0,645	LRD (links Z)	0,705	LRD (Rotation)	0,851
LRD (links X)	0,569	LRD (links X)	0,646	LRD (links X)	0,810
LRD (Translation Z)	-0,469	LRD (Translation Z)	-0,502	LRD (Translation Z)	-0,546

Tabelle 14: Korrelationskorrelationskoeffizienten zur Lenkradbewertung bei Anregung im Hochpunkt (C-Klasse): Korrelationskoeffizient aller Probanden (links); z-standardisierte Korrelationskoeffizienten aller Probanden (Mitte); mittlere Korrelationskoeffizienten resultierend aus allen Probanden (rechts)

Die Betrachtung des klassischen Produkt-Moment-Korrelationskoeffizienten bei gezielter Hochpunktanregung zeigt, dass auch am Lenkrad alle Koeffizienten auf vergleichbarem Niveau liegen. Eine Ausnahme stellt der Kennwert LRD (Translation Z) dar, welcher die am Lenkrad vorliegende translatorische Vertikalschwingung erfasst. Dieser zeigt über alle drei Koeffizienten hinweg einen negativen Verlauf. Dies ist plausibel zu begründen, wenn man sich den dynamischen Radialkraftschwankungsverlauf bei Hochpunktanregung noch einmal ins Gedächtnis ruft (siehe hierzu auch Kapitel 5.2.1, Abbildung 28). Da mit zunehmender Masse im Hochpunkt die Vertikalanregung stetig abnimmt, während die Längsanregung kontinuierlich steigt, der Fahrer jedoch nur eine Subjektivbeurteilung abgibt, kommt es bei gleichzeitig hoher Korrelation zwischen Subjektivurteil und Lenkraddrehbeschleunigung zu einer negativen Korrelation zwischen Lenkradbewertung und translatorischer Vertikalschwingung. Trotz der begründeten negativen Korrelation der translatorischen Vertikalbeschleunigung, zeigt der Translationsvektor in diesem Beispiel den größten linearen Zusammenhang zwischen Subjektivurteil und Objektivwert. Dies führt zu einem fälschlichen Schluss. Verantwortlich für die hohe Korrelation des Vektors ist der erfasste Querbeschleunigungsanteil, welcher aufgrund der um den Mittelpunkt verschobenen Sensorposition bei vorliegender Lenkradrotation einen translatorischen Schwingungszustand vortäuscht (siehe zur Erläuterung dieses Effekts auch Kapitel 7.2).

Der Kennwert zur Beschreibung der Längsanregung (LRD (links X)) zeigt die geringste Korrelation. Dies ist bei gezielter Tiefpunktanregung ebenfalls so.

Kennwerte	r		Kennwerte	r_z		Kennwerte	r_m
LRD (links Z)	0,760		LRD (links Z)	0,816		LRD (Rotation)	0,889
Vektor LRD (links)	0,757		Vektor LRD (links)	0,814		LRD (links Z)	0,883
LRD (Rotation)	0,752		LRD (Rotation)	0,810		Vektor LRD (links)	0,882
LRD (links Y)	0,745		LRD (links Y)	0,800		LRD (links Y)	0,881
Vektor LRD (translatorisch)	0,741		Vektor LRD (translatorisch)	0,790		Vektor LRD (translatorisch)	0,869
LRD (Translation Z)	0,681		LRD (Translation Z)	0,733		LRD (Translation Z)	0,802
LRD (links X)	0,605		LRD (links X)	0,667		LRD (links X)	0,801

Tabelle 15: Korrelationskorrelationskoeffizienten zur Lenkradbewertung bei Anregung im Tiefpunkt (C-Klasse): Korrelationskoeffizient aller Probanden (links); z-standardisierte Korrelationskoeffizienten aller Probanden (Mitte); mittlere Korrelationskoeffizienten resultierend aus allen Probanden (rechts)

Trotz gezielter Anregung im Tiefpunkt und somit verbundener dominanter Vertikalanregung korreliert auch die translatorische Vertikalbeschleunigung gemeinsam mit der Längsrichtung am geringsten. Auch hier sind es Kennwerte wie Lenkradrotation oder linker Beschleunigungsvektor des Lenkrades, welche die höchsten Koeffizienten erreichen. Zurückzuführen ist dies auf die ausgewählten Extremvarianten der Tiefpunktanregung, bei welchen das Fahrzeug mit Zusatzmassen von bis zu $50\,g$ angeregt wurde. Bei solch hohen Anregungen, welche unter realistischen Bedingungen am Kraftfahrzeug so nicht auftreten, weicht die Achse bei auftretender wechselseitiger Vertikalschwingung in Längsrichtung aus, wodurch eine spürbare Lenkraddrehbeschleunigung erzeugt wird. Dieser Effekt konnte durch Betriebsschwingformanalysen bestätigt werden. Entsprechend wurde im Rahmen der Dominanzabfrage (Kapitel 8.2.1) vom Fahrer die Lenkraddrehschwingung bewusst angegeben. Daher ergeben die hohen Korrelationen zwischen Subjektivurteil und rotatorischer Lenkradschwingung Sinn und müssen nicht kritisch hinterfragt werden.

Die jeweiligen Beträge der mittleren Korrelationskoeffizienten r_m unterstützen nochmals deutlich die im Zuge der Sitzbetrachtung getroffene Aussage, dass die abgegebenen Subjektivurteile mit sehr hoher Qualität die vorliegenden Schwingungsphänomene im Bereich der Fahrer-Fahrzeug-

Schnittstelle beschreiben. Dies ist nochmals ein Indiz dafür, dass die Probanden bei ihrer individuellen Notenvergabe bewusst gehandelt haben und somit der gesamten Korrelationsanalyse eine hohe Aussagekraft verleihen.

Auch hier sind aus Gründen der Vollständigkeit die Ergebnisse aus den S-Klasseversuchen trotz identischer Aussagekraft im Anhang (A.10) dokumentiert.

8.3.4 Abschließende Bewertung der Kennwertauswahl

Die vorangegangenen Betrachtungen zeigen, dass eine Objektivierung der im Fahrzeug wahrgenommenen Schwingungen durch die Bildung von Einzahlkennwerten derart möglich ist, dass der Subjektiveindruck mit einer hohen Korrelationsgüte repräsentiert werden kann. Weiter haben die Ergebnisse der statistischen Zusammenhangsanalyse gezeigt, dass die Beschreibung der Schwingung durch die Bildung eines Schwingungsvektors sinnvoll ist.

Zur Einordnung der Unterschiede zwischen sitzflächenbasierten und konsolenbasierten Kennwerten, sind in Abbildung 85 die Korrelationskoeffizienten der jeweiligen Beschleunigungsvektoren visuell gegenübergestellt.

Der Gegenüberstellung ist zu entnehmen, dass konsolenbasierte Kennwerte in der Regel zu höheren Koeffizienten neigen als jene Kennwerte welche direkt auf der Sitzfläche erfasst werden. Vergleicht man die Ergebnisse der C-Klasse (linke Darstellung) mit den Ergebnisse der S-Klasse (rechte Darstellung), so sieht man, dass bei der S-Klasse zwischen konsolenbasierten und sitzflächenbasierten Kennwerten ein deutlicher Unterschied besteht.

Gerade der Sitz der S-Klasse hat die an der Konsole anliegenden Schwingungen stark bedämpft (siehe hierzu Abbildung 79). Die Tatsache, dass sitzflächenbasierte Kennwerte geringer korrelieren, bekräftigt ein weiteres Mal die aufgestellt Hypothese, dass der Fahrer nicht nur den Schwingungszustand auf der Sitzfläche in seine Bewertung einbezieht, sondern den Gesamteindruck, inklusive Fußraum zur Beurteilung heranzieht.

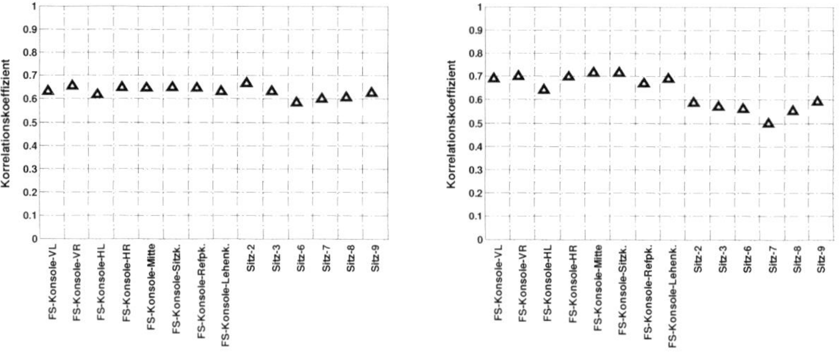

Abbildung 85: Gegenüberstellung der Korrelationskoeffizienten für Sitz und Konsole: C-Klasse alle Varianten im freien Versuchsfeld (links); S-Klasse Tiefpunktvarianten auf Flachbahn-Fahrzeug-Prüfstand (rechts)

Diese Überlegungen lassen weitere Untersuchungen sinnvoll erscheinen, bei welchen die vorliegenden Schwingungen im Fußraum zusätzlich erfasst und mit dem Subjektivurteil korreliert werden.

Für die Erfassung von Schwingungsphänomenen im Bereich der Mensch-Maschine-Schnittstelle „Gesäß-Sitz" wird demnach auf Basis der Untersuchungen ein konsolenbasierter Kennwert in Form eines Beschleunigungsvektors empfohlen. Die Robustheit, in Form von geringen Messwertstreuungen hat hierbei ebenfalls zu dieser Empfehlung beigetragen. Der in dieser Arbeit eingeführte Konsolenmittelpunkt, resultierend aus den vier Konsolenbeschleunigungen, erscheint hierbei am sinnvollsten. Er findet sich vom Amplitudenniveau immer zwischen den vorderen und hinteren Konsolenwerten. Bei beurteilenden Schwingungsphänomenen, welche über die Hinterachse ins Fahrzeug induziert werden, würde dieser Kennwert das dann vorliegende Schwingungsbild ebenso gut erfassen. Die Ergebnisse

234

zeigen weiter, dass der Unterschied zwischen den konsolenbasierten Kennwerten vernachlässigbar gering ist. Dennoch zeigt der Konsolenmittelpunkt bei beiden Fahrzeugen die höchsten Korrelationskoeffizienten.

Eine Erfassung vorhandener Lehnenbeschleunigungen scheint auf Basis der vorliegenden Ergebnisse nicht notwendig.

Die Ergebnisse der Lenkradbetrachtung zeigen, dass auch die Fahrer-Fahrzeug-Schnittstelle „Hand-Lenkrad" sehr gut in Form von Einzahlkennwerten zu objektivieren ist. Hierbei wurde deutlich, dass der Vektor im Bereich des linken Lenkradsegmentes (Vektor LRD (links)) bei beiden Anregungsarten (Hochpunkt und Tiefpunkt) sehr hohe Korrelationskoeffizienten erzielt. Dieser Beschleunigungsvektor liegt in unmittelbarer Nähe der Kontaktfläche der Hand mit dem Lenkrad. Das Ergebnis, dass der Vektor am Lenkrad zur Objektivierung wahrgenommener Hand-Arm-Schwingungen am besten geeignet ist, deckt sich mit der Aussage von [Stelling et al.,2005], der feststellt, dass alle drei Raumrichtung erfasst werden sollten. Aus Sicht der Kennwertanalyse, ist eine Trennung zwischen Lenkradrotation und Lenkradtranslation sinnvoll. Hierdurch kann ein möglicherweise vorliegender Schwachpunkt der Übertragungskette identifiziert werden. Für die Beurteilung komfortrelevanter Lenkradschwingungen ist der Einzahlkennwert Vektor LRD (links) geeignet, da er alle drei Schwingungsrichtungen berücksichtigt und die während einer Variante maximal auftretende Schwingungsbelastung darstellt.

Abschließend ist im Rahmen der Empfehlungen nochmals darauf hinzuweisen, dass die Korrelationskoeffizienten aller betrachteten Kennwerte beider Fahrer-Fahrzeug-Schnittstellen auf sehr ähnlichem Niveau liegen.

8.4 Frequenz- und amplitudenabhängige Bewertung

In Kapitel 2.3 wurden die bekanntesten Richtlinien zur gewichteten Bewertung vorliegender Schwingungsamplituden erläutert. Ziel dieser meist frequenzabhängigen Gewichtung ist es, auftretende Schwingungsbelastungen der menschlichen Empfindung anzupassen. Heruntergebrochen auf die Fahrzeugentwicklung könnte eine nutzbare Gewichtungsfunktion derart verwendet werden, dass zukünftig erarbeitete Zielwerte nicht an der ingenieurtechnischen Leistungsfähigkeit, sondern an der menschlichen Wahrnehmungsempfindung orientiert sind [Engel,1998]. Dies wäre ein weiterer großer Entwicklungsschritt hinsichtlich einer effizienten Fahrzeugentwicklung.

[Griffin,2007] stellt frequenz- und amplitudenabhängige Gewichtungskurven vor, welche sich vom Anregungsniveau auf fahrzeugrelevante Schwingungsphänomene beziehen. Dabei werden Gewichtungskurven für translatorische Sitzschwingungen sowie translatorische Lenkradschwingungen entwickelt. Die Versuchsergebnisse enstammen den Versuchsreihen von [Griffin&Morioka,2006-a], sowie [Griffin&Morioka,2006-b].

[Ajovalasit&Giacomin,2007] stellen einen Ansatz vor, mit dessen Anwendung Lenkraddrehschwingungen unter Berücksichtigung der menschlichen Wahrnehmung bewertet werden können.

Alle für die Entwicklung der Gewichtungsfunktionen durchgeführten Versuche wurden unter Laborbedingungen an Schwingungsprüfständen durchgeführt. Im Rahmen der hier angefertigten Arbeit werden die Erkenntnisse auf real durchgeführte Versuche im Kraftfahrzeug angewendet.

In den von [Griffin,2007] vorgestellten Versuchsergebnissen, liegen die notwendigen Daten ausschließlich für Terzmittenfrequenzen vor. Zur Nutzung der Bewertungsfunktionen auf die in dieser Arbeit erfassten Messdaten, wurde eine Interpolation durchgeführt. Durch diese Interpolation ist eine Anwendung der Bewertungsfunktionen bei jeder beliebigen Frequenz möglich. Die Interpolation wurde in Zusammenarbeit mit [Maier,2011] durchgeführt. Die Anwendung sowie die anschließende Evaluierung der

Bewertungsfunktion auf eigens erfasste Versuchsdaten wurde im Rahmen der Arbeit von [Rössler,2011] unterstützt.

8.4.1 Gewichtung translatorischer Sitz- und Lenkradbeschleunigung

Im ersten Schritt dieses Teilkapitels wird die Untersuchung von [Griffin,2007] erläutert. Im weiteren Verlauf werden die daraus abgeleiteten Ergebnisse auf die in dieser Arbeit erfassten Versuchsdaten angewandt.

8.4.1.1. Bewertungssystem nach Griffin

Für Lenkrad und Sitz wurden zwei separate Probandenstudien durchgeführt. Der prinzipielle Aufbau ist dabei identisch. Die Untersuchung besteht jeweils aus einem zweigeteilten Versuchsaufbau. Im ersten Schritt wurde auf Basis uniaxialer Anregung für jede Koordinatenrichtung eine frequenzabhängige Fühlschwelle ermittelt. Der zweite Versuchsteil bestand in der Ermittlung der menschlichen Wahrnehmung in Abhängigkeit der Frequenz, sowie der Beschleunigungsamplitude. Als Grundlage nutzt [Griffin,2007] das in Kapitel 2.3.2 vorgestellte Potenzgesetz nach [Stevens,1957], unter dessen Verwendung in Abhängigkeit der vorliegenden Beschleunigungsamplitude a, der ermittelten Fühlschwelle a_0, sowie der erfassten Komfortnote ψ für jede Terzmittenfrequenz durch die Bildung linearer Regressionsanalysen der Exponent n und der frequenzspezifische Koeffizient k ermittelt wird. Die Versuche basieren auf dem Prinzip des Paarvergleiches. Dem vorgegebenen Basissignal weist [Griffin,2007] die Komfortnote 100 zu. Das darauffolgende Testsignal, welches in Amplitude und Frequenz variiert, wird relativ zum Basissignal bewertet.

Aus der Umstellung des Potenzgesetzes (Gleichung (Gl. 5)) resultiert somit unter Verwendung der zuvor ermittelten Exponenten und Koeffizienten eine Vorhersagefunktion für die Beschleunigungsamplitude, für welche die vorgegebene Komfortnote erwartet wird (Gleichung (Gl. 64)).

$$a = \left(\frac{\psi_G}{k_G} \right)^{-n} + a_0 \qquad \text{(Gl. 64)}$$

Ergebnis der Versuchsreihen sind Kurven gleicher Wahrnehmung, bei denen die Versuchsperson Beschleunigungsamplituden in Abhängigkeit der Frequenz identisch bewertet.

8.4.1.2. Anwendung des Bewertungssystems auf Versuchsdaten

Wie im vorherigen Kapitel erwähnt basiert das Versuchsdesign von [Griffin&Morioka,2006-a] bzw. [Griffin&Morioka,2006-b] auf einem Paarvergleich. Die Komfortnote, berechnet aus dem Potenzgesetz nach Stevens (Gleichung (Gl. 5)), stellt somit die Intensität der wahrgenommenen Beschleunigungsamplitude in Bezug auf das von [Griffin,2007] definierte Basissignal dar.

Im Rahmen der hier angewandten Versuchsmethodik stellen die jeweiligen Signale a_{ref_Sitz} und a_{ref_LRD} Referenzsignale zur Beurteilung von Sitz- und Lenkradschwingung dar und dienen somit als Bezugsgrößen. Mathematisch beschreiben die Referenzsignale einen Mittelwert, welcher aus den erfassten Beschleunigungsamplituden der stärksten sowie der geringsten Anregungsvariante resultiert.

Für die Gewichtung der im Versuch erfassten Beschleunigungsamplituden a wird das Verhältnis der berechneten Subjektivnoten (ψ_{G_real} und ψ_{G_ref}) bestimmt. Dabei wird nicht die im Versuch ermittelte Subjektivnote herangezogen, sondern unter Verwendung der aus den Versuchen von [Griffin,2007] bekannten Exponenten, Koeffizienten und Fühlschwellen

238

sowie der im Probandenversuch erfassten Beschleunigungsamplitude a eine Subjektivnote berechnet, wie Gleichung (Gl. 65) zeigt.

$$S = \frac{\psi_{G\_real}}{\psi_{G\_ref}} = \frac{k_G \cdot (a - a_0)^n}{k_G \cdot (a_{ref} - a_0)^n} \tag{Gl. 65}$$

Basierend auf den Ergebnissen von [Griffin,2007] erfolgt die Annahme, dass die tatsächlich vorliegende Beschleunigungsamplitude a um den Faktor S stärker bzw. schwächer wahrgenommen wird als das Referenzsignal a_{ref}. Unter dieser Annahme lässt sich die gewichtete Beschleunigung nach Gleichung (Gl. 66) bestimmen.

$$a_{gewichtet} = S \cdot a_{ref} \tag{Gl. 66}$$

Bei der Anwendung auf die zur Verfügung stehenden Daten, werden alle Werte, welche unterhalb der Fühlschwelle liegen, auf 0 gesetzt.

In Tabelle 16 sind die Korrelationskoeffizienten, basierend auf den gewichteten Beschleunigungen, den Koeffizienten der ungewichteten Beschleunigungen gegenübergestellt. Sowohl auf der Sitzfläche, als auch am Lenkrad lassen sich keine Verbesserungen durch die Anwendung der Gewichtungsfunktion erzielen. Die maximale Verbesserung liegt unterhalb 2%. Gerade bei den Kennwerten, welche einen hohen linearen Zusammenhang repräsentieren, kommt es durch die Anwendung des Bewertungssystems sogar zur Verringerung des korrelativen Zusammenhangs. An dieser Stelle ist anzumerken, dass die von [Griffin,2007] ermittelte frequenz- und amplitudenabhängige Gewichtungsfunktion in dem hier beschriebenen Anwendungsfall ausschließlich auf eine Fahrgeschwindigkeit und somit auf eine Anregungsfrequenz angewandt wurde. Demnach müsste eigentlich von einer reinen Amplitudengewichtung gesprochen werden. Um eine belastbare Aussage über die Anwendbarkeit der von [Griffin,2007] generierten Gewichtungsfunktion bei reifenungleichförmigkeitserregten Fahrzeugschwingungen treffen zu können, ist ein weiterer Versuch bei unterschiedlichen Fahrgeschwindigkeiten zu empfehlen. Im Rahmen dieser Arbeit konnte dieser Versuch nicht durchgeführt werden.

Kennwert	r (original)	r (gewichtet)	Verbesserung [%]
Sitz (2x)	0,32	0,34	1,9
Sitz (2y)	0,56	0,57	0,8
Sitz (2z)	0,67	0,66	-0,8
Sitz (3x)	0,53	0,54	0,6
Sitz (3y)	0,56	0,57	0,5
Sitz (3z)	0,61	0,60	-0,5
Sitz (6x)	0,48	0,48	0,4
Sitz (6y)	0,59	0,59	0,1
Sitz (6z)	0,59	0,58	-0,5
Sitz (7x)	0,56	0,57	0,9
Sitz (7y)	0,62	0,62	-0,7
Sitz (7z)	0,57	0,57	-0,2
Sitz (8x)	0,48	0,48	0,4
Sitz (8y)	0,60	0,60	0,0
Sitz (8z)	0,60	0,60	-0,4
Sitz (9x)	0,49	0,49	0,2
Sitz (9y)	0,57	0,58	0,5
Sitz (9z)	0,66	0,65	-0,6
LRD (Translation z)	0,68	0,68	-0,2
LRD (links x)	0,60	0,59	-1,5
LRD (links y)	0,75	0,76	1,0
LRD (links z)	0,76	0,77	0,7

Tabelle 16: Ergebnis der Anwendung frequenzabhängiger Amplitudengewichtung am Beispiel der C-Klasse (translatorische Sitz- und Lenkradschwingung)

8.4.2 Gewichtung rotatorischer Lenkradschwingungen

Analog zur Gewichtung translatorischer Sitz- und Lenkradschwingungen wird nachfolgend der von [Ajovalasit&Giacomin,2007] aufgestellte Ansatz zur Gewichtung rotatorischer Lenkradschwingungen betrachtet. Entsprechend der Betrachtungen von [Griffin,2007] wird zu Beginn das von [Ajovalasit&Giacomin,2007] entwickelte Bewertungssystem erläutert, sowie im Weiteren auf die eigenen Versuchsdaten angewandt.

8.4.2.1. Bewertungssystem nach Ajovalasit und Giacomin

[Ajovalasit&Giacomin,2007] lassen Probanden an einem Lenkradvibrationssimulator Lenkraddrehschwingungen absolut bewerten. Das dabei verwendete Bewertungssystem zur Abgabe subjektiver Probandenurteile beruht auf der in 2.4.2 vorgestellten Borg CR10-Skala. Im Anschluss an die Probandenstudie ermitteln sie auf Basis multivariater Regressionsanalysen einen mathematischen Zusammenhang zwischen vorliegender Lenkraddrehbeschleunigung und abgegebenem Subjektivurteil. In Gleichung (Gl. 67) ist die verwendete Gleichung dargestellt.

$$
\begin{aligned}
Z_G =\ & 23{,}014 - 48{,}602 \cdot \log(X_G) + 1{,}525 \cdot \log(Y_G) + 46{,}92 \cdot \log(X_G)^2 \\
& + 0{,}667 \cdot \log(X_G) \cdot \log(Y_G) + 0{,}177 \cdot \log(Y_G)^2 - 21{,}702 \cdot \log(X_G)^3 \\
& - 0{,}025 \cdot \log(X_G) \cdot \log(Y_G)^2 - 0{,}209 \cdot \log(X_G)^2 \cdot \log(Y_G) - 0{,}095 \cdot \log(X_G)^4 \\
& + 5{,}131 \cdot \log(X_G)^4 + 0{,}038 \cdot \log(X_G) \cdot \log(Y_G)^3 + 0{,}028 \cdot \log(X_G)^2 \cdot \log(Y_G)^2 \\
& + 0{,}015 \cdot \log(X_G)^3 \cdot \log(Y_G) + 0{,}008 \cdot \log(X_G)^4 - 0{,}601 \cdot \log(X_G)^5 \\
& - 0{,}004 \cdot \log(X_G) \cdot \log(X_G)^4 - 0{,}005 \cdot \log(X_G)^2 \cdot \log(Y_G)^3 \\
& - 0{,}004 \cdot \log(X_G)^3 \cdot \log(Y_G)^2 + 0{,}005 \cdot \log(X_G)^4 \cdot \log(Y_G)\ 0{,}006 \cdot \log(Y_G)^5 \\
& + 0{,}026 \cdot \log(X_G)^6 + 0{,}00001 \cdot \log(Y_G)^6
\end{aligned}
\tag{Gl. 67}
$$

Hierbei beschreibt Z_G das resultierende Subjektivurteil, welches bei einer vorliegenden Beschleunigungsamplitude Y_G und einer Anregungsfrequenz X_G abgegeben wird.

8.4.2.2. Anwendung des Bewertungssystems auf Versuchsdaten

Die Anwendung der Gewichtungsfunktion erfolgt in gleicher Vorgehensweise zur Gewichtung translatorischer Sitz- und Lenkradbeschleunigungen. Als Referenzsignal wird hier die mittlere Rotationsbeschleunigung a_{ref_ROT} herangezogen. Wie in Kapitel 8.4.2.1 beschreibt auch hier das Referenzsignal einen Mittelwert, welcher aus den erfassten Beschleunigungsamplituden der stärksten sowie der geringsten Anregungsvariante resultiert. In Analogie zu Gleichung (Gl. 65) wird das Verhältnis S der berechneten Subjektivnoten (Z_{G_real} und Z_{G_ref}) bestimmt, wie Gleichung (Gl. 68) zu entnehmen ist.

$$S = \frac{Z_{G\_real}(Y_G = a)}{Z_{G\_ref}(Y_G = a_{ref\_ROT})} \qquad \text{(Gl. 68)}$$

Das gewichtete Beschleunigungssignal $a_{gewichtet}$ berechnet sich aus der Multiplikation des Faktors S mit dem Referenzsignal a_{ref_ROT} (Gleichung (Gl. 66).

Betrachtet man dass in Tabelle 17 dargestellte Ergebnis, so ist zu erkennen, dass auch bei auftretender Rotationsbeschleunigung eine frequenzabhängige Amplitudengewichtung keinen Mehrwert bringt. Im Gegenteil, die Anwendung der Gewichtungsfunktion führt hierbei sogar zu einer Verschlechterung von $5,3\%$. Auch bei Betrachtung der S-Klasse kommt es unter Anwendung der Gewichtungsfunktion nach [Ajovalasit&Giacomin,2007] ausschließlich zu verschlechterten Korrelationskoeffizienten [Rössler,2011].

Kennwert	r (original)	r (gewichtet)	Verbesserung [%]
Lenkradrotation	0,71	0,67	-5,3

Tabelle 17: Ergebnis der Anwendung frequenzabhängiger Amplitudengewichtung am Beispiel der C-Klasse bei gezielter Anregung im Hochpunkt (Lenkradrotation)

Abschließend lässt sich festhalten, dass in dem hier vorliegenden Anwendungsfall weder gewichtete translatorische Sitz- und Lenkradschwingungen noch gewichtete Lenkraddrehbeschleunigungen den linearen Zusammenhang zwischen Beschleunigungsamplitude und Subjektivwert erhöhen. Diese Erkenntnisse gleichen jenen von [Maier,2011], welcher die Gewichtungsfunktionen auf antriebsstrangerregte Fahrzeugschwingungen anwandte. An dieser Stelle sei nochmals darauf hingewiesen, dass alle zur Ermittlung der Gewichtungsfunktionen durchgeführten Probandenversuche ausschließlich im Labor an speziell entwickelten Simulatoren bzw. Prüfständen absolviert wurden. Als Anregung wurden zudem uniachsiale Sinusschwingungen herangezogen. Eine Übertragung auf reale Fahrzeuge, wo hingegen der Fahrer immer einem mehrachsialen Schwingungszustand ausgesetzt ist, wurde hier erstmals evaluiert, leider ohne Erfolg. Wie auch bei der Verwendung der Gewichtungsfunktion nach [Griffin,2007] beschränkt sich die Anwendung auf eine Fahrgeschwindigkeit und somit auf eine Frequenz. Korrekterweise ist hier ebenfalls von einer reinen Amplitudengewichtung zu sprechen. Ein Anschlussversuch bei unterschiedlichen Fahrgeschwindigkeiten ist auch hier zu empfehlen.

Auf Basis der aufgezeigten Versuchsergebnisse kann keine Anwendung der amplitudenabhängigen Gewichtungsfunktionen empfohlen werden. Reifenungleichförmigkeitserregte Fahrzeugschwingungen lassen sich mit physikalisch unveränderten Schwingungsamplituden in Form von Einzahlkennwerten beschreiben.

8.5 Biometrischer Einfluss auf Subjektivbewertung

Die Ergebnisse aus Kapitel 7 zur Betrachtung der menschlichen Einflüsse auf die Ausbreitung von Lenkradschwingungen sowie die Erkenntnisse aus Kapitel 8.2, welche große Streuungen bei direkter Schwingungsmessung auf Sitz- und Lehnenfläche aufzeigte, lässt vermuten, dass nicht nur objektive Messergebnisse probandenabhängig variieren, sondern auch die Subjektivwahrnehmung beeinflusst wird.

Je nach individuell gewählter Sitzposition, kommt es im Bereich der Sitz- und Lehnenfläche zu unterschiedlichster Druckbelastung. Dabei spielt nicht nur das Gewicht des Fahrers eine Rolle, sondern auch die Körpergröße und die damit verbundene Bein- bzw. Armhaltung. Im Rahmen der durchgeführten Lenkradanalyse (Kapitel 7) wurden Messwertstreuungen bereits bei kleinsten statisch aufgebrachten Lenkkräften detektiert, welche die Reproduzierbarkeit entscheidend beeinflussen.

Mit Hilfe partieller Korrelationsanalysen lassen sich solche Einflüsse auf den linearen Zusammenhang zwischen Subjektivurteil und objektivem Kennwert identifizieren und ggf. bereinigen. Unter Verwendung der zu Beginn des Probandenversuchs erfassten biometrischen Daten sollen mögliche Einflüsse auf die Wahrnehmung reifenungleichförmigkeitserregter Fahrzeugschwingungen analysiert werden. Dabei werden einerseits Korrelationen zwischen den biometrischen Eigenschaften der Probanden und den erfassten Objektivwerten, sowie zwischen den biometrischen Daten und den Subjektivbeurteilungen berechnet und im Anschluss daran von den tatsächlichen Daten bereinigt [Rössler,2011]. Man spricht hier auch von so genanntem „Herauspartialisieren". Der neu ermittelte Korrelationskoeffizient stellt entsprechend einen linearen Zusammenhang zwischen Probandenurteil und Kennwert dar, bei dem mögliche biometrische Einflüsse eliminiert wurden.

Wie aus Tabelle 18 zu entnehmen ist, führt eine Bereinigung von Körpergewicht und Körpergröße zu keiner nennenswerten Verbesserung des linearen Zusammenhangs.

Kennwert	r	bereinigt von		Verbesserung [%]	
		Körpergewicht	Körpergröße	Körpergewicht	Körpergröße
LRD (Rotation)	0,71	0,71	0,72	0,1	0,7
LRD (Translation Z)	0,30	0,30	0,30	-0,1	0,1
Vektor LRD (links)	0,72	0,72	0,72	0,1	0,6
LRD (links X)	0,56	0,56	0,56	0,2	-0,4
LRD (links Y)	0,72	0,72	0,73	0	0,1
LRD (links Z)	0,71	0,71	0,72	0,1	0,7
Vektor FS-Konsole (Mitte)	0,65	0,65	0,65	0,6	0,5
Vektor FS-Konsole (VL)	0,63	0,64	0,64	0,9	0,7
Vektor FS-Konsole (VR)	0,66	0,66	0,66	0,4	0,7
Vektor FS-Konsole (HL)	0,62	0,62	0,62	0,8	1,0
Vektor FS-Konsole (HR)	0,65	0,65	0,65	0,6	0,3
Vektor Sitz (2)	0,66	0,67	0,66	0,3	-1,1
Vektor Sitz (3)	0,63	0,63	0,63	-0,2	0,3
Vektor Sitz (7)	0,60	0,60	0,63	0,2	5,7
Vektor Lehne (2)	0,64	0,64	0,64	-0,1	0,3
Vektor Lehne (3)	0,53	0,53	0,53	0,0	0,4
Vektor Lehne (4)	0,62	0,61	0,62	0,5	0,0

Tabelle 18: Ergebnisauszug Partialkorrelation (C-Klasse)

Betrachtet man die prozentuale Verbesserung liegt man sowohl am Lenkrad wie auch am Sitz meist deutlich unter 1%. Die größte Verbesserung tritt auf der Sitzfläche, speziell am Sitzpunkt 7 auf. Hier ergab sich eine Verbesserung von 5,7%. Jedoch kommt es auch zu geringfügigen Verschlechterungen der linearen Zusammenhänge. Exemplarisch ist hier ein Ergebnisauszug aus den berechneten Daten der C-Klasse auf dem Flachbahn-Fahrzeug-Prüfstand dargestellt. Die Analyse wurde auf die Versuchsdaten, welche im freien Versuchsfeld generiert wurden erweitert. Die Verbesserung liegt auch hier deutlich unter 1%. Diese Aussage kann auch bei der S-Klasse getroffen werden.

Aufgrund der sehr geringen Veränderung durch die Berücksichtigung der biometrisch erfassten Daten, ist eine Berücksichtigung im Rahmen dieser Arbeit nicht hilfreich. Daher werden die identifizierten Unterschiede vollständig vernachlässigt.

8.6 Prüfstandsnutzung zur Subjektivbeurteilung

Abschließend werden die Messergebnisse vom Flachbahn-Fahrzeug-Prüfstand und aus dem freien Versuchsfeld gegenübergestellt. Grund hierfür ist die Evaluierung der Prüfstandnutzung zur Beurteilung komfortrelevanter Schwingungsphänomene. Es gibt verschiedenste Vorteile, sowohl Fahrzeugmessungen als auch Subjektivbeurteilungen auf geeigneten Prüfständen durchzuführen. Neben der erhöhten Reproduzierbarkeit stehen hierbei die erhebliche Kosten- sowie Zeitersparnis im Vordergrund. Diese begründen sich hauptsächlich aus dem Wegfall von Fahrzeugtransporten sowie der deutlichen Reduzierung der tatsächlichen Messzeit, was zu einer verkürzten Fahrzeugeinplanung führt. Ob in Zukunft Komfortbeurteilungen in der Fahrzeugentwicklung effizienter gestaltet werden können, soll durch den Vergleich von Prüfstands- und Straßenmessungen aufgezeigt werden.

Im Rahmen der Gegenüberstellung werden die zuvor identifizierten Kennwerte herangezogen. Der Bereich der Fahrer-Fahrzeug-Schnittstelle „Gesäß-Sitz" wird durch den gemittelten Fahrersitzkonsolenpunkt (FS-Konsole (Mitte)) repräsentiert. Zur Analyse der Fahrer-Fahrzeug-Schnittstelle „Hand-Lenkrad" wird der Vektor am linken Lenkradsegment (Vektor LRD (links)) herangezogen.

In Kapitel 6.2 wurden bereits Möglichkeiten reifenungleichförmigkeitserregte Fahrzeugschwingungen auf dem Flachbahn-Fahrzeug-Prüfstand nachstellen zu können erfolgreich diskutiert. Durch eine Veränderung der prüfstandsseitigen Vertikalanregung ist es realisierbar, ungleichförmigkeitserregte Schwingungsphänomene in einer Form quantitativ nachzustellen, wie sie im freien Versuchsfeld auftreten. Mit der dafür im Versuch verwendeten prüfstandseitigen Vertikalanregung über die Hydropulser der Flachbahneinheit war eine Subjektivbewertung jedoch nicht zu realisieren, wie ein Stichprobenversuch mit „Experten" bestätigten konnte. Aus diesem Grund wurde für die durchgeführte Probandenstudie eine Standardprüfstandsanregung (tiefpassgefilterte Rauschanregung) gewählt. Daraus resultierende quantitative Unterschiede zwischen Prüfstand und Straße, welche je nach Fahrzeugsegment stärker oder schwächer ausfallen, wurden dabei in Kauf genommen. Wie aus den Untersuchungen in Kapitel 6.2 hervorgeht, liegen die Schwingungsamplituden bei der C-Klasse zwischen Prüfstand und Straße bei verwendeter Standardprüfstandsanregung quantitativ auf sehr ähnlichem und somit vergleichbarem Niveau. Bei der S-Klasse kommt es zu Unterschieden, welche nicht zu vernachlässigen sind (siehe hierzu auch Kapitel 6.2.4).

Wie zu Beginn dieses Kapitels erläutert, wurden die in der Probandenstudie herangezogenen Versuchsvarianten der C-Klasse auf dem Prüfstand und die Versuchsvarianten der S-Klasse auf der Straße bestimmt. Aufgrund der gerade erläuterten Niveauunterschiede bei der S-Klasse zwischen Prüfstand und Straße liegen folglich die erfassten Schwingungsamplituden auf dem Flachbahn-Fahrzeug-Prüfstand auf deutlich höherem Niveau als im freien Versuchsfeld. Da von den Probanden der Gesamtschwingungseindruck beurteilt wurde, resultieren bereits bei geringen Zusatzmassen maximale Niveaubewertungen (Subjektivnote 9). Dadurch konvergiert die Bewertungskurve für hohe Anregungsvarianten gegen die Maximalbewertung und flacht dort entsprechend ab [Rössler,2011]. Dies begründet die deutlich geringere Subjektiv-Objektiv-Korrelation auf dem Flachbahn-Fahrzeug-Prüfstand.

Abbildung 86 enthält eine Gegenüberstellung von Straße und Prüfstand für beide Fahrzeuge am Beispiel des Vektors der Konsolenmitte (FS-Konsole (Mitte)). Aufgetragen sind hierbei alle Urteile aller Probanden bei einer konstanten Fahrgeschwindigkeit. Die Änderung der Schwingungsbelastung wurde ausschließlich über die Zusatzmassenvariation realisiert. Die durchgeführten Varianten sind

Tabelle 10 zu entnehmen.

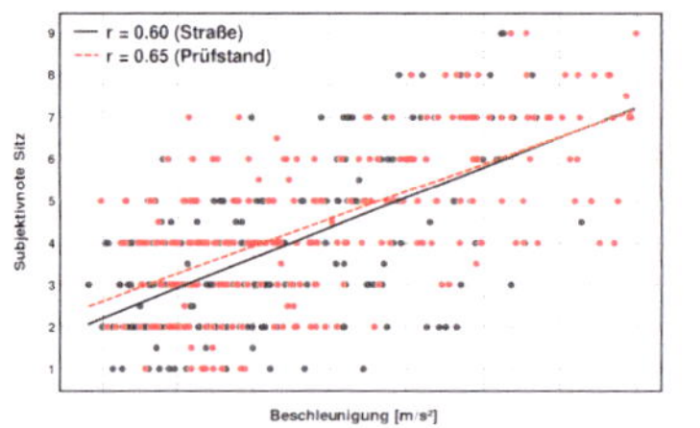
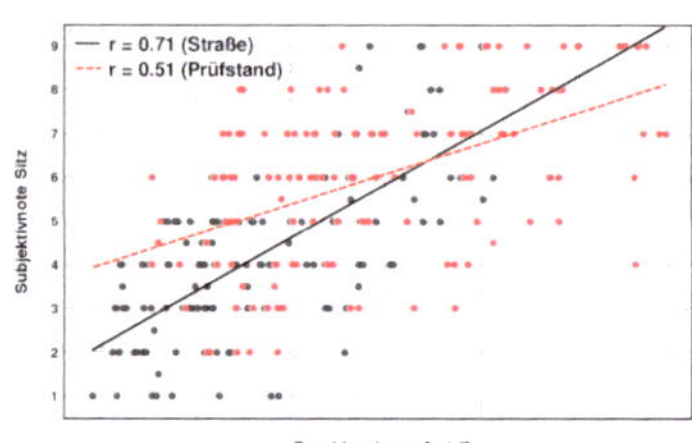

Abbildung 86: Gegenüberstellung Fahrersitzkonsole (Mitte) auf Flachbahn-Fahrzeug-Prüfstand und im freien Versuchsfeld anhand linearer Regressionen: C-Klasse (links); S-Klasse (rechts)

Der gerade beschriebene Effekt des schlechten Benotens der S-Klasse auf dem Flachbahn-Fahrzeug-Prüfstand wird bei Betrachtung der rechten Darstellung deutlicht. Der hier dargestellte Fall der S-Klasse verdeutlicht einmal mehr, dass der lineare Zusammenhang in hohem Grade von der Variantenauswahl und somit vom vorliegenden Anregungsniveau abhängig ist. Demzufolge sind durchgeführte Korrelationsanalysen immer kritisch zu prüfen, bevor Aussagen aus ihren Ergebnissen generiert werden. Aufgrund der nachweislich vorliegenden Differenzen zwischen Prüfstands- und Straßenmessungen, welche auf die zuvor erwähnte deutlich erhöhte Fahrzeuganregung auf dem Prüfstand zurückzuführen ist, wird im weiteren Verlauf der hier erbrachten Gegenüberstellung auf die Interpretation der S-Klasse-Ergebnisse verzichtet.

Da die Messwertdifferenzen zwischen Prüfstand und Straße bei der C-Klasse vernachlässigbar gering sind, ist eine Bewertung der Gegenüberstellung hier sinnvoll und liefert aussagekräftige Ergebnisse. Ein objektiver Vergleich zwischen Prüfstand und Straße wurde ausführlich in Kapitel 6.2.3 behandelt. Aus diesem Grund wird auf eine objektive Gegenüberstellung an dieser Stelle verzichtet.

Auf dem Prüfstand werden bei der C-Klasse höhere Korrelationskoeffizienten als im Straßenversuch erzielt. Vergleicht man die Regressionsgeraden miteinander (Abbildung 86 linke Darstellung), so wird deutlich, dass Probanden im Bereich geringer Anregungen das Fahrzeug auf dem Prüfstand kritischer bewerten. Dies kann am fehlenden Grundniveau liegen, was auf der Straße definitiv vorhanden ist. Unter Grundniveau wird hier die Fahrzeuganregung verstanden, welche beim Überfahren einer Fahrbahn ohne Zusatzanregung durch die Räder vorliegt. Des Weiteren hat der Proband auf dem Prüfstand die Gelegenheit sich vollkommen auf die Bewertung zu konzentrieren, während er im freien Versuchsfeld zusätzlich einer gewissen Ablenkung durch den Straßenverkehr unterliegt. Das aufgezeigte Ergebnis am Beispiel der C-Klasse zeigt, dass eine Subjektivbewertung komfortrelevanter Fahrzeugschwingungen im Bereich der Fahrer-Fahrzeug-Schnittstelle „Gesäß-Sitz" prüfstandseitig realisierbar ist und bessere Korrelationsergebnisse zu erwarten sind. Diese Aussage wird auf Basis der C-Klasse getroffen. Zur allgemeingültigen Bestätigung dieser Aussage sind weitere Untersuchungen unverzichtbar.

Zur Vollständigkeit wird ebenfalls die Fahrer-Fahrzeug-Schnittstelle „Hand-Lenkrad" betrachtet. Abbildung 87 illustriert die Gegenüberstellung zwischen Prüfstand und Straße am Beispiel des linken Lenkradvektors. Der Korrelationskoeffizient, ermittelt auf der Straße, übersteigt betragsmäßig den Koeffizienten, welcher prüfstandseitig ermittelt wurde. Bei genauer Betrachtung der Messwertverteilung wird jedoch deutlich, dass im Straßenversuch der Großteil der Messwerte auf sehr geringem Beschleunigungsniveau liegt, während die Messwerte der Prüfstandmessungen über den gesamten Beschleunigungsbereich verteilt sind. Auf dem Prüfstand tragen vereinzelte Messwerte im oberen Beschleunigungsbereich wesentlich zum erhöhten Korrelationskoeffizienten bei.

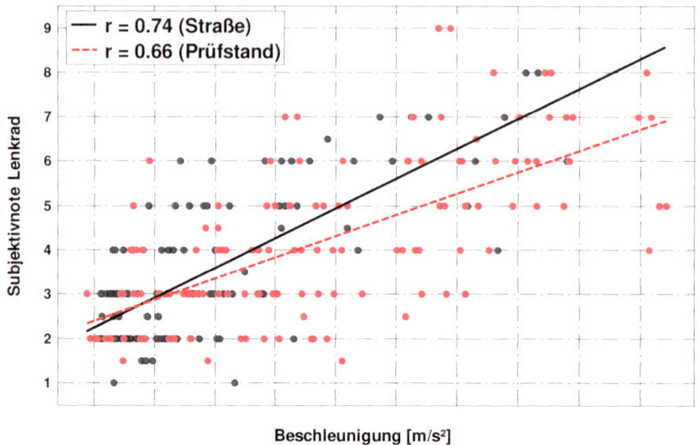

Abbildung 87: Gegenüberstellung Vektor Lenkrad (Links) auf Flachbahn-Fahrzeug-Prüfstand und im freien Versuchsfeld anhand linearer Regressionen am Beispiel der C-Klasse

Der Grund für die ungleichmäßige Verteilung der Schwingungsamplituden auf der Straße ist auf den menschlichen Einfluss auf Lenkradschwingungen zurückzuführen. Wie in den Kapiteln 6.1.3.2 und 7.3.4 ausführlich dargestellt, bewirken bereits kleinste statische Lenkeingriffe große Veränderungen im Bereich der Messwertamplitude. Da im Straßenversuch kontinuierliche Spurkorrekturen erforderlich sind, sind solche Ergebnisse nicht zu vermeiden. Auf dem Flachbahn-Fahrzeug-Prüfstand sind solche Lenkeingriffe nicht erforderlich, wie die saubere Amplitudenverteilung zeigt. Die ebenfalls hohen Korrelationskoeffizienten auf dem Prüfstand verdeutlichen, dass eine Evaluierung von Lenkradschwingungen gut umsetzbar ist.

Abschließend kann auf Basis der vorliegenden Untersuchungsergebnisse festgehalten werden, dass nicht nur die Objektivierung reifenungleichförmigkeitserregter Fahrzeugschwingungen auf dem Flachbahn-Fahrzeug-Prüfstand umsetzbar ist, sondern ebenso die subjektive Evaluierung. Da aufgrund der verwendeten prüfstandsseitigen Standardanregung und der damit verbundenen Tatsache, dass der Dämpfer ausschließlich im Haftbereich gearbeitet hat (siehe hierzu Kapitel 6.2.3), die Amplitudendifferenz zwischen Prüfstand und Straße bei der S-Klasse zu groß war, erfüllt die getroffene Aussage bezüglich der Prüfstandnutzung zur Subjektivbeurteilung keinen Allgemeingültigkeitsanspruch. Da die Versuche im Rahmen der C-Klasse jedoch auf eine Nutzbarkeit hinweisen, sind weitere Untersuchungen zur allgemeingültigen Übertragung mit unterschiedlichen Fahrzeugen hilfreich und entsprechend zu empfehlen.

9. Zusammenfassung und Ausblick

Im Rahmen der vorliegenden Promotionsschrift wird eine Methode zur gesamtheitlichen Quantifizierung und Bewertung reifenungleichförmigkeitserregter Fahrzeugschwingungen erarbeitet. Das vorliegende Kapitel gibt eine zusammenfassende Übersicht über die geleisteten Arbeiten und schließt mit einem Ausblick über anzuschließende Untersuchungen, anhand derer aus Sicht des Autors weitere wichtige Beiträge zur Objektivierung komfortrelevanter Fahrzeugschwingungen erarbeitet werden könnten, ab.

9.1 Zusammenfassung

Aufbauend auf einer Einführung in das Themengebiet der komfortrelevanten Fahrzeugschwingungen wird in Kapitel 2 ein Überblick über den aktuellen Forschungsstand erarbeitet, sowie die zum Verständnis dieser Arbeit erforderlichen Grundlagen erläutert. In diesem Zusammenhang werden verwendete Begrifflichkeiten, welche den Komfort beschreiben gegeneinander abgegrenzt und für die Nutzung dieser Arbeit definiert. Anhand der Darstellung, aus der Literatur bekannter Arbeiten wird deutlich, dass Untersuchungen auf dem Gebiet der Reifenungleichförmigkeit hauptsächlich das Phänomen der Lenkraddrehschwingung, welche auch als Lenkungsunruhe bezeichnet wird, analysieren. Untersuchungen zu translatorischen Sitz- und Lenkradschwingungen bleiben im Kontext der Reifenungleichförmigkeit weitestgehend aus. Grundsätzlich sind vollständige Komfortbeurteilungen von Fahrzeugschwingungen, welche durch Reifenungleichförmigkeiten entstehen in der Literatur kaum bekannt. Zahlreiche Untersuchungen zur Komfortbeurteilung existieren vorwiegend im Zusammenhang mit fahrbahnerregten sowie triebstrangerregten Schwingungen.

Kapitel 3 schließt mit einer, aufbauend auf dem aktuellen Forschungsstand, abgeleiteten Motivation und Zielsetzung der angefertigten Arbeit an. Der strukturelle Aufbau der Arbeit wird ebenfalls in diesem Kapitel festgelegt. Die zentrale Hypothese dieser Promotionsschrift, welche besagt, dass es grundsätzlich möglich ist, komfortrelevante Fahrzeugschwingungen mit Hilfe generierter Einzahlkennwerte zu beschreiben, wird erläutert. Dabei wird darauf hingewiesen, dass eine kundenrelevante Evaluierung vorliegender Schwingungsphänomene nur dann umsetzbar ist, wenn ein realistischer, kundentypischer Anregungsinput reproduzierbar ins Kraftfahrzeug eingeleitet wird. Auf diesem Ansatz baut die angefertigte Promotionsschrift auf.

In Kapitel 4 werden die verwendeten Versuchswerkzeuge, welche zur Umsetzung dieser Arbeit erforderlich sind, vorgestellt. Auf Basis der in Kapitel 3 definierten Zielsetzung wird der messtechnische Aufbau in den Versuchsfahrzeugen abgeleitet. Zu diesem Aufbau gehören neu entwickelte Tools zur Objektivierung der Fahrer-Fahrzeug-Schnittstellen „Gesäß-Sitz" und „Hand-Lenkrad". Zur Erfassung auftretender Schwingungen direkt in der Schnittstelle „Gesäß-Sitz" wird eine Sitz- und Lehnenmessmatte entwickelt, mit deren Hilfe eine gleichzeitige Messwerterfassung und subjektive Evaluierung realisierbar ist. Um den menschlichen Einfluss auf die Ausprägung von Lenkradschwingungen zu analysieren, wird ein Haltekraftmesssystem entwickelt. Mit Hilfe dieses Systems werden aufgebrachte Halte- und Tangentialkräfte, welche der Fahrer auf das Lenkrad aufbringt, quantifiziert. Beide Tools, Sitzmessmatte und Haltekraftmesssystem, ermöglichen die Analyse direkt an der Fahrer-Fahrzeug-Schnittstelle. Dies ist eine wichtige Voraussetzung um komfortmindernde Schwingungsbelastungen quantifizieren zu können. Weiter wird in Kapitel 4 ein Ansatz vorgestellt, mittels Modellbildung erfasste Zeitrohdaten zu nutzbaren Einzahlkennwerten zu verrechnen.

Der Grundstein zur Quantifizierung und Bewertung reifenungleichförmigkeitserregter Fahrzeugschwingungen aus Kundensicht wird in Kapitel 5 gelegt. Dies ist wie bereits erwähnt nur dann möglich, wenn ein kundentypischer Anregungsinput ins Kraftfahrzeug eingeleitet wird. Mit Hilfe theoretischer Betrachtungen, gestützt von durchgeführten Versuchsreihen, welche unter anderem am hierfür geeigneten Flachbahn-Reifen-Prüfstand durchgeführt werden, lässt sich der Bereich kundenrelevanter Fahrzeuganregungen ermitteln. Um den identifizierten Input definiert ins Fahrzeug einleiten zu können, werden im Rahmen durchgeführter Reifenanalysen Anregungspunkte am Reifen bestimmt, bei denen durch Anbringung von Zusatzmassen das Fahrzeug in bestimmten Koordinatenrichtungen angeregt wird. Zusätzlich zu den bereits aus der Literatur bekannten Anregungspunkten Hochpunkt (HP) und Tiefpunkt (TP) wird mit dem Hochpunkt-X (HP-X) ein neuer Anregungspunkt eingeführt, welcher bei Anbringung einer Zusatzmasse die maximale Anregung in Fahrzeuglängsrichtung erzeugt. Mit Hilfe dieser Anregungspunkte und der vorherigen Ermittlung eines kundenrelevanten Anregunsinputs ist eine versuchsseitige Darstellung komfortrelevanter, reifenungleichförmigkeitserregter Schwingungsphänomene möglich.

Die Darstellung dieser Schwingungsphänomene wird in Kapitel 6 behandelt. Aufbauend auf einer erarbeiteten Messmethode wird die Möglichkeit evaluiert, relevante Fahrzeugschwingungen im freien Versuchsfeld reproduzierbar darzustellen. Trotz definierter Fahrzyklen werden dabei Messwertstreuungen aufgezeigt, welche eine verlässliche Quantifizierung und Bewertung schwierig gestalten. Als Hauptursachen für die auftretende Messwertstreuung lassen sich stochastisch überlagerte Fahrbahnanregungen sowie sich permanent ändernden Randbedingungen wie z.B. Seitenwinde ausmachen. Gerade Lenkraddrehschwingungen unterliegen hierbei großen Streuungen. Zur Steigerung der Reproduzierbarkeit sowie der Erprobungseffizienz, wird infolge der Straßenergebnisse versucht, reifenungleichförmigkeitserregte Schwingungsphänomene auf einem Prüfstand nachzustellen. Die Untersuchungen werden auf einem Flachbahn-Fahrzeug-Prüfstand unter Verwendung zweier unterschiedlicher Versuchsfahrzeuge durchgeführt. Der direkte Vergleich zwischen Prüfstands- und Straßenergebnissen zeigt, dass die Darstellung ungleichförmigkeitserregter Lenkraddrehschwingungen problemlos möglich ist. Abhängig vom verwendeten Versuchsfahrzeug werden jedoch translatorische Sitz- und Lenkradschwingungsdifferenzen detektiert. Die auftretenden Differenzen sind teilweise aber geringer als erfasste Messwertstreuungen aus Straßenmessungen. Die Unterschiede zwischen Prüfstand und Straße lassen sich auf die Dämpfer zurückführen, welche auf dem Prüfstand ausschließlich im Haftbereich arbeiten und somit auf dem Prüfstand ein größerer Kraftanteil als auf der Straße ins Fahrzeug übertragen wird. In Folgeversuchen, bei denen eine vertikale Hydropulsanregung in den Auftsandsflächen der Räder eingesetzt wird zeigt sich, dass Messwertunterschiede zwischen Prüfstand und Straße stark minimierbar sind. Subjektivbeurteilungen lassen sich bei der gewählten Hydropulsanregung jedoch nicht realisieren, wie ein Stichprobenversuch zeigt. Trotz Messwertdifferenzen ist unter Verwendung eines tiefpassgefilterten Rauschens eine qualitative Nachstellung der relevanten Schwingungsphänomene gewährleistet, welche auch subjektiv bewertbar sind. Diese Erkenntnis bestätigt das Potential des Prüfstandes und trägt zu einer Empfehlung zu dessen Nutzung bei. Im Rahmen der durchgeführten Untersuchungen wird aufgezeigt, dass es im Straßenversuch zu Reifenveränderungen über der zurückgelegten Laufstrecke kommt. Diese verändern den in Kapitel 5 definierten Anregungszustand deutlich und erschweren Fahrzeugvergleiche über einen längeren Zeitraum. Die Veränderungen lassen sich ausschließlich auf der Straße festellen. Bei allen durchgeführten Prüfstandsversuchen lassen sich keine Veränderungen der Reifeneigenschaften feststellen.

Kapitel 7 beschäftigt sich mit der Analyse des menschlichen Einflusses auf die Ausprägung von Lenkradschwingungen. Hierfür kommt das in Kapitel 4 vorgestellte Lenkradhaltekraftmesssystem zum Einsatz. Im Rahmen einer Probandenstudie, an der sowohl erfahrene Testingenieure wie auch naive Probanden teilnehmen, wird ein Haltekrafteinfluss auf Lenkraddrehschwingungen detektiert. Einflüsse auf translatorische Lenkradschwingungen liegen auf vernachlässigbar geringem Niveau. Ein wesentliches Ergebnis der durchgeführten Untersuchungen ist, dass Lenkraddrehschwingungen durch Erhöhung der Haltekraft nicht nur kompensiert, sondern in Abhängigkeit der Frequenzlage auch verstärkt werden. Durch die Quantifizierung dabei auftretender dynamischer Tangentialkräfte zwischen Lenkrad und Hand ist es durch Anwendung eines in dieser Arbeit erarbeiteten Ansatzes möglich, den personifizierten Einfluss nahezu vollständig zu eliminieren. Hierdurch wird es in Zukunft möglich sein, Fahrzeug- oder Variantenvergleiche mit einer hohen Genauigkeit durchzuführen, auch wenn verschiedene Fahrer die Versuchsvarianten gemessen haben. Des Weiteren ist eine Steigerung der Reproduzierbarkeit durch den Einsatz des Messsystems im Rahmen der Fahrzeugentwicklung nachweislich umgesetzt. Die zuvor im Straßenversuch erfassten Messwertstreuungen lassen sich mit dem Einsatz des Haltekraftmesssystems deutlich minimieren, wie ein Vergleich zeigt.

Im Anschluss an die Umsetzung der reproduzierbaren Darstellung kundenrelevanter Schwingungsphänomene beschäftigt sich Kapitel 8 abschließend mit der Analyse und Bewertung der Fahrer-Fahrzeug-Schnittstellen „Gesäß-Sitz" bzw. „Hand-Lenkrad". Im Rahmen der hier angestellten Untersuchungen steht die Ermittlung wesentlicher Einzahlkennwerte, welche mit dem Subjektiveindruck des Fahrers korrelieren, im Vordergrund. Die Probandenstudie wird an zwei verschiedenen Fahrzeugen sowohl auf dem Flachbahn-Fahrzeug-Prüfstand (mit Standardhydropulsanregung) als auch im freien Versuchsfeld durchgeführt. Aufgrund der Durchführung sowohl auf dem Prüfstand als auch auf der Straße war eine Evaluierung der Nutzbarkeit des Prüfstandes für Subjektivbewertungen möglich und kann auf Basis der Versuchsergebnisse bestätigt werden. Im Rahmen der Auswertung wird eine Reihe statistischer Zusammenhangsanalysen eingesetzt. Dabei werden neben Korrelationen zusätzliche auch objektive Analysen, welche die Robustheit sowie die Reproduzierbarkeit bewerten, herangezogen. Als wesentliches Ergebnis der Studie lässt sich festhalten, dass zur Erfassung von Schwingungsphänomenen im Bereich der Fahrer-Fahrzeug-Schnittstelle „Gesäß-Sitz" ein sitzkonsolenbasierter Kennwert in Form eines Beschleunigungsvektors zu empfehlen ist. Es hat sich gezeigt, dass der in dieser Arbeit eingeführte Konsolenmittelpunkt, welcher sich aus vier an der Sitzkonsole positionierten Beschleunigungssensoren zusammensetzt, zu bevorzugen ist. Die Robustheit in Form geringer Messwertstreuungen hat hier, ebenfalls wie die Tatsache, dass dieser Wert auch Schwingungen im Bereich des Fußraums erfasst, zur Empfehlung beigetragen. Die besagten Fußraumschwingungen wurden mehrfach von Probanden rückgemeldet. Weiter zeigt sich, dass die Objektivierung von Lehnenschwingungen zur Objektivierung reifenungleichförmigkeitserregter Fahrzeugschwingungen nicht notwendig erscheint. Bezüglich der Fahrer-Fahrzeug-Schnittstelle „Hand-Lenkrad" lässt sich festhalten, dass ein Beschleunigungsvektor, erfasst am Lenkradkranz, sowohl Translations- als auch Rotationsschwingungen am Lenkrad mit hoher Korrelationsgüte zum Subjektiveindruck erfasst. Eine Trennung zwischen beiden Phänomenen ist demnach zur Darstellung des Subjektiveindrucks bei reiner harmonischer Radanregung nicht notwendig. Im Rahmen einer Anschlussuntersuchung wird die Anwendung einer amplitudengewichteten Bewertung evaluiert. Für translatorische Sitz- und Lenkradschwingungen wird auf einem Ansatz von [Griffin,2007], für rotatorische Lenkradschwingungen auf einem Ansatz von [Ajovalasit&Giacomin,2007] aufgesetzt. Als Ergebnis lässt sich für die vorliegenden Messdaten ableiten, dass eine Amplitudengewichtung reifenungleichförmigkeitserregter Fahrzeugschwingungen nicht notwendig erscheint. Eine Verbesserung des korrelativen Zusammenhangs beläuft sich durch die Anwendung der Gewichtungsfunktionen auf $< 1\%$.

9.2 Ausblick

Nachdem eine erfolgreiche Objektivierung reifenungleichförmigkeitserregter Fahrzeugschwingungen mit Hilfe von Einzahlkennwerten aufgezeigt werden konnte, empfehlen sich, aufbauend auf die hier angefertigte Promotionsschrift weitere Untersuchungen anzuschließen.

Die aufgezeigten Untersuchungen beziehen sich primär auf ein Fahrzeug des Mittelklassesegments (C-Klasse). Um abgeleitete Erkenntnisse zu untermauern, wird im Rahmen der Probandenstudie zur Bewertung komfortrelevanter Fahrzeugschwingungen mit der S-Klasse ein weiteres Fahrzeug herangezogen. Auch hierbei ist die Erfassung subjektiver Fahreindrücke mit Hilfe gebildeter Einzahlkennwerte möglich. Im Zuge von Anschlussarbeiten sollte die angewandte Methode zur allgemeingültigen Übertragbarkeit durch weitere Fahrzeuge unterschiedlicher Fahrzeugklassen validiert werden.

Laufstreckenabhängige Reifenveränderungen und deren signifikante Auswirkung auf die Ausbreitung reifenungleichförmigkeitserregter Fahrzeugschwingungen werden im Zusammenhang durchgeführter Straßenmessungen aufgezeigt. Um die Reproduzierbarkeit reifenungleichförmigkeitserregter Schwingungsphänomene weiter verbessern zu können, ist eine detaillierte Analyse dieser Veränderungen unumgänglich und dringend zu empfehlen. Dabei ist es von Interesse in Erfahrung zu bringen, nach welcher Laufstrecke der erfasste Veränderungsprozess eintritt. Im Rahmen der angefertigten Arbeit wurde mit einer entsprechenden Analyse begonnen, welche bis zum Zeitpunkt der Fertigstellung der Promotionsschrift nicht abgeschlossen werden konnte. Aufbauend auf diesen Ergebnissen sollte diese Fragestellung empirisch analysiert werden.

Wie das Ergebnis der Kennwertidentifikation zeigt, stellt der gemittelte Fahrersitzkonsolenvektor einen geeigneten Kennwert dar, den Schwingungseindruck des Fahrers zu beschreiben. Die Auswertung der individuellen Probandenrückmeldung ergab, dass Schwingungen im Fußraum ebenfalls störend wahrgenommen werden. Dies könnte unter anderem ein Indiz dafür sein, weshalb zwischen dem Konsolenmittelpunkt und der Subjektivbewertung des Fahrers hohe Korrelationskoeffizienten feststellbar sind. Der Konsolenmittelpunkt beschreibt die starre Verbindung zwischen Konsole und Sitz. Ob eine Objektivierung im Fußraum zusätzlichen Informationsgehalt generiert, sollte im Rahmen angeschlossener Versuchsreihen analysiert werden.

Wie zu Beginn der Arbeit beschrieben, basieren die Ergebnisse zur Quantifizierung und Bewertung reifenungleichförmigkeitserregter Fahrzeugschwingungen ausschließlich auf gezielter Vorderachsanregung. Des Weiteren basiert die durchgeführte Evaluierung komfortrelevanter Schwingungsphänomene auf einem kleinen Geschwindigkeitsbereich. Aufgrund der Betrachtung der ersten Radordnung steht die Fahrgeschwindigkeit in direktem Zusammenhang zur Analysefrequenz. Die Verifizierung der dargelegten Erkenntnisse bei weiteren Fahrgeschwindigkeiten ist zu empfehlen, um allgemeingültige Aussagen ableiten zu können. In diesem Zusammenhang sollte ebenfalls die Anregung, welche über die Hinterachse ins Fahrzeug eingeleitet wird, betrachtet werden.

Abschließend ist noch einmal auf das Ergebnis der Prüfstandnutzung einzugehen. Im Rahmen der angefertigten Arbeit wird aufgezeigt, dass durch eine gezielte Anregungsvariation der im Prüfstand integrierten Hydropulszylinder, reifenungleichförmigkeitserregte Fahrzeugschwingungen auf der Flachbahn gleichwertig zu Straßenmessungen darstellbar sind. Die hierfür gewählte Vertikalanregung lässt jedoch eine gleichzeitige Subjektivbeurteilung nicht zu. In weiteren Versuchsreihen ist der Fragestellung nachzugehen, ob eine Nachstellung reifenungleichförmigkeitserregter Fahrzeugschwingungen auf dem Prüfstand derart zu realisieren ist, dass eine gleichzeitige Subjektivbeurteilung stattfinden kann. Ist dies umzusetzen, spricht in der zukünftigen Fahrzeugentwicklung nichts dagegen, Messungen zur Bewertung und Analyse reifenungleichförmigkeitserregter Fahrzeugschwingungen ausschließlich prüfstandsseitig durchzuführen. Dies wäre ein großer Entwicklungsschritt in Richtung einer effizienten Fahrzeugentwicklung, mit realen Fahrzeugen unter realen Verhältnissen, welche jedoch mit einer hohen Reproduziergüte abgebildet werden könnten.

A Anhang

A.1 Messtechnischer Aufbau der Versuchsfahrzeuge

In der nachfolgenden Abbildung A-88 bzw. Abbildung A-89 sind die Sensorpositionen der verwendeten Sitz- und Lehnenmatte in der jeweiligen Draufsicht dargestellt. Zur Einordnung der gezeigten Flächen im Fahrzeugkoordinatensystem ist auf Abbildung 10 in Kapitel 4.1.2 zu verweisen.

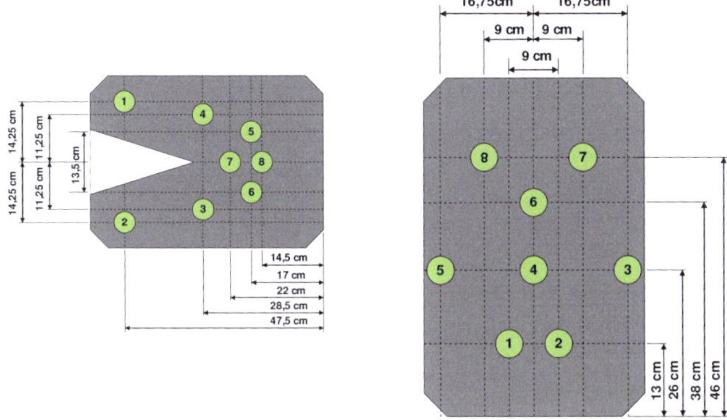

Abbildung A-88: Sensorpositionen Messmattenversion 1: Sitzkissen (links); Lehnenkissen (rechts)

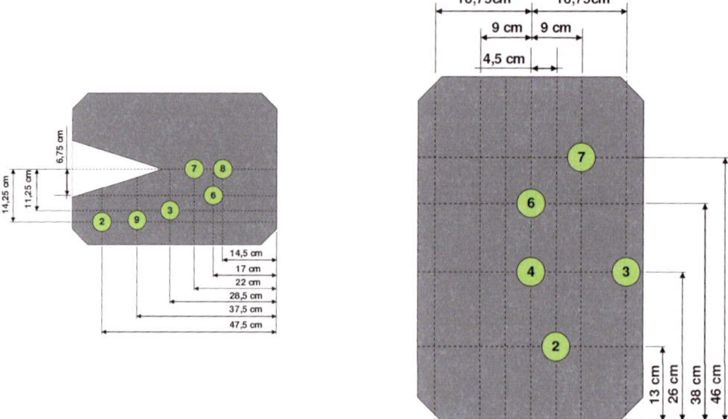

Abbildung A-89: Sensorpositionen Messmattenversion 2: Sitzkissen (links); Lehnenkissen (rechts)

A.2 Übersicht genutzter Kennwerte

laufende Nr.	Kennwert	laufende Nr.	Kennwert
1	FS-Konsole (VL_x)	19	FS-Konsole ($Lehne_x$)
2	FS-Konsole (VL_y)	20	FS-Konsole ($Lehne_y$)
3	FS-Konsole (VL_z)	21	FS-Konsole ($Lehne_z$)
4	FS-Konsole (VR_x)	22	FS-Konsole ($Refpkt_x$)
5	FS-Konsole (VR_y)	23	FS-Konsole ($Refpkt_y$)
6	FS-Konsole (VR_z)	24	FS-Konsole ($Refpkt_z$)
7	FS-Konsole (HL_x)	25	FS-Konsole (Nicken)
8	FS-Konsole (HL_y)	26	FS-Konsole (Wanken)
9	FS-Konsole (HL_z)	27	FS-Konsole (Gieren)
10	FS-Konsole (HR_x)	28	FS-Konsole (Torsion)
11	FS-Konsole (HR_y)	29	Vektor FS-Konsole (VL)
12	FS-Konsole (HR_z)	30	Vektor FS-Konsole (VR)
13	FS-Konsole ($Mitte_x$)	31	Vektor FS-Konsole (HL)
14	FS-Konsole ($Mitte_y$)	32	Vektor FS-Konsole (HR)
15	FS-Konsole ($Mitte_z$)	33	Vektor FS-Konsole (Mitte)
16	FS-Konsole ($Sitz_x$)	34	Vektor FS-Konsole (Sitz)
17	FS-Konsole ($Sitz_y$)	35	Vektor FS-Konsole (Lehne)
18	FS-Konsole ($Sitz_z$)	36	Vektor FS-Konsole (Refpkt.)

Tabelle A-19: Konsolenbasierte Einzahlkennwerte

laufende Nr.	Kennwert	laufende Nr.	Kennwert
1	Sitz (2_x)	23	Lehne (3_y)
2	Sitz (2_y)	24	Lehne (3_z)
3	Sitz (2_z)	25	Lehne (4_x)
4	Sitz (3_x)	26	Lehne (4_y)
5	Sitz (3_y)	27	Lehne (4_z)
6	Sitz (3_z)	28	Lehne (6_x)
7	Sitz (6_x)	29	Lehne (6_y)
8	Sitz (6_y)	30	Lehne (6_z)
9	Sitz (6_z)	31	Lehne (7_x)
10	Sitz (7_x)	32	Lehne (7_y)
11	Sitz (7_y)	33	Lehne (7_z)
12	Sitz (7_z)	34	Vektor Sitz (2)
13	Sitz (8_x)	35	Vektor Sitz (3)
14	Sitz (8_y)	36	Vektor Sitz (6)
15	Sitz (8_z)	37	Vektor Sitz (7)
16	Sitz (9_x)	38	Vektor Sitz (8)
17	Sitz (9_y)	39	Vektor Sitz (9)
18	Sitz (9_z)	40	Vektor Lehne (2)
19	Lehne (2_x)	41	Vektor Lehne (3)
20	Lehne (2_y)	42	Vektor Lehne (4)
21	Lehne (2_z)	43	Vektor Lehne (6)
22	Lehne (3_x)	44	Vektor Lehne (7)

Tabelle A-20: Sitz- und Lehnenbasierte Kennwerte

laufende Nr.	Kennwert
1	LRD (links$_x$)
2	LRD (links$_y$)
3	LRD (links$_z$)
4	LRD (Tanslation$_z$)
5	LRD (Rotation)
6	Vektor LRD (links)
7	Vektor LRD (translatorisch)

Tabelle A-21: Lenkradbasierte Kennwerte

A.3 Einfluss der Schwebungsgeschwindigkeit auf Komfortkennwert

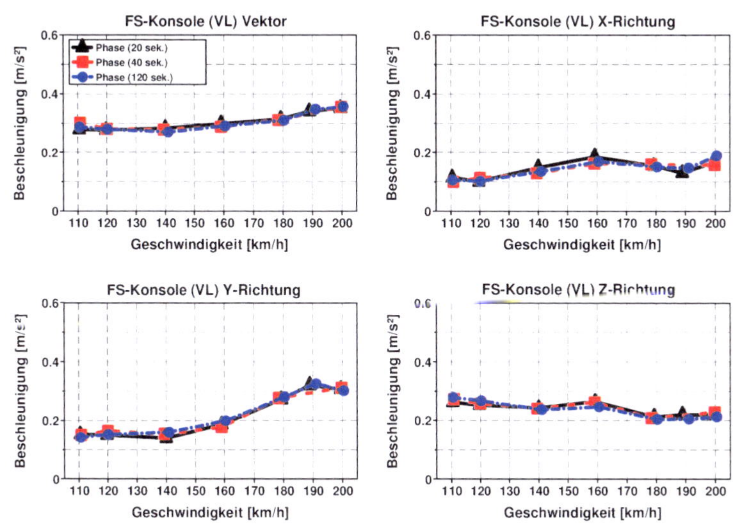

Abbildung A-90: Vektor FS-Konsole (VL) und Einzelrichtungen der Beschleunigungen in Abhängigkeit der Schwebungsgeschwindigkeit

A.4 Veränderung der Reifeneigenschaften in Abhängigkeit der absolvierten Laufstrecke

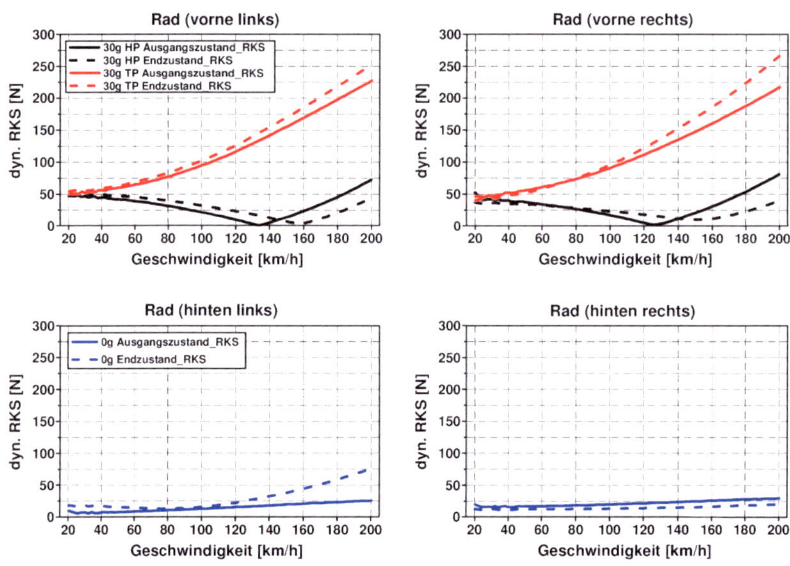

Abbildung A-91: Veränderung der dyn. Radialkraftschwankung über der Laufstrecke (Fahrzeug: S-Klasse)

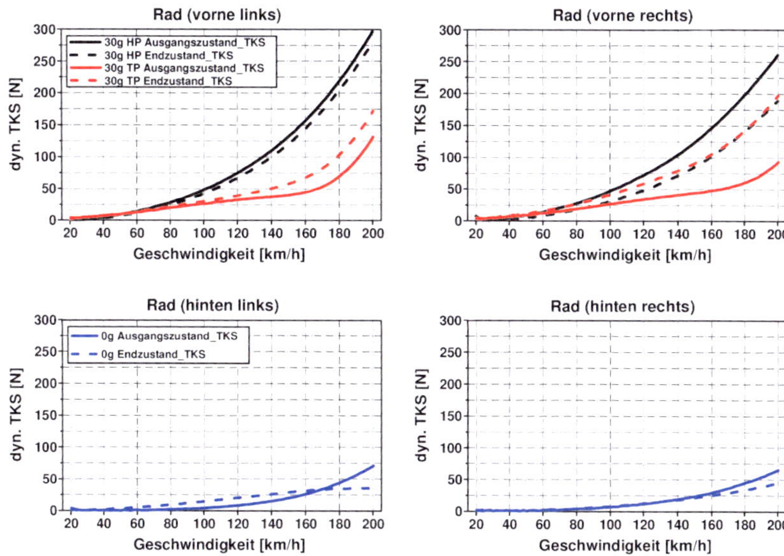

Abbildung A-92: Veränderung der dyn. Tangentialkraftschwankung über der Laufstrecke (Fahrzeug: S-Klasse)

A.5 Stempelwege am Flachbahn-Fahrzeug-Prüfstand

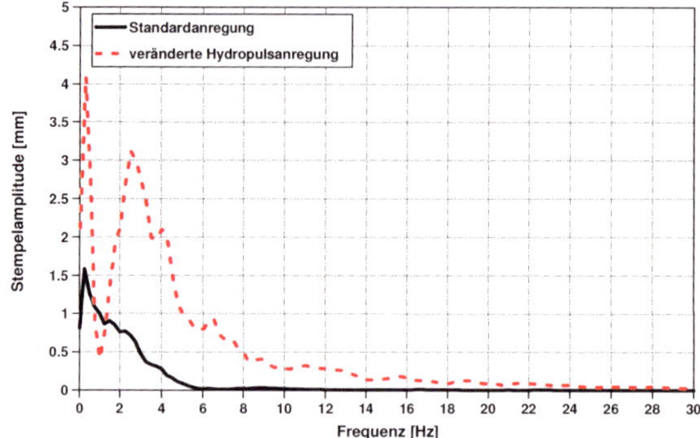

Abbildung A-93: Gegenüberstellung der resultierenden vertikalen Stempelamplitude am Flachbahn-Fahrzeug-Prüfstand bei Standardanregung und durch veränderte Hydropulsanregung

A.6 Gegenüberstellung der Radträgersignale (Vorderachse) bei Anregung auf Prüfstand und Straße

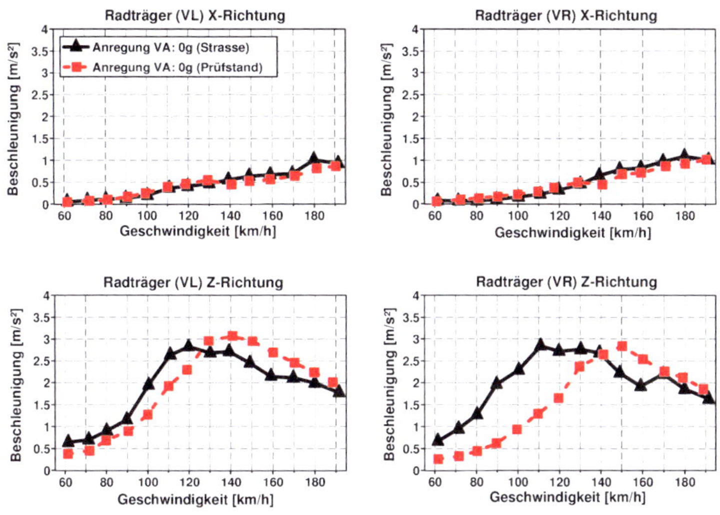

Abbildung A-94 Vergleich zwischen Straße und Prüfstand am Beispiel der Radträgerbeschleunigung in Längs- und Vertikalrichtung ohne Zusatzanregung [0g] (C-Klasse)

A.7 Reproduzierbarkeit der Radträgersignale (Vorderachse) bei gezielter Anregung im freien Versuchsfeld

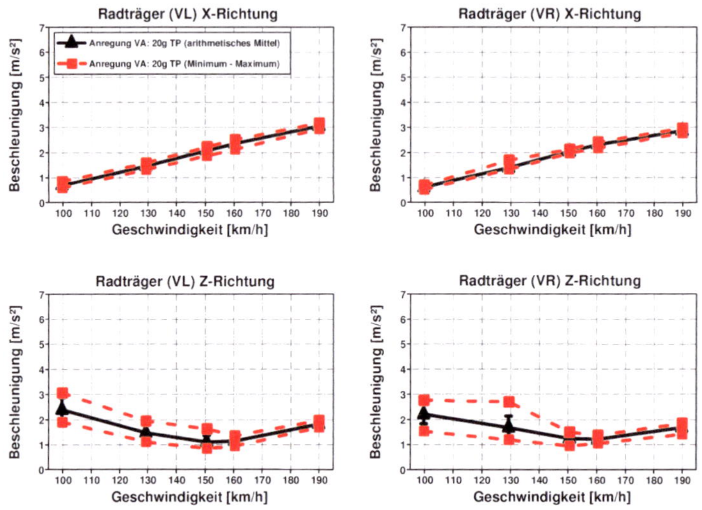

Abbildung A-95: Reproduzierbarkeit im freien Versuchsfeld am Beispiel des Beschleunigungsvektors am Radträger in Längs- und Vertikalrichtung bei gezielter Anregung im Hochpunkt (C-Klasse)

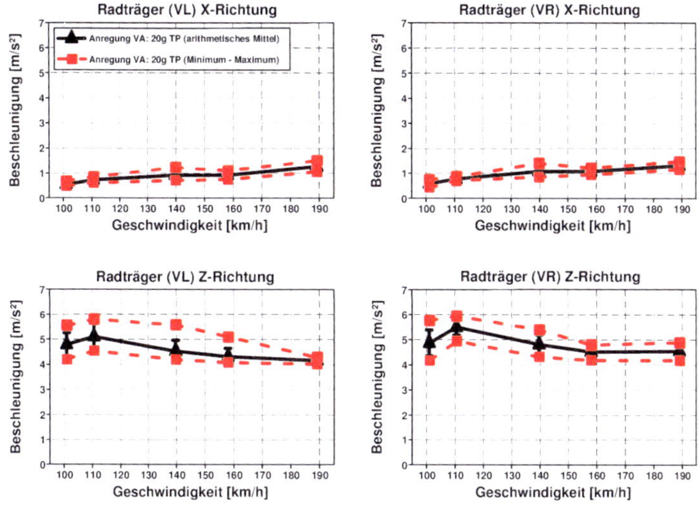

Abbildung A-96: Reproduzierbarkeit im freien Versuchsfeld am Beispiel des Beschleunigungsvektors am Radträger in Längs- und Vertikalrichtung bei gezielter Anregung im Tiefpunkt (C-Klasse)

A.8 Einfluss der Haltekraft auf Lenkraddrehbeschleunigung

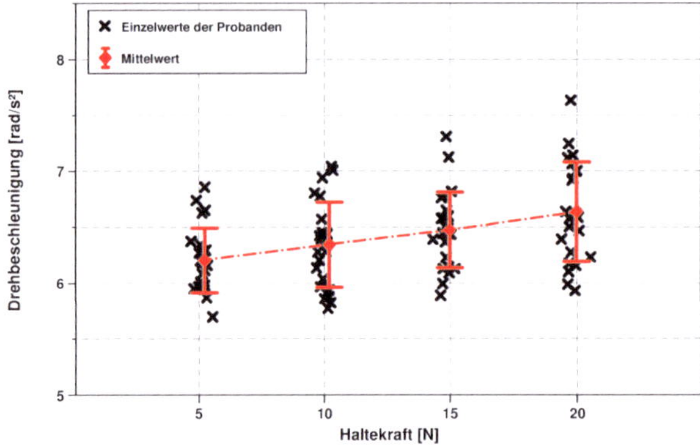

Abbildung A-97: Einfluss der aufgebrachten Haltekraft auf Lenkradschwingungen: Fahrgeschwindigkeit 160 km/h

A.9 Einfluss statisch aufgebrachter Tangentialkräfte auf Lenkraddrehbeschleunigung

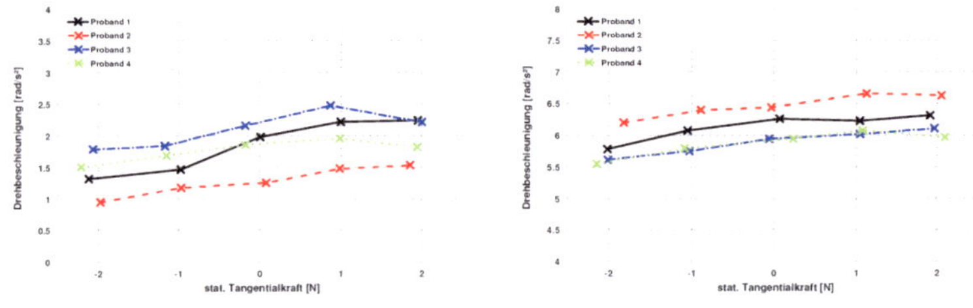

Abbildung A-98: Einfluss von statisch aufgebrachten Tangentialkräften auf Lenkraddrehbeschleunigung: Fahrgeschwindigkeit 80km/h (links); Fahrgeschwindigkeit 160km/h (rechts)

A.10 Korrelationsanalyse Subjektiv-Objektiv (S-Klasse)

Tabelle A-22 zeigt die Top 20-Liste der Subjektiv-Objektiv-Korrelationsanalyse der S-Klasse dargestellt. Die Ergebnisse resultieren dabei aus durchgeführten Messungen im freien Versuchsfeld (Papenburg) bei denen Fahrzeugschwingungen durch Zusatzmassen im Tiefpunkt generiert wurden. Da zwischen Hochpunkt- und Tiefpunktvarianten eine Differenz der Fahrgeschwindigkeit vorliegt, wurde von der Betrachtung aller Varianten an dieser Stelle abgesehen (siehe hierzu Kapitel 8).

Kennwerte	r	Kennwerte	r_z	Kennwerte	r_m
Vektor FS-Konsole (Mitte)	0,712	Vektor FS-Konsole (Mitte)	0,751	Vektor FS-Konsole (Mitte)	0,806
Vektor FS-Konsole (Sitz)	0,710	Vektor FS-Konsole (Sitz)	0,750	Vektor FS-Konsole (Sitz)	0,804
FS-Konsole (Mitte$_z$)	0,708	FS-Konsole (Mitte$_z$)	0,743	Vektor FS-Konsole (VL)	0,801
FS-Konsole (HR$_z$)	0,697	Vektor FS-Konsole (HR)	0,740	FS-Konsole (Mitte$_z$)	0,800
Vektor FS-Konsole (VL)	0,692	Vektor FS-Konsole (VL)	0,738	FS-Konsole (VL$_z$)	0,796
Vektor FS-Konsole (VR)	0,692	FS-Konsole (HR$_z$)	0,735	Vektor Sitz (3)	0,795
FS-Konsole (VR$_z$)	0,689	Vektor FS-Konsole (VR)	0,734	FS-Konsole (HR$_z$)	0,790
Vektor FS-Konsole (HR)	0,688	FS-Konsole (VL$_z$)	0,730	Vektor FS-Konsole (VR)	0,788
FS-Konsole (VL$_z$)	0,682	FS-Konsole (VR$_z$)	0,730	Vektor Sitz (7)	0,788
Vektor FS-Konsole (Refpkt)	0,671	Vektor FS-Konsole (Refpkt)	0,716	Vektor FS-Konsole (HR)	0,788
Vektor FS-Konsole (Lehne)	0,654	Vektor FS-Konsole (Lehne)	0,712	Vektor Sitz (6)	0,788
FS-Konsole (HL$_z$)	0,651	FS-Konsole (HL$_z$)	0,711	FS-Konsole (VR$_z$)	0,786
Vektor FS-Konsole (HL)	0,649	Vektor FS-Konsole (HL)	0,706	Vektor Sitz (8)	0,785
FS-Konsole (Wanken)	0,649	FS-Konsole (VL$_y$)	0,702	Vektor Sitz (9)	0,781
FS-Konsole (VL$_y$)	0,633	FS-Konsole (Wanken)	0,697	Sitz (3$_x$)	0,778
FS-Konsole (Ref$_y$)	0,630	FS-Konsole (Gieren)	0,683	FS-Konsole (Wanken)	0,777
FS-Konsole (Gieren)	0,628	Lehne (2$_z$)	0,676	FS-Konsole (Gieren)	0,777
FS-Konsole (Nicken)	0,620	FS-Konsole (Mitte$_y$)	0,676	Vektor FS-Konsole (Refpkt)	0,776
FS-Konsole (Lehne$_y$)	0,611	FS-Konsole (Nicken)	0,675	FS-Konsole (HI $_z$)	0,776
Lehne (3$_z$)	0,610	Sitz (9$_x$)	0,673	Sitz (6$_z$)	0,776

Tabelle A-22: Top 20 der Korrelationskorrelationskoeffizienten zur Sitzbewertung (S-Klasse): Korrelationskoeffizient aller Probanden (links); z-standardisierte Korrelationskoeffizienten aller Probanden (Mitte); mittlere Korrelationskoeffizienten resultierend aus allen Probanden (rechts)

Kennwerte	r		Kennwerte	r_z		Kennwerte	r_m
LRD (Rotation)	0,760		LRD (Rotation)	0,723		LRD (Rotation)	0,855
LRD (links Z)	0,750		Vektor LRD (links)	0,700		LRD (links Z)	0,846
Vektor LRD (links)	0,747		LRD (links Y)	0,698		Vektor LRD (links)	0,841
LRD (links Y)	0,741		LRD (links Z)	0,696		LRD (links Y)	0,820
Vektor LRD (translatorisch)	0,737		Vektor LRD (translatorisch)	0,678		Vektor LRD (translatorisch)	0,801
LRD (Translation Z)	0,457		LRD (Translation Z)	0,460		LRD (Translation Z)	0,455
LRD (links X)	0,237		LRD (links X)	0,033		LRD (links X)	0,016

Tabelle A-23: Korrelationskorrelationskoeffizienten zur Lenkradbewertung bei Anregung im Hochpunkt (S-Klasse): Korrelationskoeffizient aller Probanden (links); z-standardisierte Korrelationskoeffizienten aller Probanden (Mitte); mittlere Korrelationskoeffizienten resultierend aus allen Probanden (rechts)

Kennwerte	r		Kennwerte	r_z		Kennwerte	r_m
LRD (links Y)	0,876		LRD (links Y)	0,806		LRD (links Y)	0,916
Vektor LRD (translatorisch)	0,870		LRD (Rotation)	0,797		LRD (Rotation)	0,910
Vektor LRD (links)	0,861		LRD (Translation Z)	0,794		Vektor LRD (translatorisch)	0,910
LRD (links Z)	0,849		Vektor LRD (links)	0,792		Vektor LRD (links)	0,908
LRD (Rotation)	0,846		Vektor LRD (translatorisch)	0,786		LRD (links Z)	0,907
LRD (Translation Z)	0,834		LRD (links Z)	0,785		LRD (Translation Z)	0,887
LRD (links X)	0,656		LRD (links X)	0,583		LRD (links X)	0,757

Tabelle A-24: Korrelationskorrelationskoeffizienten zur Lenkradbewertung bei Anregung im Tiefpunkt (S-Klasse): Korrelationskoeffizient aller Probanden (links); z-standardisierte Korrelationskoeffizienten aller Probanden (Mitte); mittlere Korrelationskoeffizienten resultierend aus allen Probanden (rechts)

A.11 Ergebnisauszug Varianzanalyse (S-Klasse)

Variante	Og 110	5g TP 110	10g TP 110	15g TP 110	20g TP 110	30g TP 110	40g TP 110	50g TP 110
Og 110		> 99%	> 99%	> 99%	> 99%	> 99%	> 99%	> 99%
5g TP 110			> 99%	> 99%	> 99%	> 99%	> 99%	> 99%
10g TP 110				> 95%	> 99%	> 99%	> 99%	> 99%
15g TP 110					> 99%	> 99%	> 99%	> 99%
20g TP 110						> 99%	> 99%	> 99%
30g TP 110							> 99%	> 99%
40g TP 110								> 99%
50g TP 110								

Variante	Og 110	5g TP 110	10g TP 110	15g TP 110	20g TP 110	30g TP 110	40g TP 110	50g TP 110
Og 110		> 90%	> 99%	> 99%	> 99%	> 99%	> 99%	> 99%
5g TP 110			> 75%	> 95%	> 99%	> 99%	> 99%	> 99%
10g TP 110				< 75%	> 90%	> 99%	> 99%	> 99%
15g TP 110					< 75%	> 99%	> 99%	> 99%
20g TP 110						> 90%	> 99%	> 99%
30g TP 110							> 90%	> 99%
40g TP 110								> 75%
50g TP 110								

Abbildung A-99: Ergebnisauszug Varianzanalyse (S-Klasse): Vektor Fahrersitzkonsole-Mitte (links); Vektor Sitz 7 (rechts)

A.12 Analyse der subjektiven Zuordnung von Sitz und Lenkradschwingungen (S-Klasse)

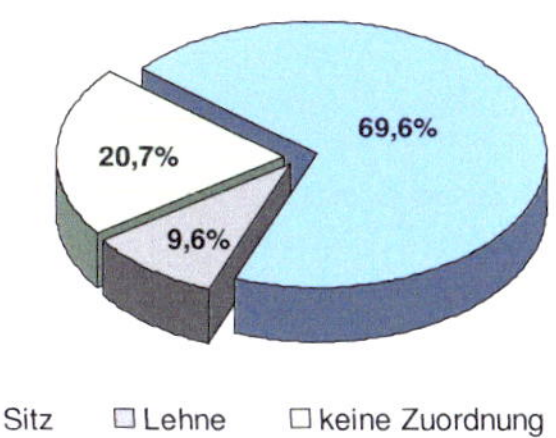

Abbildung A-100: Subjektive Sitz- und Lehnenzuordnung am Beispiel der S-Klasse bei Anregung im Tiefpunkt

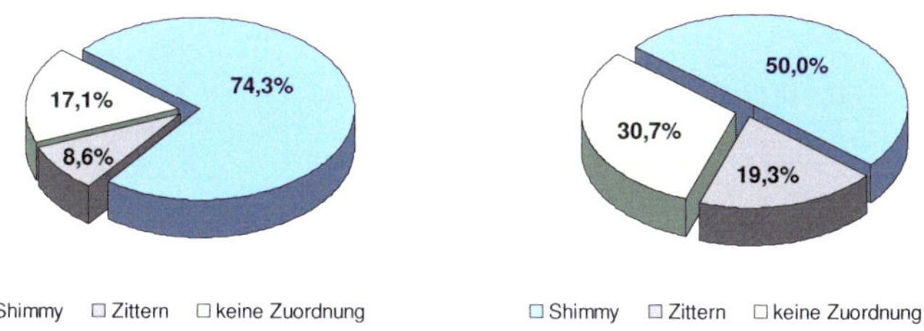

Abbildung A-101: Subjektive Lenkradzuordnung am Beispiel der S-Klasse: Hochpunktvarianten (links); Tiefpunktvarianten (rechts)

A.13 Torsionale Schwingungsanteile bei C- und S-Klasse

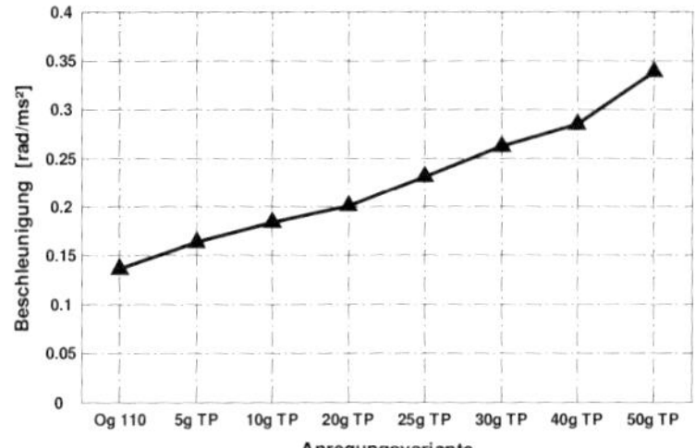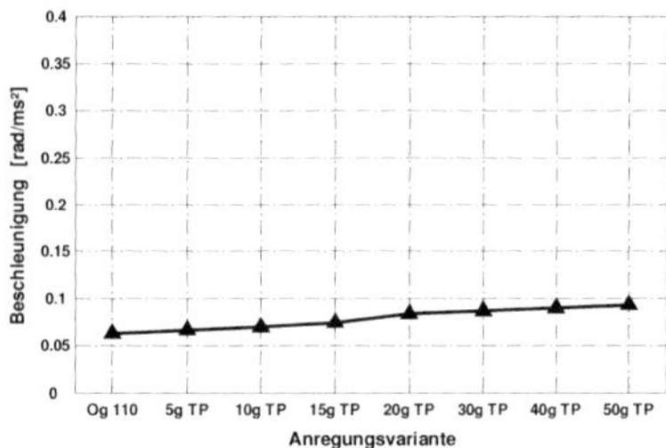

Abbildung A-102: Torsionsanteil an Fahrersitzkonsole: C-Klasse (links); S-Klasse (rechts)

B Literaturverzeichnis

[Aigner,1982]　　　　　　　　Aigner, J.; Zur zuverlässigen Beurteilung von Fahrzeugen; Automobiltechnische Zeitschrift; Nr. 9; S.447-450; 1982

[Ajovalasit&Giacomin,2007]　　Ajovalasit, M.; Giacomin, J.; Hand-arm equal sensation curves for steering wheel rotational vibration; 11th International Conference on Hand-Arm Vibration; Bologna; 2007

[Albers et al.,2008]　　　　　　Albers, A.; Düser, T.; Ott, S.; X-in-the-Loop als integrierte Entwicklungsumgebung von komplexen Antriebsystemen; 8. Tagung Hardware-in-the-Loop-Simulation; Haus der Technik; Kassel; 2008

[Albers et al.,2010]　　　　　　Albers, A.; Düser, T.; Sander, O.; Roth, C.; Henning, J.; X-in-the-Loop-Framework für Fahrzeuge, Steuergeräte und Kommunikationssysteme; ATZelektronik; 5. Jahrgang; 2010

[Albers&Albrecht,2002]　　　　Albers, A.; Albrecht, M.; Vorhersage subjektiver Komforturteile mittels künstlicher neuronaler Netzte; VDI-Tagung; Berechnung und Simulation im Fahrzeugbau; 11. Internationaler Kongress; VDI-Tagungsband 1701; Würzburg; 01.-02.10.2002;

[Albers&Düser,2010]　　　　　Albers, A.; Düser, T.; Implementation of a Vehicle-in-the-Loop Development and Validation Platform; FISITA World Automotive Congress ; Budapest; 2010

[Albrecht,2005]　　　　　　　Albrecht, M.; Modellierung der Komfortbeurteilung aus Kundensicht am Beispiel des automatisierten Anfahrens; Dissertation; Karlsruher Institut für Technologie (KIT); Institut für Produktenwicklung (IPEK); Karlsruhe; 2009

[Amman et al.,2005]　　　　　Amman, S.; Meier, R.; Trost, K.; Gu, P.; Equal Annoyance Contours for Steering Wheel Hand-arm Vibration; SAE Technical Paper; 2005-01-2473; Warrendale; 2005

[Ammon et al.,2004]   Ammon, D.; Frank, P.; Gimmler, H.; Götz, J.; Hilf, K.-D.; Rauh, J.; Scheible, G.; Stiess, P.; Fahrzeugschwingungen – von der Fahrbahnanregung bis zum Komfortempfinden; VDI-Bericht; Nr. 1821; 2004

[Barz,1988]   Barz, D.; Der Einfluss von Reifenungleichförmigkeiten auf Schwingungen am Rad und Fahrkomfort; Dissertation; Technische Universität Braunschweig; 1988

[Bertelsmann,2006]   Bertelsmann – Das neue Universal Lexikon; Wissen Media Verlag GmbH; Gütersloh, München; 2006

[Betzler,2002]   Betzler, W.; Untersuchung bremskraftinduzierter Fahrwerks- und Lenkungsschwingungen; Forschungsbericht Fachhochschule Köln; S.43-45; Köln; 2002

[Bitter,2006]   Bitter, T.; Objektivierung des dynamischen Sitzkomforts; Dissertation; Technische Universität Braunschweig; Schriftenreihe des Instituts für Fahrzeugtechnik; Band 9; Shaker Verlag; Aachen; 2006

[Bortz,2004]   Bortz, J.; Statistik für Human- und Sozialwissenschaftler; 6. Auflage; Springer Medizin Verlag; Heidelberg; 2004

[Botev,2008]   Botev, S.; Digitale Gesamtfahrzeugabstimmung für Ride und Handling; Dissertation; Technische Universität Berlin; 2008

[Boulahbal et al.,2005]   Boulahbal, D.; Pankau, J.; Gauterin, F.; Sensitivity of Steering Wheel Nibble to Suspension Parameters, Tire Dynamics, and Brake Judder; SAE Technical Paper Series; SAE 2005 Noise and Vibration Conference and Exhibition Traverse City; Michigan; 16.-19.05.2005

[Braess&Seiffert,2007]   Braess, H.; Seiffert, U.; Handbuch Kraftfahrzeugtechnik; 5. überarbeitete Auflage; Vieweg & Sohn Verlag Wiesbaden. 2007

[BS 6841,1987]   British Standard 6841; Guide to measurement and evaluation of human exposure to whole-body mechanical vibration and repeated shock; 1987

[BS 6842,1987] British Standard 6842; Guide to measurement and evaluation of human exposure to vibration transmitted to the hand; 1987

[Bubb&Wolf,2004] Bubb, H.; Wolf, H.; Ergonomie in der Fahrwerksentwicklung – Wo und wie kann sie dort hilfreich sein?; Fahrwerk.tech; München; 04.-05.04.2004

[Bubb,2003-a] Bubb, H.; Wie viele Probanden braucht man für allgemeine Erkenntnisse aus Fahrversuchen?; VDI Reihe 12; VDI Verlag Düsseldorf, 2003

[Bubb,2003-b] Bubb, H.; Komfort und Diskomfort – Definition und Überblick; Publikation in: Ergonomie aktuell; Zeitschrift des Lehrstuhls für Ergonomie; Ausgabe 004; Garching. 2003

[Bubb,2003-c] Bubb, H.; Ergonomie aktuell – Lehrstuhl für Ergonomie; Ausgabe 004; ISSN 1616-7627; München; 2003

[Buschardt,2002] Buschardt, B.; Synthetische Lenkmomente; Dissertation; Technische Universität Braunschweig; 2002

[Clayden,1922] Clayden, A. L.; Wheel wobble and other faults in the steering system; Automotive Industries 47; S.667-670; 1922

[Cohen,2002] Cohen, J.; Applied Multiple Regression/Correlation Analysis for the Behavioral Sciences; 3. Auflage; Routledge Academic; 2002

[Coke et al.,2006] Coke, S.; Beach, T.; Callaghan, J.P.; Gender-based differences in seated postures, pressure distributions and perceived discomfort in an automobile seat; In Proceedings of the 14th Biennial Conference for the Canadian Society of Biomechanics; University of Waterloo; Waterloo

[Cronjäger&Hesse,1990] Cronjäger, L.; Hesse, M.; Auswirkung der Ankopplungsintensität zwischen Hand und Handgriff vibrierender Arbeitsgeräte auf Schwingungsbelastung und – beanspruchung des Hand-Arm-Systems; Verbundforschungsprojekt BMFTIAuT 01 HK 595; 1990

[Cucuz,1992]	Cucuz, S.; Auswirkung von stochastischen Unebenheiten und Einzelhindernissen der realen Fahrbahn; Dissertation; Technische Universität Braunschweig; 1992
[Czichos&Hennecke,2008]	Czichos, H.; Hennecke, M.; Hütte – Das Ingenieurwissen; 33. aktuelle Auflage; Springer-Verlag; Berlin; 2008
[Dantigny,1998]	Dantigny, F.; Mesures des forces de poussée et de préhension exercées sur une poignée d'outil; INRS Document de Travail; (MAV - DT-375/FD); 1998
[Deuschl,2006]	Deuschl, M.; Gestaltung eines Prüffelds für die Fahrwerksentwicklung unter Berücksichtigung der virtuellen Produktentwicklung; Dissertation; Technische Universität München; 2006
[Didier,2006]	Didier, M.; Ein Verfahren zur Messung des Komforts von Abgasregelsystemen (ACC-Systemen); Dissertation; Technische Universität Darmstadt; 2006
[DIN 45679,2005]	DIN 45679; Mechanische Schwingungen – Messung und Bewertung der Greif- und Andruckkräfte zur Beurteilung der Schwingungsbelastung des Hand-Arm-Systems; Beuth-Verlag; Berlin; 2005
[DIN 70020-1;1993]	DIN 70020-1; Straßenfahrzeuge - Kraftfahrzeugbau – Begriffe von Abmessungen; DIN-Norm; 1993
[DIN EN ISO 5349,2001]	DIN EN ISO 5349; Mechanische Schwingungen – Messung und Bewertung der Einwirkung von Schwingungen auf das Hand-Arm-System des Menschen – Teil 1: Allgemeine Anforderungen; 2001
[DIN EN ISO 8041,2006]	DIN EN ISO 8041; Schwingungseinwirkung auf den Menschen - Messeinrichtung; 2006
[Dödlbacher&Gaffke,1978]	Dödlbacher, G.; Gaffke, H.G.; Untersuchung zur Reduzierung von Lenkungsunruhe; Automobiltechnische Zeitschrift; 1978

[Dong et al.,2008]   Dong, R.G.; Wu, J.Z.; Welcome, D.E.; McDowell, T.W.; A new approach to characterize grip force applied to a cylindrical handle; Medical Engineering & Physics; 30 (2008); S. 20-33; 2008

[Dupuis,1969]   Dupuis, H.; Zur physiologischen Beanspruchung des Menschen durch mechanische Schwingungen; Fortschritt-Bericht des VDI, Reihe 11: Schwingungstechnik – Lärmbekämpfung; VDI-Verlag Düsseldorf; 1969

[Dupuis,1993]   Dupuis, H.; Ergonomie; Carl Hanser Verlag; 3.Auflage; 1993

[Düser,2010]   Düser, T.; X-in-the-Loop – ein durchgängiges Validierungsframework für die Fahrzeugentwicklung am Beispiel von Antriebsstrangfunktionen und Fahrerassistenzsystemen; Dissertation; Karlsruher Institut für Technologie (KIT); Institut für Produktentwicklung (IPEK); Karlsruhe; 2010

[Dylla,2009]   Dylla, S.; Entwicklung einer Methode zur Objektivierung der subjektiv erlebten Schaltbetätigungsqualität von Fahrzeugen mit manuellem Schaltgetriebe; Dissertation; Karlsruher Institut für Technologie (KIT); Institut für Produktenwicklung (IPEK); Karlsruhe; 2009

[Eksioglu&Kizilaslan,2008]   Eksioglu, M.; Kizilaslan,K.; Steering-wheel grip force characteristics of drivers as a function of gender, speed, and road condition; International Journal of Industrial Ergonomics; 38 (2008) 354-361; 2008

[EN ISO 10819,1996]   EN ISO 10819:1996; Mechanische Schwingungen und Stöße – Hand-Arm-Schwingungen – Verfahren für die Messung und Bewertung der Schwingungsübertragung von Handschuhen in der Handfläche; EN-ISO-Norm; 1996

[Engel,1998]   Engel, H. G.; Systemansatz zur Untersuchung von Wahrnehmung, Übertragung und Anregung bremserregter Lenkunruhe in Personenkraftwagen; Dissertation; Technische Universität Darmstadt; 1998

[Gauterin,2009]   Gauterin, F.; Radungleichförmigkeitserregte Lenkunruhe; Fallstudie; Karlsruher Institut für Technologie (KIT); Institut für Fahrzeugtechnik und Mobile Arbeitsmaschinen; 2009

[Gauterin,2010-a]   Gauterin, F.; Schwingungswahrnehmung – Vorlesung Fahrzeugkomfort und –akustik I; Vorlesungsmanuskript; Karlsruher Institut für Technologie (KIT); Institut für Fahrzeugsystemtechnik; 2010

[Gauterin,2010-b]   Gauterin, F.; Reifen-Fahrbahngeräusche; in Genuit (Hrsg.); Sound und Engineering im Automobilbereich; Springer-Verlag; Berlin; 2010

[Gauterin,2011]   Gauterin, F.; persönliches Gespräch mit Prof. Dr. rer. nat. Frank Gauterin; Leiter des Instituts für Fahrzeugsystemtechnik am Karlsruher Institut für Technologie; Karlsruhe; 2011

[Giacomin&Onesti,1999] Giacomin, J.; Onesti, C.; Effect of frequency and grip forces on the perception of steering wheel rotational vibration; SAE Paper 99A4028; 1999

[Giacomin&Woo,2005]   Giacomin, J.; Woo, Y.J.; Schwingungsdynamik des Lenksystems – Verbesserung von Information und Wahrnehmung; Automobiltechnische Zeitschrift; 2005

[Gillmeister&Schenk,2001] Gillmeister, F.; Schenk, Th.; Entwicklung einer Methodik zur Personengebundenen Messung von Hand-Arm- und Ganzkörperschwingungen am Arbeitsplatz; Schriftenreihe der Bundesanstalt für Arbeitsschutz und Arbeitsmedizin; Dortmund/Berlin; 2001

[Griffin&Morioka,2001] Griffin, M.J.; Morioka, M.; Effect of vibration frequency and contact area on sensation magnitudes for hand-transmitted vibration; 9th International Conference on Hand-Arm-Vibration; Nancy; 05.6-08.6.2001

[Griffin&Morioka,2006-a] Griffin, M.J.; Morioka, M.; Magnitude Dependence of Equivalent Comfort Contours for Vertical Hand-Transmitted Vibration; Journal of Sound and Vibration 295; S.633-648; 2006

[Griffin&Morioka,2006-b]	Griffin, M.J.; Morioka, M..; Magnitude dependence of equivalent comfort contours for fore-and-aft, lateral and vertical whole-body vibration; Journal of Sound and Vibration 298; S.755-772; 2006
[Griffin&Morioka,2008]	Griffin, M.J.; Morioka, M.; Equivalent comfort contours for vertical vibration of steering wheels: Effect of vibration magnitude, grip force, and hand position; Applied Ergonomics xxx (2008) 1-9; 2008
[Griffin,1990]	Griffin, M.J.; Handbook of Human Vibration; Academic Press; London; 1990
[Griffin,2007]	Griffin, M.J.; Discomfort from feeling vehicle vibration; Vehicle System Dynamics – International Journal of Vehicle Mechanics and Mobility; 45:7, S.679-698; Taylor and Francis; 2007
[Grimm et al.,2010]	Grimm, K.; Hupfeld, J.; Kolb, K-H.; Maier, P.; Pies, D.; Polifke, N.; Zauner, M.: Schwingungshandbuch – Phänomene, Messverfahren, Auswertungen, Arbeitsmittel und -methoden. Interne Dokumentation der Messverfahren, Daimler AG, 2010
[Groll,2006]	Groll, Max v.; Modifizierung von Nutz- und Störinformationen am Lenkrad durch elektromechanische Lenksysteme, Dissertation, Technische Universität München, Fortschritt Berichte VDI, VDI-Verlag, Düsseldorf, 2006
[Grollius et al.,2009]	Grollius, S.; Pies, D.; Zhou, Y.; Statistische Versuchsplanung; Interne Präsentation; Karlsruher Institut für Technologie (KIT); Institut für Fahrzeugsystemtechnik; 2009
[Grotewohl,1974]	Grotewohl, A.; Lenkunruhe bei Federbeinachsen; Dissertation; Technische Universität Braunschweig; 1974
[Haasnoot&Mansfield,2003]	Haasnoot, R. A.; Mansfield, N. J.; Effect of Vibration envelope on relative sensation vibration on a steering wheel; 38th United Kingdom Conference on Human Response to Vibration, held at institute of Naval Medicine; England; 17.-19.09.2003

[Haasnoot&Mansfield,2004] Haasnoot, R. A.; Mansfield, N. J.; Effect of Push/Pull and Grip Force on Perception of Steering Wheel Vibration; 10th International Conference on Hand-Arm-Vibration; Las Vegas; 07.6.-11.6.2004

[Hale,1924] Hale, J. E.; Causes and effects of shimmying; SAE Journal 15; S.501-506; 1924

[Hartung,2009] Hartung, J.; Statistik: Lehr- und Handbuch der angewandten Statistik; Oldenbourg Wissenschaftsverlag; Oldenbourg; 2009

[Hertzberg,1972] Hertzberg, H. T. E.; The human buttocks in sitting: pressures, patterns and palliatives; SAE Transactions, Nr. 72; 1972

[ISO 2631-1;1997] ISO 2631-1; Mechanical vibration and shock – Evaluation of human exposure to whole-body vibration – Part 1: General requirements; 1997

[ISO 5349-1,2001] ISO 5349-1; Mechanical Vibration Measurement and Evaluation of Human Exposure to Hand-Transmitted Vibration – Part 1; General Guidelines; 2001

[Käppler,1993] Käppler, W.D.; Beitrag zur Vorhersage von Einschätzungen des Fahrverhaltens; Dissertation; Universität Kassel; VDI-Fortschrittsberichte; Reihe 12; Nr. 198; Düsseldorf; 1993

[Kauffmann,1927] Kauffmann, A.; Untersuchung über das Flattern der Lenkräder von Kraftfahrzeugen; Der Motorwagen 30; S.161-173 und S.192-201; 1927

[Kaulbars&Lemerle,2007] Kaulbars, U.; Lemerle, P.; Messung der Ankopplungskräfte zur Beurteilung der Hand-Arm-Schwingungen – Weiterentwicklung eines Messsystems; Humanschwingungen: Auswirkungen auf Gesundheit – Leistung – Komfort; Tagung Dresden; 08.-09.10.2007;

[Kaulbars,2006] Kaulbars, U.; Schwingungen fest im Griff - Neues System zur Messung von Ankopplungskräften; Berufsgenossenschaftliches Institut für Arbeitsschutz; Sankt Augustin; 2006

[KIT,2011]   KIT – Karlsruher Institut für Technologie; Mehr Komfort, Sicherheit und Energieeffizienz – im Auto und auf der Straße; Presseinformation 088/2011;

[Knauer,2010]   Knauer, P.; Objektivierung des Schwingungskomforts bei instationärer Fahrbahnanregung; Dissertation; Technische Universität München; München; 2010

[Kraft,2010]   Kraft, Ch.; Gezielte Variation und Analyse des Fahrverhaltens von Kraftfahrzeugen mittels elektrischer Linearaktuatoren im Fahrwerksbereich; Dissertation; Karlsruher Institut für Technologie (KIT); Institut für Fahrzeugsystemtechnik; Karlsruhe; 2010

[Krüger&Neukum,2001]   Krüger, H.; Neukum, A.; Bewertung von Handlingseigenschaften – Zur methodischen und inhaltlichen des korrelativen Forschungsansatzes; Springer-Verlag; Berlin; 2001

[Leister et al.,1999]   Leister, G.; Runtsch, G.; Widmayer, H.; Ermittlung objektiver Reifeneigenschaften im Entwicklungsprozess mit einem Reifenmessbus; Automobiltechnische Zeitschrift; Band 101; Nr. 5; 1999

[Leister,2009]   Leister, G.; Fahrzeugreifen und Fahrwerkentwicklung – Strategie, Methoden, Tools; Vieweg&Teubner-Verlag; Wiesbaden; 2009

[Lemmerle et al.,2008]   Lemmerle, P.; Klinger, A.; Cristalli, A.; Geuder, M.; Application of pressure mapping techniques to measure push and gripping forces with precision; Ergonomics; Vol. 51; Nr. 2; S. 168-191; 2008

[Lennert,2009]   Lennert, S.; Zur Objektivierung von Schwingungskomfort in Personenkraftwagen – Untersuchung der Wahrnehmungsdimensionen; VDI Reihe 12, Nr. 698; VDI Verlag Düsseldorf. 2009

[Leuschke,1975]   Leuschke, K.; Beitrag zum Problem der Gleichförmigkeit von PKW – Reifen unter besonderer Berücksichtigung der Einflusses von Protektormassenkonzentration; Dissertation; Hochschule für Verkehrswesen Dresden; 1975

[Lilliefors,1967]   Lilliefors, H.; On the Kolmogorov-Smirnov Test for Normality with Mean and Variance Unknown; Journal of the American Statistical Association 62; S.399-S.402; 1967

[Lüders et al.,1971]   Lüders, A.; Hofmann, O.; Brinkmann, H.; Beitrag zum Problem der Laufunruhe von Kraftfahrzeugrädern; Automobiltechnische Zeitschrift; 1971

[Maier,2011]   Maier, P.; Entwicklung einer Methode zur Objektivierung antriebsstrangerregter Schwingungen in den Wirkflächenpaaren zwischen Fahrer und Kraftfahrzeug; Dissertation; Karlsruher Institut für Technologie (KIT); Institut für Produktentwicklung (IPEK); Karlsruhe; 2011

[Mansfield,2001]   Mansfield, M.J.; Localized vibration at the automotive seat-person interface; The international Congress and Exhibition on noise Control Engineering; Netherlands; 2001

[Marshall&St.John,1975]   Marshall, K.D.; St.John, N.W.; Roughness in steel-belted radial tires – measurement and analysis; SAE Technical Papers Series; Nr. 750456; 1975

[Maslow,1977]   Maslow, A.; Motivation und Persönlichkeit; Walter Verlag; Olten und Freiburg im Breisgau; 1977

[Michelin,2005]   Michelin; Der Reifen / Komfort – mechanisch und akustisch, Öffentlichkeitsarbeit der Michelin Reifenwerke KGaA, Karlsruhe, 2005

[Mitschke&Klingner,1998]   Mitschke, M.; Klingner, B.; Schwingungskomfort im Kraftfahrzeug; Automobiltechnische Zeitschrift - 100, 1998

[Mnich,2011]   Mnich, U.; Messtechnik; www.umnicom.de

[Nakajima&Kakumu,1992]   Nakajima, T.; Kakumu, K.; High Speed Force Variation of Passenger Car Tires; Kautschuk + Gummi – Kunststoffe; 45.Jahrgang; Nr.7; 1992

[Neureder,2001]   Neureder, U.; Modellierung und Simulation des Lenkstrangs für die Untersuchung der Lenkungsunruhe; Automobiltechnische Zeitschrift; 2001

[Neureder,2002]   Neureder, U.; Untersuchungen zur Übertragung von Radkraftschwankungen auf die Lenkung von Pkw mit Federbeinvorderachse und Zahnstangenlenkung; VDI Reihe 12, Nr. 518; VDI Verlag Düsseldorf. 2002;

[Nowicki,2007]   Nowicki, D.; Untersuchung von Kraftfahrzeugen auf Empfindlichkeit gegen bremserregte Lenkradschwingungen; Fortschritt-Berichte VDI; VDI-Verlag Düsseldorf; 2007

[Ochs&Hanisch,1991]   Ochs, J.; Hanisch, W.; Unwuchterregter Lenkradbewegungen; Fortschritt-Bericht des VDI; Nr. 916; VDI-Verlag Düsseldorf; 1991

[Olkin&Pratt,1958]   Olkin, J.; Pratt, J.W.; Unbiased estimation of certain correlation coefficients, The Annals of Mathematical Statistics 29; S. 201 – S. 211; 1958

[Pankau et al.,2003]   Pankau, J.; Boulahbal, D.; Gauterin, F.; Schille, K.; Suspension Sensitivity Investigation: Steering Wheel Oscillations induced by Brake Judder; VDI Tagung „Reifen, Fahrwerk, Fahrbahn"; Hannover; 29.10-30.10.2003

[Pankau et al.,2004-a]   Pankau, J.; Gauterin, F.; Studie zum Übertragungsverhalten der Radaufhängung: Fahrzeugvibrationen & Lenkradschwingungen aufgrund von Reifenungleichförmigkeiten oder Bremsrubbeln; XXIV. μ - SYMPOSIUM; Bad Neuenahr; 10.9,-11 09 2004

[Pankau et al.,2004-b]   Pankau, J.; Boulahbal, D.; Gauterin, F.; Schille, K.; Vehicle / Suspension Sensitivity Investigation: Steering Wheel Oscillations induced by Brake Judder; SAE Brake Colloquium; Anaheim; CA; 10.10-13.10.2004

[Quiring&Rosendahl,2007]   Quiring, F.; Rosendahl, S.; Greifkraftsensor für das
                             Lenkrad eines Kraftfahrzeugs mit einem piezoelektrischen
                             Drucksensor; Offenlegungsschrift; DE 10 2006 023 287
                             A1; Deutsches Patent- und Markenamt; Berlin, Jena,
                             München; 2007

[Rericha,1986]   Rericha, I.; Methoden zur objektiven Bewertung der
                             Fahrkomforts; Automobil-Industrie; 2/86; S.175-182;
                             1986

[Reynolds&Soedel,1972]   Reynolds, D.D.; Soedel, W.; Dynamic response of the
                             hand-arm system to a sinusoidal input; Journal of Sound
                             an Vibration; Vol 21 – Nr.3; S. 339-353; 1972

[Richards,1990]   Richards, T.L.; The Relationship Between Angular Veloc-
                             ity Variations and Fore and Aft Non-uniformity Forces in
                             Tires; SAE Technical Paper; 90076; 1990

[Ronellenfitsch,1992]   Ronellenfitsch, M.; Mobilität – Vom Grundbedürfnis zum
                             Grundrecht?; DAR – Rechtszeitschrift des ADAC;
                             ADAC-Verlag München. 1992 → S321ff.

[Rössler,2011]   Rössler, M.; Untersuchung zur Komfortbewertung reifen-
                             ungleichförmigkeitserregter Fahrzeugschwingungen;
                             Studienarbeit; Karlsruher Institut für Technologie (KIT);
                             Institut für Fahrzeugsystemtechnik; Karlsruhe; 2011

[Schlecht,2009]   Schlecht, A.; Entwicklung einer schwingungsempfindli-
                             chen Vorderachskinematik mit Hilfe von Optimierungs-
                             methoden; 12. internationale VDI-Tagung – Reifen-
                             Fahrwerk-Fahrbahn; Hannover; 20.-21.10.2009

[Seidel,1997]   Seidel, E.; Messeinrichtung zur Bestimmung der And-
                             ruck- und Greifkräfte bei Betrieb von Handmaschinen;
                             VDI-Tagung; Schwingungen am Arbeitsplatz und in der
                             Umwelt; Veitshöchheim; 24.-25.09.1997

[Shapiro&Wilk,1965]   Shapiro, S.S.; Wilk, M.B.; An Analysis of Variance Test
                             for Normality (Complete Samples); Biometrica 52/3;
                             1965

[Stalter,2010]

Stalter, F.; Objektivierung von Lenkradschwingungen - Analyse der menschlichen Hand-Arm-Lenkrad-Ankopplung und deren Einfluss auf das Schwingungsverhalten im Kraftfahrzeug; Diplomarbeit; Karlsruher Institut für Technologie (KIT); Institut für Fahrzeugsystemtechnik; Karlsruhe; 2010

[Steland,2010]

Steland, A.; Basiswissen Statistik – Kompaktkurs für Anwender aus Wirtschaft, Informatik und Technik; 2. Auflage; Springerverlag; 2010

[Stelling et al.,2005]

Stelling, J.; Dupuis, H.; Fischer, M.; Beanspruchung des Hand-Arm-Systems durch mulitaxiale mechanische Schwingungen; Deutsche gesetzliche Unfallversicherung; 1995

[Stevens,1957]

Stevens, S.S.; On the psychophysical law; Psychological Review 64/3; S.153-181; 1957

[VDI 2004,2004]

VDI 2004; VDI: Entwicklungsmethodik für mechatronische Systeme; Beuth Verlag; 2004

[VDI 2057,1987]

VDI 2057-1; Beurteilung der Einwirkung mechanischer Schwingungen auf den Menschen; Blatt 2 – Bewertung; 1987

[VDI 2057-1,2002]

VDI 2057-1; Einwirkung mechanischer Schwingungen auf den Menschen; Ganzkörperschwingung; VDI; 2002

[VDI 2057-2,2002]

VDI 2057-2; Einwirkung mechanischer Schwingungen auf den Menschen; Hand-Arm-Schwingungen; VDI; 2002

[Zander,2000]

Zander, R.; Steering wheel with key elements for operating electrically controlled devices in a motor vehicle uses piezoelectric pressure sensors acting as key elements; Offenlegungsschrift; DE 199 27 464 A1; Deutsches Patent- und Markenamt; Berlin, Jena, München; 2000

[Zhang et al.,1996]

Zhang, L; Helander, M.G.; Drury, C.G.; Identifying factors of comfort and discomfort in sitting; Human Factors, 38 (3); Seite 377-389; 1996

[Zöfel,2003]   Zöfel, P.; Statistik für Psychologen; Pearson Studium; München; 2003

[Zomotor,1970]   Zomotor, A.; Untersuchung über den Einfluss der Vorderachskinematik auf die Lenkunruhe; Dissertation; Technische Universität Stuttgart; Stuttgart; 1970

[Zschocke,2009]   Zschocke, A.K.; Ein Beitrag zur objektiven und subjektiven Evaluierung des Lenkkomforts von Kraftfahrzeugen; Dissertation; Karlsruher Institut für Technologie (KIT); Institut für Produktentwicklung (IPEK); Karlsruhe; 2009

Karlsruher Schriftenreihe Fahrzeugsystemtechnik
(ISSN 1869-6058)

Herausgeber: FAST Institut für Fahrzeugsystemtechnik

**Die Bände sind unter www.ksp.kit.edu als PDF frei verfügbar oder
als Druckausgabe bestellbar.**

Band 1   Urs Wiesel
Hybrides Lenksystem zur Kraftstoffeinsparung im schweren Nutzfahrzeug.
2010
ISBN 978-3-86644-456-0

Band 2   Andreas Huber
**Ermittlung von prozessabhängigen Lastkollektiven eines hydro-
statischen Fahrantriebsstrangs am Beispiel eines Teleskopladers.**
2010
ISBN 978-3-86644-564-2

Band 3   Maurice Bliesener
**Optimierung der Betriebsführung mobiler Arbeitsmaschinen.
Ansatz für ein Gesamtmaschinenmanagement.**
2010
ISBN 978-3-86644-536-9

Band 4   Manuel Boog
**Steigerung der Verfügbarkeit mobiler Arbeitsmaschinen
durch Betriebslasterfassung und Fehleridentifikation
an hydrostatischen Verdrängereinheiten.**
2011
ISBN 978-3-86644-600-7

Band 5   Christian Kraft
**Gezielte Variation und Analyse des Fahrverhaltens von Kraftfahr-
zeugen mittels elektrischer Linearaktuatoren im Fahrwerksbereich.**
2011
ISBN 978-3-86644-607-6

Band 6   Lars Völker
**Untersuchung des Kommunikationsintervalls bei der gekoppelten
Simulation.**
2011
ISBN 978-3-86644-611-3

Band 7   3. Fachtagung
Hybridantriebe für mobile Arbeitsmaschinen. 17. Februar 2011, Karlsruhe.
2011
ISBN 978-3-86644-599-4

Karlsruher Schriftenreihe Fahrzeugsystemtechnik
(ISSN 1869-6058)

Herausgeber: FAST Institut für Fahrzeugsystemtechnik

Band 8 Vladimir Iliev
**Systemansatz zur anregungsunabhängigen Charakterisierung
des Schwingungskomforts eines Fahrzeugs.**
2011
ISBN 978-3-86644-681-6

Band 9 Lars Lewandowitz
**Markenspezifische Auswahl, Parametrierung und Gestaltung
der Produktgruppe Fahrerassistenzsysteme. Ein methodisches
Rahmenwerk.**
2011
ISBN 978-3-86644-701-1

Band 10 Phillip Thiebes
**Hybridantriebe für mobile Arbeitsmaschinen. Grundlegende
Erkenntnisse und Zusammenhänge, Vorstellung einer Methodik
zur Unterstützung des Entwicklungsprozesses und deren
Validierung am Beispiel einer Forstmaschine.**
2012
ISBN 978-3-86644-808-7

Band 11 Martin Gießler
Mechanismen der Kraftübertragung des Reifens auf Schnee und Eis.
2012
ISBN 978-3-86644-806-3

Band 12 Daniel Pies
**Reifenungleichförmigkeitserregter Schwingungskomfort –
Quantifizierung und Bewertung komfortrelevanter
Fahrzeugschwingungen.**
2012
ISBN 978-3-86644-825-4